工业和信息化高职高专“十二五”规划教材立项项目
高等职业教育电子技术技能培养规划教材
Gaodeng Zhiye Jiaoyu Dianzi Jishu Jineng Peiyang Guihua Jiaocai

电子技术基础

（第3版）

王磊 曾令琴 主编
陈澄 郭金慧 侯长剑 副主编

Electronic Technology Foudation

(3rd Edition)

人民邮电出版社
北京

图书在版编目（CIP）数据

电子技术基础 / 王磊，曾令琴主编. -- 3版. -- 北京 : 人民邮电出版社，2014.12（2018.4重印）
高等职业教育电子技术技能培养规划教材
ISBN 978-7-115-37742-5

Ⅰ. ①电… Ⅱ. ①王… ②曾… Ⅲ. ①电子技术—高等职业教育—教材 Ⅳ. ①TN

中国版本图书馆CIP数据核字(2014)第282099号

内 容 提 要

《电子技术基础（第 3 版）》以培养学生分析问题、解决问题能力和实验动手能力为主导，将模拟电子技术、数字电子技术和计算机相关知识前后呼应并有机地融为一体，是技术性很强的电子工程通用教材。全书内容共分 9 章：1～3 章是模拟电路分析基础；4～7 章是数字电路分析基础；8、9 两章为计算机普及内容。

本书可作为应用型本科、高职高专、高级技工学校的教材，也可供相关工程技术人员和电子技术爱好者学习和参考。

◆ 主　　编　王　磊　曾令琴
　副 主 编　陈　澄　郭金慧　侯长剑
　责任编辑　刘盛平
　执行编辑　王丽美
　责任印制　杨林杰

◆ 人民邮电出版社出版发行　　北京市丰台区成寿寺路 11 号
　邮编　100164　　电子邮件　315@ptpress.com.cn
　网址　http://www.ptpress.c om.cn
　北京鑫正大印刷有限公司印刷

◆ 开本：787×1092　1/16
　印张：14.5　　　　2014 年 12 月第 3 版
　字数：372 千字　　2018 年 4 月北京第 8 次印刷

定价：35.00 元

读者服务热线：(010)81055256　印装质量热线：(010)81055316
反盗版热线：(010)81055315

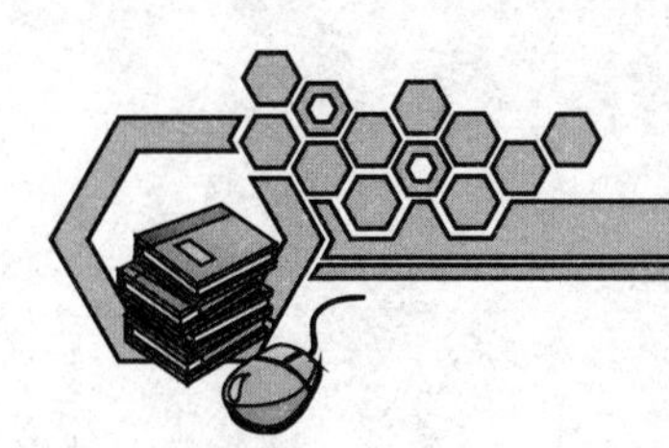

第3版前言

为了更好地适应高职高专教育形势及发展的需要，编者在《电子技术基础（第2版）》的基础上，根据当前高等职业技术学院人才培养的新思路、新观念，审时度势，总结了近几年教学改革的经验和体会，听取了使用教材第2版的同行提出的宝贵意见和建议，对教材进行了全面修订，以更好地适应高职教育形势发展的需要。

本次修订保持了第2版教材的体系，但对其中的内容进行了与时俱进的更新，特别是在应用实践上进行了全面的修订，使第3版内容更加符合高职高专“应用型、技能型”人才培养特点，内容编排上更加适应多数学校规定的教学时数，便于教和学。具体修订包括以下几个方面。

一、在原来内容的基础上，大多数章后加入了应用实践环节，目的是为了更好地体现理论与实践密切结合的高职教育特点。

二、对第1章的内容做了较大幅度的修订，意在加强学生对基础元器件的认识、选择、使用及检测技能，引入近几年出现的新半导体器件等知识，让读者了解更多的新器件、新技术。

三、重点修订了集成运算放大器的应用部分，使其内容更加贴近工程实际，满足对应用型、技能型人才的培养需求。

四、实际工程技术中，电子工程技术人员会遇到许许多多的电子线路图，为加强学习者的识图与读图能力，在第3版中加入了读图、识图训练环节。

五、为保证用书质量，对第2版教材中所出现的不妥和错误进行了全面修订。

六、为使广大师生更方便地使用教材，作者提供高质量教学课件、小节思考、问题解析和章后检测题解析。

本书的修订是在各相关院校的支持下完成的。本书由黄河水利职业技术学院王磊、河南理工大学万方科技学院曾令琴担任主编，扬州商务高等职业学校陈澄、青岛开发区职业中专郭金慧和七台河职业学院的侯长剑担任副主编，江苏大学京江学院的王振玲、河南理工大学万方科技学院的申伟、刘凯、王明远也参与了修订工作。全书由曾令琴统稿。

本书作为教学改革的成果，其结构模式和内容的取舍具有一定的探索性，或许还会出现个别不妥和错漏之处，敬请同行和读者批评指教。

编　者

2014年6月

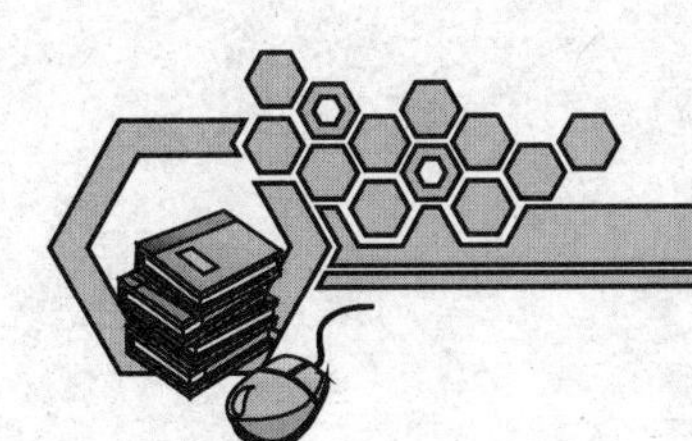

目 录

第1章 半导体基础及常用器件

半导体器件是在20世纪50年代初发展起来的电子器件，具有体积小、重量轻、使用寿命长、输入功率小、功率转换效率高等优点。现代化的电子设备都是以半导体器件和集成电路为基础的，因此半导体器件是近代电子学的重要组成部分。半导体器件中，二极管、晶体管和场效应管等，是构成集成电路的基本单元，被广泛应用在各种电子电路中。近年来，集成电路特别是大规模和超大规模集成电路的出现，使各种工业自动控制设备和电子设备在微型化、可靠性等方面大步前进。为了正确和有效地运用半导体器件，相关工程技术人员必须首先对半导体器件及其工作原理和性能有一个基本的认识。

学习目的和要求

了解本征半导体、P型和N型半导体的特征及PN结的形成过程。熟悉二极管的伏安特性及其分类、用途；理解三极管的电流放大原理，掌握其输入和输出特性的分析方法；理解双极型和单极型三极管在控制原理上的区别；初步掌握工程技术人员必须具备的分析电子电路的基本理论、基本知识和基本技能。

1.1 半导体的基本知识

学习目标

了解导体、绝缘体和半导体的概念以及不同物质结构间的区别；熟悉本征半导体的光敏性、热敏性和掺杂性；了解本征激发、复合的概念；理解P型和N型两类半导体的形成，掌握其特点；重点理解和掌握PN结的单向导电特性。

1. 导体、半导体和绝缘体

自然界的一切物质都是由分子、原子组成的。原子又由一个带正电的原子核和在它周围高速旋转着的、带有负电的核外电子组成。不同原子的内部结构和它周围的电子数

量各不相同。物质原子最外层电子数量的多少，往往决定该种物质的导电性能。按照物质导电性能的不同，自然界的物质大体可分为三大类。

（1）导体

最外层电子数通常是 1～3 个，且距原子核较远，受原子核的束缚力较小。由于外界影响，最外层电子获得一定能量后，极易挣脱原子核的束缚而游离到空间成为自由电子。因此，导体在常温下存在大量的自由电子，具有良好的导电能力。导体的物质结构如图 1.1（a）所示。常用的导电材料有银、铜、铝、金等。

（2）绝缘体

最外层电子数往往是 6～8 个，且距原子核较近，受原子核的束缚力较强，其外层电子不易挣脱原子核的束缚，因而绝缘体在常温下具有极少的自由电子，导电能力很差或几乎不导电。这类物质结构如图 1.1（c）所示。常用的绝缘材料有橡胶、云母、陶瓷等。

（3）半导体

最外层电子数一般为 4 个，常温下存在的自由电子数介于导体和绝缘体之间，因而在常温下半导体的导电能力介于导体和绝缘体之间。半导体的物质结构如图 1.1（b）所示。常用的半导体材料有硅、锗、硒等。

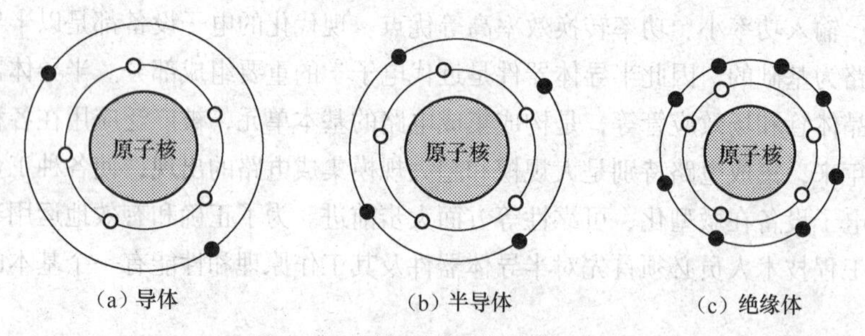

图 1.1　不同物质的内容结构示意图

由上述各类物质的导电性能可知，导体可使电流顺利通过，因此传输电流的导线芯都采用导电性能良好的铜、铝制成。绝缘体阻碍电流通过，所以导线外面通常包一层橡胶或塑料等绝缘材料，作为导线的保护，使用时比较安全。需要理解的是：导体和绝缘体之间实际上并没有绝对的界限，而且条件变了还可以转化。例如导体氧化后其导电性能变差，甚至不能够导电；当绝缘体所受温度增高或湿度增大时，绝缘性能也会变差。实际应用中所说的电气设备漏电现象，实质上就是指绝缘性能下降所造成的现象。当绝缘体受潮或受到高温、高压时，还有可能完全失去绝缘能力而成为导体。我们把这种现象称为绝缘击穿。

半导体的导电性能介于导体和绝缘体之间。但是，半导体能够广泛应用在电子技术中，源于半导体自身存在的一些独特性能。

2. 半导体的独特性能

半导体在不同条件下的导电能力有显著差异。例如，有些半导体对温度的反应特别灵敏，当环境温度增高时，其导电能力要增强很多，利用半导体材料的这种热敏特性，工程上可以制出各

种热敏元件。

有些半导体受到光照时，其导电能力变得很强，无光照时，又变得像绝缘体那样不导电，半导体的这种特殊性能称作光敏性，利用这种光敏性工程上可以制成各种光敏器件。

半导体最显著的独特性能是掺杂性：在纯净的半导体中掺入微量的某种杂质元素后，半导体的导电能力可增至未掺杂之前的几十万乃至几百万倍。例如，在单晶硅中掺入百万分之一的三价元素硼，单晶硅的电阻率可由大约 $2\times10^{3}\Omega\cdot m$ 减小到 $4\times10^{-3}\Omega\cdot m$ 左右，利用半导体的这些独特性能，人们制成了半导体二极管、稳压管、晶体三极管、场效应管、晶闸管等不同的电子器件。

3. 本征半导体

半导体的上述独特性能，是由半导体内部结构及其导电机理所决定的。

（1）本征激发和复合

目前，应用最多的半导体材料是硅和锗。在硅和锗的原子结构中，最外层的电子数目都是 4 个，因此被称为四价元素，如图 1.2 所示。

物质在不受任何外界影响时，其原子核内所带的正电荷量与核外电子所带的负电荷量相等，整个原子呈电中性。硅和锗原子的结构模型图中的“+4”，表明了原子核所带的正电荷量。

天然的硅和锗不能制成半导体器件，必须经过拉单晶工艺提炼成纯净的单晶体，单晶体又称为本征半导体。

本征半导体的晶格结构完全对称，其原子排列得非常整齐，其平面示意图如图 1.3 所示。由图可看出，单晶硅中每个原子的最外层价电子，都两两成为相邻两个原子所共有的价电子，每一对价电子受到两个相邻原子核的吸引被紧紧地束缚在一起，组成共价键结构，图中套住两两价电子的虚线环表示共价键，单晶体中的各原子靠共价键的作用紧密联系在一起。

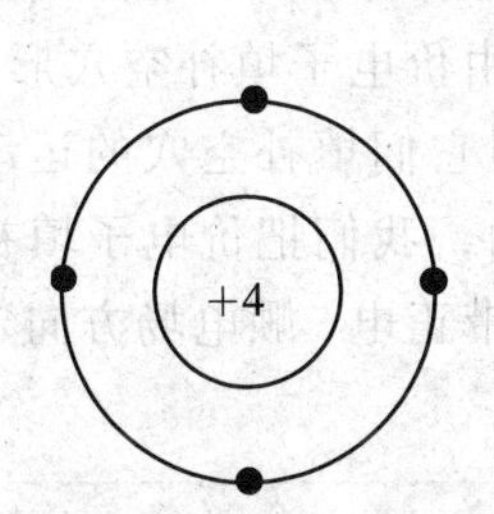

图 1.2　硅和锗原子的结构模型

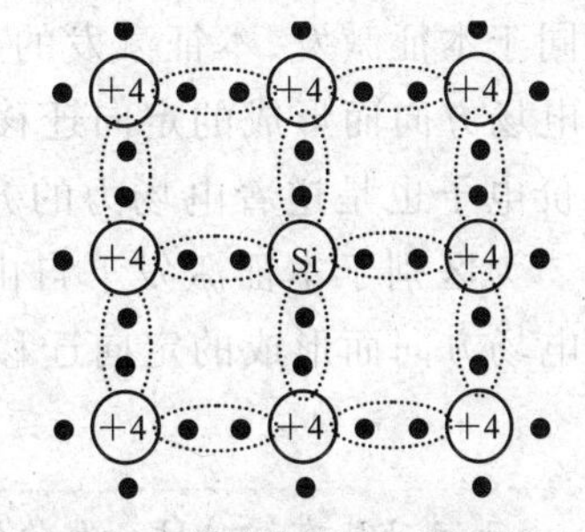

图 1.3　单晶硅共价键结构示意图

常温下，本征半导体中的束缚价电子很难脱离共价键的束缚成为自由电子，因此本征半导体中的自由电子数目很少，导电能力很弱。从共价键整体结构来看，每个单晶硅原子外面都有 8 个价电子，很像绝缘体的“稳定”结构。也正是由于这种结构，本征半导体中的价电子没有足够的能量是不易脱离共价键的。

实际上，半导体材料中共价键束缚的 8 个价电子并不像绝缘体中的价电子被束缚得很紧。当温度升高或受到光照后，共价键中一些价电子的热运动就会加剧，获得足够的能量后挣脱共价键

的束缚游离到晶体中成为可移动的自由电子，价电子挣脱共价键束缚成为自由电子的同时，会在共价键上留下一个空位，这个空位称为空穴。

显然，由于共价键的破裂而形成的自由电子和空穴是成对出现的，所以叫作电子—空穴对。我们把这种由于光照、辐射、温度的影响而产生电子—空穴对的现象称为**本征激发**，如图 1.4 所示。

本征激发下产生的自由电子载流子带负电，在外电场作用下可参与导电。自由电子载流子逆电场方向定向移动形成电流。

在本征激发现象出现的同时，受温度、光照的影响，共价键中的另外一些价电子，在获得足够的能量后挣脱原子核的束缚，它们不是游离到晶体的空间成为自由电子，而是“跳进”相邻原子由本征激发而产生的空穴中，当这些价电子填补空穴的同时，它们也会留下一些新的空穴，这些新的空穴又会被邻近共价键中的另外一些价电子来填补上，这些价电子仍会留下新的空位让相邻价电子来填补……如此就会形成一个价电子定向连续填补空穴的运动，这种由价电子填补空穴的现象称为**复合**，如图 1.5 所示。

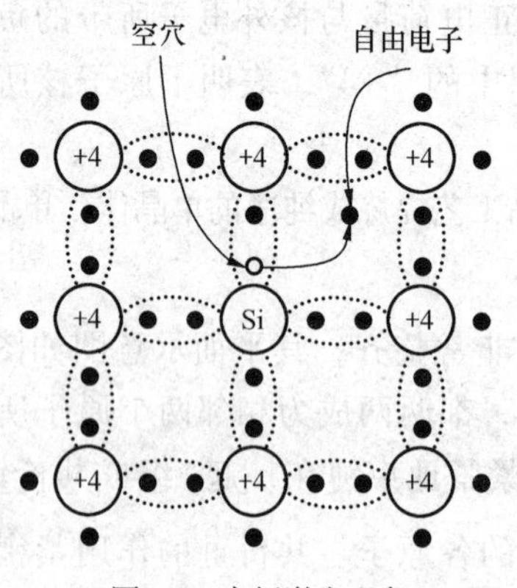

图 1.4　本征激发现象

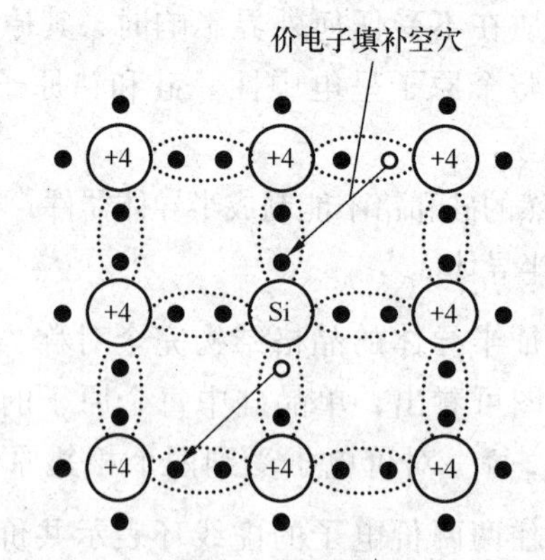

图 1.5　复合现象

复合不同于本征激发，本征激发的主要导电方式是完全脱离了共价键束缚的自由电子载流子逆着电场方向而形成的定向迁移，而复合运动则是由价电子填补空穴形成的。虽然填补空穴的价电子也是逆着电场力的方向做定向迁移，但它们填补空穴的运动始终在共价键中进行。为区别于本征激发下自由电子载流子的运动，我们把价电子填补空穴看成是空穴顺着电场方向而形成的定向迁移，因此空穴载流子带正电，顺电场方向定向运动形成电流。

由于运动具有相对性，共价键中价电子依次“跳进”空穴进行填补，也可看作空穴依次反方向移动，所以人们虚拟出了顺电场方向定向迁移的空穴载流子运动，实际上空穴本身是不能移动的。这就好比电影院有座位的人依次向前挪动，但看起来就像空座位依次向后移动，实际上座位并没有挪动一样。

综上所述，“本征激发”产生自由电子载流子，“复合”产生空穴载流子，共价键中失去价电子的原子成为带正电的离子。得到价电子的原子成为带负电的离子，这些带电的离子是定域的，因此不能参与导电。半导体导电的因素是自由电子载流子和空穴载流子。

（2）半导体的导电机理

金属导体中只有自由电子一种载流子，成为金属导体的导电因素。在外电场作用下，金属导体中的自由电子定向移动形成电流。

与金属导体不同，通常情况下，半导体中的自由电子载流子和空穴载流子同时参与导电。这一点正是它在导电机理上区别于金属导体的本质区别，同时也是半导体导电方式的独特之处。

“本征激发”和“复合”在一定温度下同时进行并维持动态平衡，因此自由电子和空穴两种载流子的浓度基本不变。但是，当温度升高时，本征激发加剧，产生的电子—空穴对增多，同时“复合”的机会也增加了，温度越高，载流子的数目就会越多，半导体的导电性能也就越好。当温度不再继续升高时，最后两种载流子的运动仍会达到一个新的平衡状态。可见，半导体中载流子的数目与温度的高低、光照强弱等因素密切相关。

在温度接近绝对零度（即–273℃）时，共价键中的电子被束缚得很紧无法产生电子—空穴对，相当于绝缘体；在 25℃常温下，虽然少数价电子能够挣脱共价键的束缚成为电子—空穴对，但此时电子—空穴对的数目仅为每立方米单晶硅总电子数的$\frac{1}{10^3}$，该数目表明常温下半导体的导电能力仍然很低。半导体具有光敏性和热敏性，当半导体受到光照或外界温度显著升高时，半导体中就会有较多的价电子挣脱共价键的束缚成为电子—空穴对，从而使半导体的导电能力较为明显地增强。

实践证明：大约温度每升高 8℃，单晶硅中的电子浓度就会增加一倍；温度每升高 12℃，单晶锗中的电子浓度约增加一倍。显然，温度是影响半导体性能的重要因素。

4. 杂质半导体

本征半导体中虽然有自由电子和空穴两种载流子同时参与导电，但由于数量不多所以导电能力仍然不能和导体相比。但是，在本征半导体中掺入微量的某种杂质元素后，半导体的导电能力将极大地增强。

（1）N 型半导体

在硅（或锗）的晶体中掺入少量的五价元素磷（或砷、锑），本征半导体中的共价键结构基本不变，只是共价键结构中某些位置上的硅（或锗）原子被磷原子所取代。当这些磷原子与相邻的 4 个硅原子组成共价键时，多余的一个价电子就会被挤出共价键结构，使得磷原子核对它的吸引束缚作用变得很弱，常温下这个多余的价电子更容易成为自由电子。值得注意的是，杂质元素中多余价电子挣脱原子核束缚成为自由电子后，在它们原来的位置上并不能形成空穴，因此掺入五价元素的杂质半导体中，自由电子载流子的数量相对空穴载流子多得多。所以，我们把这种掺入五价元素的杂质半导体称为电子型半导体。

在电子型半导体中，虽然仍存在两种载流子，但自由电子载流子的浓度远大于空穴载流子的浓度，故把自由电子称为多数载流子（简称多子），而把空穴载流子称为少数载流子（简称少子）。习惯上我们又把电子型半导体称为 N 型半导体。

在 N 型半导体中，失去电子的定域杂质离子带正电。N 型半导体的结构如图 1.6 所示。当本征硅中的杂质数量等于硅原子数量的 10^{-6} 时，杂质半导体中的自由电子载流子数目将增加几十万倍，使半导体的导电性能显著提高。

（2）P 型半导体

在硅（或锗）的晶体内掺入少量三价杂质元素硼（或铟、镓），因硼原子只有 3 个价电子，它

与周围4个硅（或锗）原子组成共价键时，因少一个电子而在共价键中形成一个空位。常温下，相邻硅（或锗）原子共价键中的价电子受到热振动或在其他激发条件下获得能量时，极易“跳入填补”这些空位，这样就在硅（或锗）原子的共价键中失去一个电子而产生一个空穴，硼原子则因接收这些价电子而成为不能移动的带负电离子。这种杂质半导体的结构如图1.7所示。

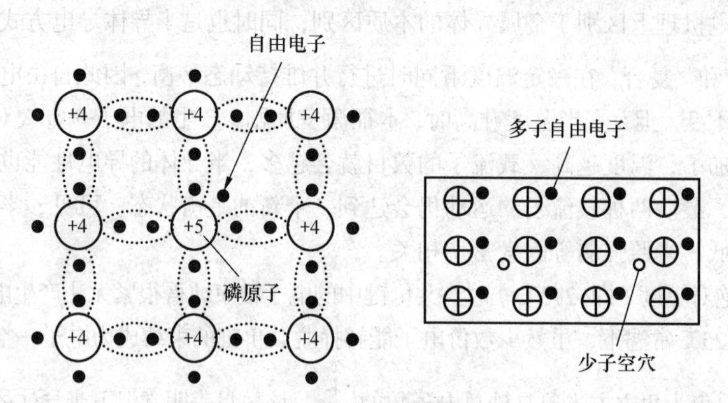

图1.6　N型半导体晶体结构

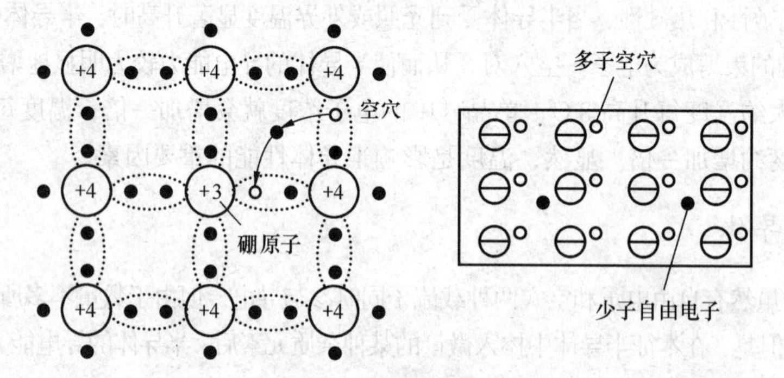

图1.7　P型半导体晶体结构

由结构图可看出，掺入三价元素硼的杂质半导体中，空穴载流子的数量大大于自由电子载流子的数量，因此空穴载流子称为多数载流子，由本征激发而产生的自由电子载流子数量相对极少称为少数载流子。这种杂质半导体由于空穴数量大大于自由电子数量而被人们称为空穴型半导体，在电子技术中习惯称为P型半导体。

一般情况下，杂质半导体中多数载流子的数量可达到少数载流子数量的10^{10}倍或更多，因此，杂质半导体比本征半导体的导电能力将强上几十万倍。

需要指出的是：不论是N型半导体还是P型半导体，虽然都有一种载流子占多数，但多出的载流子数目与杂质离子所带电荷数目始终相平衡，即整块杂质半导体上既没有失电子，也没有得电子，整个掺杂晶体仍然呈电中性。

5. PN结及其形成过程

杂质半导体的导电能力虽然比本征半导体极大地增强，但它们仍然不能称为半导体器件。因为，单一的N型半导体和P型半导体只能起电阻的作用。在电子技术中，PN结是一切半导体器件的“元概念”和技术起始点。

（1）PN 结的形成

当我们采用不同的掺杂工艺，在一块完整的半导体硅片两侧分别注入三价元素和五价元素，使其一边形成 N 型半导体，另一边形成 P 型半导体，那么在两种半导体的交界面上就会形成一个 PN 结。在 P 区一端，多数载流子是空穴，少数载流子是电子，在 N 区一端，多数载流子是电子，少数载流子是空穴。因此，两区交界面由于两种载流子的浓度差会出现扩散现象：P 区浓度高的空穴载流子向 N 区扩散；N 区浓度高的自由电子载流子向 P 区扩散。扩散的结果使 N 区的多子复合掉一部分 P 区扩散来的空穴，使两区交界处留下一个干净的带电杂质离子区，形成了空间电荷区。

空间电荷区中的载流子均被扩散的多子复合掉了，或者说在扩散过程中被消耗尽了，因此有时又把空间电荷区称为耗尽层。

出现了空间电荷区以后，由于正负电荷之间的相互作用，在空间电荷区内形成了一个内电场，内电场的方向是从带正电的 N 区指向带负电的 P 区。显而易见，内电场的方向与多数载流子扩散运动的方向相反，所以对扩散运动起着阻碍作用，由此又把空间电荷区称为阻挡层。

在 PN 结形成的过程中，扩散运动越强，复合掉的多子数量越多，空间电荷区也就越宽。另一方面，空间电荷区的内电场又对扩散运动起阻挡作用，而对 N 区和 P 区中的少子漂移起推动作用，少子的漂移运动方向正好与扩散运动的方向相反。从 N 区漂移到 P 区的空穴补充了原来交界面上 P 区所失去的空穴，从 P 区漂移到 N 区的电子补充了原来交界面上 N 区所失去的电子，即漂移运动的结果又使空间电荷区变窄，如图 1.8 所示。

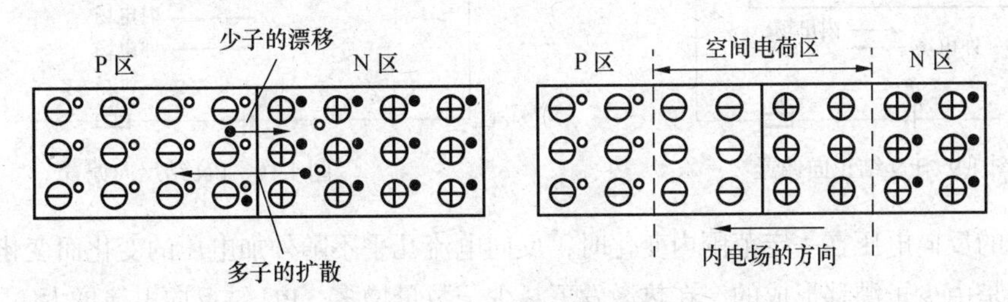

图 1.8　PN 结的形成过程

在 PN 结形成的过程中，多子的扩散和少子的漂移既相互联系、又相互矛盾。初始阶段，扩散运动占优势，随着扩散运动的进行，空间电荷区不断加宽，内电场逐步加强；内电场的加强又阻碍了扩散运动，使得多子的扩散逐步减弱。扩散运动的减弱显然伴随着漂移运动的不断加强。最后，当扩散运动和漂移运动达到动态平衡时，将形成一个稳定的空间电荷区，这个相对稳定的空间电荷区被人们称作 PN 结。

空间电荷区内基本不存在导电的载流子，因此导电率很低相当于介质。在 PN 结两侧的 P 区和 N 区则导电率相对较高而相当于导体。因此，PN 结具有电容效应，这种效应称为 PN 结的结电容。

（2）PN 结的单向导电性

PN 结在无外加电压的情况下，扩散运动和漂移运动处于动态平衡状态，动态平衡状态下通过 PN 结的电流为零。这时，如果在 PN 结两端加上电压，扩散与漂移运动的平衡就会被破坏。

① PN 结正向偏置。电源电压的正极与 P 区引出端相连，负极与 N 结引出端相连时，称 PN

结正向偏置，简称PN结正偏。PN结正偏时，外部电场的方向是从P区指向N区，显然与内电场的方向相反，这时外电场驱使P区的空穴进入空间电荷区抵消一部分负空间电荷，同时N区的自由电子进入空间电荷区抵消一部分正空间电荷，结果使空间电荷区变窄，内电场被削弱。内电场的削弱使多数载流子的扩散运动得以增强，形成较大的扩散电流（扩散电流就是我们通常称的电流，是由多子的定向移动形成的）。在一定范围内，外电场越强，正向电流越大，PN结对正向电流呈低电阻状态，这种情况在电子技术中称为PN结正向导通。PN结的正向导通作用原理如图1.9所示。

② PN结反向偏置。把电源的正、负极位置换一下，即P区接电源负极，N区接电源正极，就构成了PN结的反向偏置。PN结反向偏置时，外加电场与空间电荷区的内电场方向一致，同样会导致扩散与漂移运动平衡状态的破坏。外加电场驱使空间电荷区两侧的空穴和自由电子移走，使空间电荷区变宽，内电场继续增强，造成多数载流子扩散运动难于进行，同时加强了少数载流子的漂移运动，形成由N区流向P区的反向电流。但由于常温下少数载流子恒定且数量不多，故反向电流极小，而电流小说明PN结的反向电阻很高，通常可以认为反向偏置的PN结不导电，基本上处于截止状态，这种情况在电子技术中称为PN结的反向阻断。PN结的反向阻断作用原理如图1.10所示。

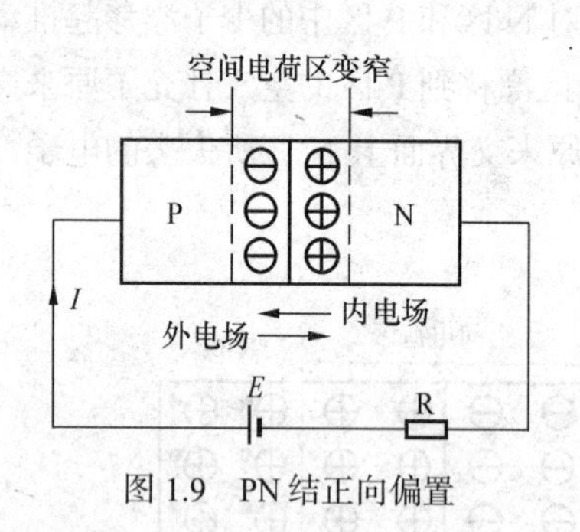

图1.9　PN结正向偏置

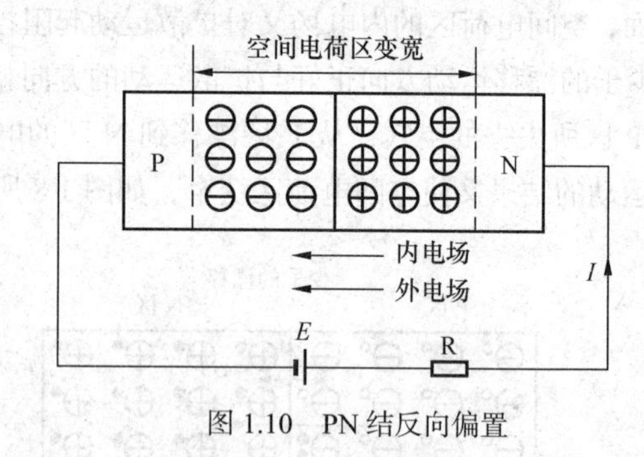

图1.10　PN结反向偏置

当外加的反向电压在一定范围内变化时，反向电流几乎不随外加电压的变化而变化。这是因为反向电流是由少子漂移形成的，在热激发下，少子数量增多，PN结反向电流增大。换句话说，只要温度不发生变化，少数载流子的浓度就不变，即使反向电压在允许的范围内增加再多，也无法使少子的数量增加，这里反向电流趋于恒定，因此反向电流又称为反向饱和电流。值得注意的是，反向电流是造成电路噪声的主要原因之一，因此，在设计电路时，必须考虑温度补偿问题。

PN结的上述“正向导通，反向阻断”作用，说明PN结具有单向导电性。PN结能够使半导体的导电性能受到控制，是构成各种半导体器件的技术基础。

6. PN结的反向击穿问题

PN结处于反向偏置时，在一定的电压范围内，流过PN结的反向电流很小可近似视为开路，当电压超过某一数值时，反向电流急剧增加，这种现象我们称为PN结反向击穿。

PN结反向击穿分为热击穿和电击穿两种情况。热击穿由于电压很高、电流很大，消耗在PN结上的功率相应很大，极易使PN结过热而烧毁，即热击穿过程不可逆，是造成PN结永久损坏的因素。电击穿包括雪崩击穿和齐纳击穿，对于硅材料的PN结来说，击穿电压大于7V时多为雪崩击穿，小于4V时多为齐纳击穿，对于硅材料的PN结来说，多数击穿均属于雪崩击穿，而齐纳

击穿只发生在特殊的 PN 结上。

（1）雪崩击穿

当 PN 结反向电压增加时，PN 结内电场随之增强。在强电场作用下，少子漂移速度加快，动能增大，致使它们在快速漂移运动过程中与中性原子相碰撞，使更多的价电子脱离共价键的束缚形成新的电子—空穴对，这种现象称碰撞电离。新产生的电子—空穴对在强电场作用下，再去碰撞其他中性原子，又产生新的电子—空穴对。如此连锁反应，使得 PN 结中载流子的数量剧增，因而流过 PN 结的反向电流急剧增大。这种击穿称为雪崩击穿。雪崩击穿发生在掺杂浓度较低、外加反向电压较高的情况下。掺杂浓度低使 PN 结阻挡层比较宽，少子在阻挡层内漂移过程中与中性原子碰撞的机会比较多，发生碰撞电离的次数也比较多。同时因掺杂浓度较低，阻挡层较宽，产生雪崩击穿的电场相对较强，即外加反向电压较高，一般出现雪崩击穿的电压至少在 7V 以上。

（2）齐纳击穿

当 PN 结两边的掺杂浓度很高时，阻挡层很薄。在很薄的阻挡层内载流子与中性原子碰撞的机会大为减少，因而不会发生雪崩击穿。但是，因为阻挡层很薄，即使所加反向电压不大，也会产生较强大电场，这个电场足以把阻挡层内中性原子的价电子从共价键中拉出来，产生出大量的电子—空穴对，使 PN 结反向电流剧增，出现反向击穿现象。这种击穿叫齐纳击穿。齐纳击穿发生在高掺杂的 PN 结中，相应的击穿电压较低。

综上所述，雪崩击穿是一种碰撞的击穿，齐纳击穿是一种场效应的击穿，二者均属于电击穿。电击穿过程通常过程可逆：即击穿发生后及时把加在 PN 结两端的反向电压降低，PN 结仍可恢复到原来的状态而不会造成永久损坏。

当反向电压过高，反向电流过大时，PN 结结温不断升高，如果反向电流一直增大下去，结温一再持续升高，PN 结就会由电击穿转化为热击穿而造成永久损坏。热击穿能够损坏 PN 结，应尽量避免发生。

思考与问题

1. 什么是本征激发？什么是复合？少数载流子和多数载流子是如何产生的？
2. 半导体的导电机理和金属导体的导电机理有何区别？
3. 什么是本征半导体？什么是 N 型半导体？什么是 P 型半导体？
4. 由于 N 型半导体中多数载流子是电子，因此说这种半导体是带负电的。这种说法正确吗？为什么？
5. 试述雪崩击穿和齐纳击穿的特点。这两种击穿能否造成 PN 结的永久损坏？
6. 何为扩散电流？何为漂移电流？何为 PN 结的正向偏置和反向偏置？PN 结具有哪种显著特性？

1.2 半导体二极管

学习目标

了解半导体二极管的结构类型，熟悉各种二极管的适用场合；理解二极管的伏安特性，熟悉二极管的主要参数；学会使用晶体管手册选用二极管的方法，掌握二极管极性和好坏的简单检测方法。

1. 二极管的基本结构与类型

将PN结两端各加上一根相应的电极引线，再用外壳进行封装，就构成一个二极管。

半导体二极管按材料不同可分为硅二极管和锗二极管；按结构不同又可分为点接触型、面结合型和平面型三类。

（1）点接触型二极管

如图1.11（a）所示，点接触型是用一根细金属丝和一块半导体熔焊在一起构成PN结的，因此PN结的结面积很小，结电容量也很小，不能通过较大电流；但点接触型二极管的高频性能好，常常用于高频小功率场合，如高频检波、脉冲电路及计算机里的高速开关元件。

（2）面接触型二极管

如图1.11（b）所示，面接触型二极管一般用合金方法制成较大的PN结，由于其结面积较大，因此结电容量也大，允许通过较大的电流，适宜用作大功率低频整流器件。

（3）平面型二极管

如图1.11（c）所示，这类二极管采用二氧化硅做保护层，可使PN结不受污染，而且大大减少了PN结两端的漏电流。平面型二极管的质量较好，批量生产中产品性能比较一致。平面型二极管结面积较小的用作高频管或高速开关管，结面积较大的用作大功率调整管。

目前，大容量的整流元件一般都采用硅管。二极管的型号中，通常硅管用C表示，如2CZ31表示为N型硅材料制成的管子型号；锗管一般用A表示，如2AP1为N型锗材料制成的管子型号。

二极管的电路符号如图1.11（d）所示，P区引出的电极为正极（阳极），N区引出的电极为负极（阴极）。

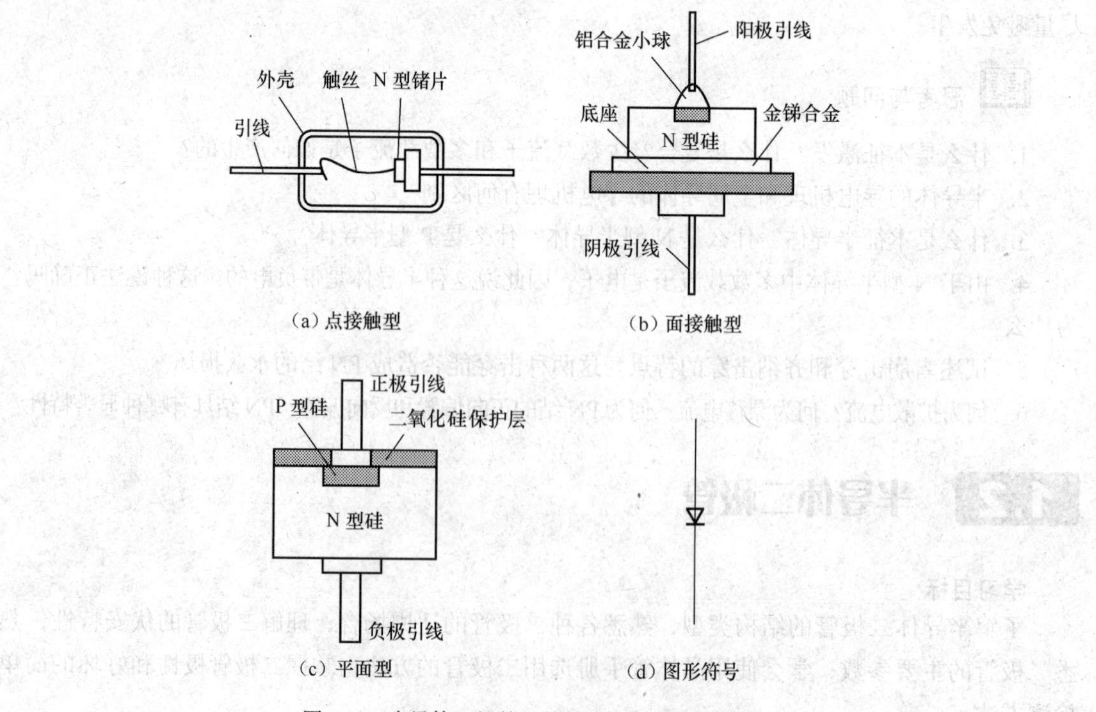

图1.11 半导体二极管的结构类型及电路图符号

2. 二极管的伏安特性

加到二极管两端的电压 U 与通过二极管的电流 I 之间的关系，称为二极管的伏安特性，二极管的伏安特性直观地表现了二极管的单向导电性，其伏安特性曲线如图 1.12 所示。

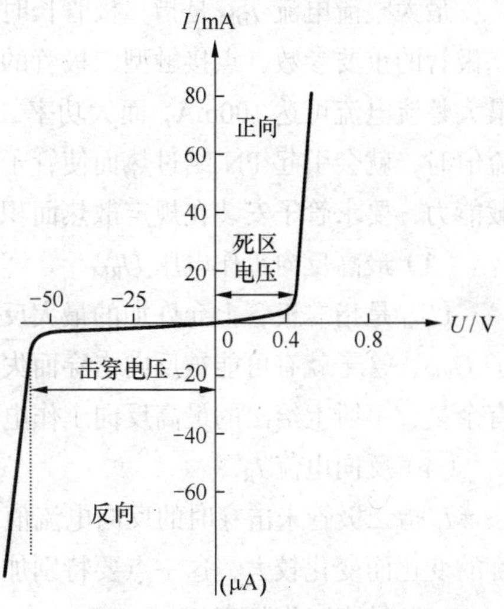

图 1.12　二极管的伏安特性曲线

二极管两端加正向电压时，产生正向电流。从伏安特性曲线上可看到，当二极管两端电压 U 为零时，通过二极管的电流 I 也为零；当正向电压较小时，由于外加正向电压的电场还不足以克服 PN 结的内电场对扩散运动的阻挡作用，二极管仍呈现高阻状态，通过二极管的正向电流 I 几乎为零，即基本上仍处于截止状态，通常把这段区域称为死区。

当外加正向电压超过死区电压（硅管约为 0.5V，锗管约为 0.1V）时，内电场被大大削弱，正向电流增长很快，此时二极管进入正向导通区。处于正向导通区的二极管，正向电流在一定范围内变化时，二极管的管压降基本不随电流变化，硅管压降为 0.6 ~ 0.8V，锗管压降为 0.2 ~ 0.3V。压降不随电流变化，主要是因为外电场极大地削弱了内电场后，正向电流的大小仅仅决定于半导体材料的电阻，即结电阻正向导通时极小的缘故。也正是由于二极管正偏时管压降很低，所以不允许二极管正偏时直接加较大电压，电压较大时注意在电路中串接一个分压电阻。

当外加反向电压低于反向击穿电压 U_{BR} 时，二极管处于反向截止区，反向截止区二极管的 PN 结上通过有极小的反向饱和电流，由于温度不变反向饱和电流很小可近似视为零值（但温度上升，反向电流会有所增长）。

继续增大反向电压，使之超过反向击穿电压 U_{BR} 时，反向电流会突然增大，二极管失去单向导电性，进入反向击穿区。普通二极管若工作在反向击穿区，由于反向电流很大，一般都会造成“热击穿”，热击穿使得二极管永久损坏，不能再恢复到原来的性能，即失效了。但是，利用电击穿时电流变化很大，但 PN 结两端电压变化却很小的特点，人们研制出工作在反向击穿区的稳压管。

由上述二极管的伏安特性分析，可以了解到二极管属于非线性电阻元件。

3. 二极管的主要参数

二极管的参数很多，有些参数仅仅表示管子性能的优劣，而另一些参数则属于至关重要的极限参数，如二极管的最大耗散功率，使用时超过该值管子将烧坏。因此，熟悉和理解二极管的主要参数，可以帮助我们正确使用二极管。

（1）最大耗散功率 P_{max}

过热是电子器件的大敌。一个二极管能耐受住的最高温度决定它的极限参数 P_{max}。P_{max} 称为二极管的最大允许耗散功率，数值上等于通过管子的电流与加在管子两端电压的乘积。实际应用中，二极管工作在正向范围时，由于正向压降近似为一个常数，所以二极管的最大耗散功率通常用最大整流电流表示。

（2）最大整流电流 I_{DM}

最大整流电流 I_{DM} 是指二极管长时间使用时，允许流过二极管的最大正向平均电流值。这是二极管的重要参数，点接触型二极管的最大整流电流通常在几十个毫安以下，面接触型二极管的最大整流电流可达 100mA，而大功率二极管可达几个安培。当二极管使用中电流超出最大整流电流值时，就会引起 PN 结过热而使管子烧坏。对于大功率二极管，为了降低结温，增加管子的负载能力，要求管子安装在规定散热面积的散热器上使用。

（3）最高反向工作电压 U_{RM}

U_{RM} 是指二极管上允许加的最大反向电压瞬时值。二极管工作时，若所加的反向电压值超过了 U_{RM}，管子就有可能被反向击穿而失去单向导电性。为确保安全，一般手册中查到的数值均留有余量，手册上给出的最高反向工作电压 U_{RM} 通常为反向击穿电压的 50%～70%。

（4）反向电流 I_R

I_R 指二极管未击穿时的反向电流值。I_R 值越小，二极管的单向导电性越好。反向电流 I_R 随温度的变化而变化较大，这一点要特别加以注意。

（5）最高工作频率 f_M

此值由 PN 结的结电容大小决定。若二极管的工作频率超过该值，则二极管的单向导电性能变差。

二极管的参数很多，还有最高使用温度、结电容等，实际应用时，应认真查阅半导体器件手册。自由是被认识了的必然。只有在认识了半导体二极管特性的基础上，我们才能正确掌握和使用它。

4. 二极管的应用

二极管的应用范围很广，主要应用有整流、检波、钳位、限幅、元件保护以及在脉冲与数字电路中用作开关元件等。

（1）整流

利用二极管的单向导电性将交流电变成单方向脉动直流电的过程称为整流。图 1.13 所示电路是一个单相半波整流电路，图中变压器的输入和输出电压 u_1、u_2 均为正弦波交流电压，由于二极管的单向导电性，只有当 u_2 的正半周大于死区电压时才能使二极管 VD 导通，其余时间均被二极管阻断，因此在电阻 R_L 上产生的电压降 U_L 是单方向的半波整流。

（2）钳位

图 1.14 为二极管钳位电路，此电路利用了二极管正向导通时压降很小的特性。限流电阻 R 的一端与直流电源 $U(+)$ 相连，另一端与二极管阳极相连，二极管阴极连接端子为电路输入端，阳极向外引出的 F 点为电路输出端。当图中 A 点电位为零时，二极管 VD 正向导通，忽略管压降时，F 点的电位被钳制在零伏左右，即 $V_F \approx 0$。若 A 点电位较高，不能使二极管导通时，电阻上无电流通过，F 点电位被钳制在 $U(+)$。

（3）限幅

利用二极管正向导通压降很小且基本不变的特点，还可以组成各种限幅电路。

【例 1.1】 如图 1.15（a）所示二极管限幅电路，已知 $u_i=1.4\sin\omega t$V，图中 VD_1、VD_2 为硅管，

其正向导通压降均为 0.7V。试画出输出电压 u_o 的波形。

【解】 由电路图可看出，当 $u_i > U_D$ 时，二极管 VD_1 导通，$u_o = +0.7V$；当 $u_i < U_D$ 时，二极管 VD_2 导通，$u_o = -0.7V$；当 $-0.7V < u_i < +0.7V$ 时，两个二极管均不能导通，因此电阻上无电流通过，$u_o = u_i$。

由上述分析结果可画出输出电压波形如图 1.15（b）所示。显然该电路中的二极管起到了输出限幅在±0.7V 之间的作用。

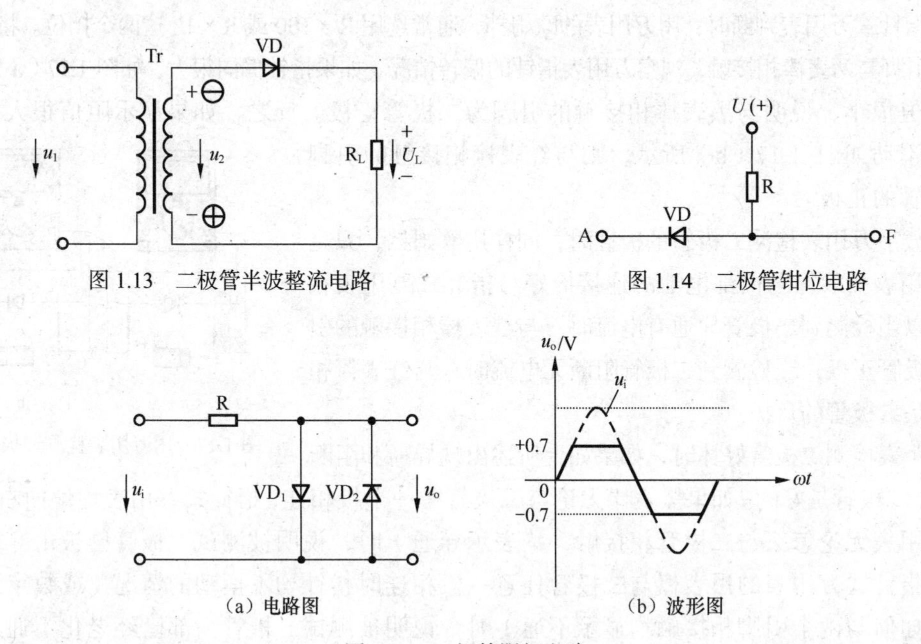

图 1.13　二极管半波整流电路

图 1.14　二极管钳位电路

（a）电路图

（b）波形图

图 1.15　二极管限幅电路

电子工程实用中，二极管的应用非常广泛，在此不再一一赘述。

思考与问题

1. 何谓死区电压？硅管和锗管死区电压的典型值各为多少？为何会出现死区电压？

2. 为什么二极管的反向电流很小且具有饱和性？当环境温度升高时又会明显增大？

3. 把一个 1.5V 的干电池直接正向连接到二极管的两端，可能出现什么问题？

4. 二极管的伏安特性曲线上可分为几个区？能否说明二极管工作在各个区时的电压、电流情况？

5. 半导体二极管工作在反向击穿区，是否一定被损坏？为什么？

6. 理想二极管电路如图 1.16 所示。已知输入电压 $u_i = 10\sin\omega t V$，试画出输出电压 u_o 的波形。

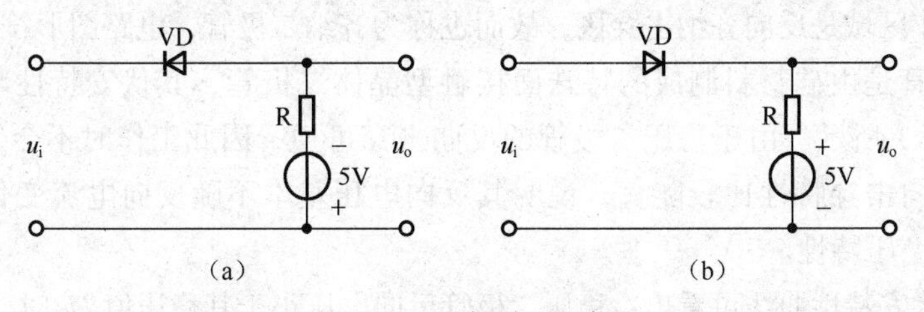

（a）　（b）

图 1.16　思考题 6 电路图

应用实践

用万用表判断二极管的极性及管子的好坏

判断二极管的极性时可用指针式万用表或数字万用表。

用指针式万用表判断时，用万用表的欧姆挡，通常选用R×100或R×1k这两个挡位。将二极管的两个引脚与两表棒相接触，观察万用表指针的偏转情况，如果指针偏向很大，如图1.17（a）所示，显示阻值很小，说明与黑表棒相接触的引脚为二极管正极。反之，如果显示阻值很大，即指针基本不动如图1.17（b）所示，则与红表棒相接触的引脚是二极管的正极。

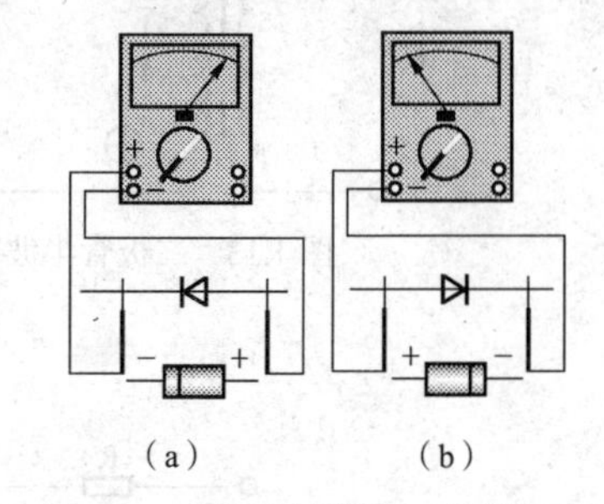

图1.17　用万用表检测二极管极性

用数字万用表检测二极管的极性时，同样用欧姆挡，只是数字万用表的表棒与内部电池的连接恰好与指针式万用表相反，所以当检测到二极管导通有电流时，与红表棒相接触的引脚为二极管正极；当检测到二极管阻断无电流时，与红表棒相接触的是二极管的负极。

万用表检测二极管好坏时，如果如上所述出现导通和阻断状态时，二极管是好的。如果黑表棒无论与二极管哪一个极相连，指针式万用表均偏向右边（或数字万用表无论怎么与二极管相接触，均表示导通）时，说明被测试二极管已被击穿损坏；若出现指针式万用表的黑表棒与二极管任意一极相连时指针均不摆动的情况（或数字万用表的表棒如何与两个引脚相接触均显示不通）时，说明被测试二极管内部已经老化不通，应更换新的。

显然，用万用表判断二极管极性的原理是根据二极管的单向导通性。

1.3　特殊二极管

学习目标

了解工程实际中各种特殊用途二极管的结构组成，熟悉各类特殊二极管的工作区域，掌握各类特殊二极管的用途和功能。

1. 稳压管

稳压二极管是电子电路特别是电源电路中常见的元器件之一，与普通二极管不同的是，稳压管的正常工作区域是反向齐纳击穿区，故而也称为齐纳二极管，电路图形符号如图1.18（a）所示。稳压二极管是由硅材料制成的特殊面接触型晶体二极管，其伏安特性与普通二极管相似，如图1.18（b）所示。由于稳压二极管的反向击穿可逆，因此工作时不会发生“热击穿”，图示稳压管的反向击穿特性比较陡直，说明其反向电压基本不随反向电流变化而变化，这就是稳压二极管的稳压特性。

由稳压管的伏安特性曲线可看出：稳压二极管反向电压小于其稳压值U_Z时，反向电流很小，可认为在这一区域内反向电流基本为零。当反向电压增大至其稳压值 U_Z 时，稳压管进入反向击

穿工作区。在反向击穿工作区，通过管子的电流虽然变化较大（常用的小功率稳压管，反向工作区电流一般为几毫安至几十毫安），但管子两端的电压却基本保持不变。

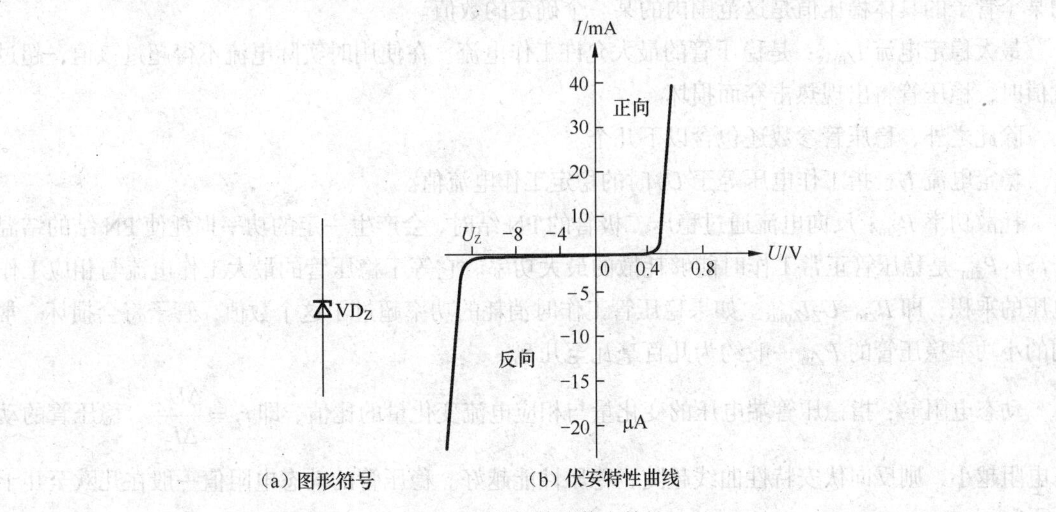

(a) 图形符号　　(b) 伏安特性曲线

图 1.18　稳压管的伏安特性

利用这一特点，把稳压二极管接入如图 1.19 所示的稳压管稳压电路，其中 R 为限流电阻，R_L 为负载电阻，C 为滤波电容。稳压二极管与其他普通二极管的最大不同之处就是其反向击穿可逆特性。稳压管正常工作是反向偏置，且工作在反向击穿区，当去掉反向电压时稳压管也随即恢复正常。但任何事物都不是绝对的，如果反向电流超过稳压二极管的允许范围，稳压二极管同样会发生热击穿而损坏。因此，实际电路中，为确保稳压管工作于可逆的齐纳击穿状态而不会发生热击穿，稳压二极管稳压电路一般均需串入限流电阻 R，以确保工作电流不超过最大稳定电流 I_{Zmax}。这样，当输入的反向电压在 U_Z 范围内变化时，只要选择合适的限流电阻值 R，负载电压则一直稳定在 U_Z。而且，当电源电压波动或其他原因造成电路各点电压变动时，稳压二极管可保证负载 R_L 两端的电压基本不变。

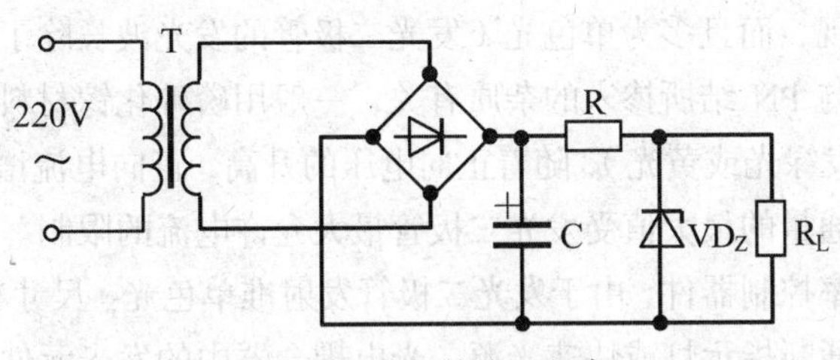

图 1.19　稳压管稳压电路

稳压管常用在小功率电源设备中的整流滤波电路之后，起到稳定直流输出电压的作用。除此之外，稳压管还常用于浪涌保护电路、电视机过压保护电路、电弧控制电路、手机电路等。例如，在手机电路中，手机电路中所用的受话器、振动器都带有线圈，当这些电路工作时，由于线圈的电磁感应常会导致一个个很高的反向峰值电压，如果不加以限制就会引起电路损坏，而用稳压二极管构成一定的浪涌保护电路后，就可以起到防止反向峰值电压所引起的电路损坏。

描述稳压管特性的主要参数为稳压值 U_Z 和最大稳定电流 I_{Zmax}。

稳定电压 U_Z 是稳压管正常工作时的额定电压值。由于半导体生产的离散性，手册中的 U_Z 往往给出的是一个电压范围值。例如，型号为 2CW18 的稳压管，其稳压值为 10～12V。这种型号的某个管子的具体稳压值是这范围内的某一个确定的数值。

最大稳定电流 I_{Zmax}：是稳压管的最大允许工作电流。在使用时实际电流不得超过该值，超过此值时，稳压管将出现热击穿而损坏。

除此之外，稳压管参数还包含以下几个。

稳定电流 I_Z：指工作电压等于 U_Z 时的稳定工作电流值。

耗散功率 P_{Zm}：反向电流通过稳压二极管的 PN 结时，会产生一定的功率损耗使 PN 结的结温升高。P_{Zm} 是稳压管正常工作时能够耗散的最大功率。它等于稳压管的最大工作电流与相应工作电压的乘积，即 $P_{Zm}=U_Z I_{Zmax}$。如果稳压管工作时消耗的功率超过了这个数值，管子将会损坏。常用的小功率稳压管的 P_{Zm} 一般约为几百毫瓦至几瓦。

动态电阻 r_Z：指稳压管端电压的变化量与相应电流变化量的比值，即 $r_Z=\dfrac{\Delta U_Z}{\Delta I_Z}$。稳压管的动态电阻越小，则反向伏安特性曲线越陡，稳压性能越好。稳压管的动态电阻值一般在几欧至几十欧之间。

2. 发光二极管

半导体发光二极管（LED）是一种把电能直接转换成光能的固体发光元件，发明于 20 世纪 60 年代，在随后的数十年中，其基本用途是作为收录机等电子设备的指示灯。与普通二极管一样，发光管的管芯也是由 PN 结组成，具有单向导电性。在发光二极管中通以正向电流，可高效率发出可见光或红外辐射，半导体发光二极管的电路图符号与普通二极管一样，只是旁边多了两个箭头，如图 1.20 所示。

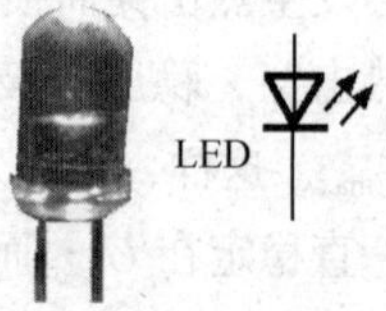

LED

图 1.20 发光二极管实物图及电路图符号

发光二极管两端加上正向电压时，空间电荷区变窄，引起多数载流子的扩散，P 区的空穴扩散到 N 区，N 区的电子扩散到 P 区，扩散的电子与空穴相遇并复合而释放出能量。对于发光二极管来说，复合时释放出的能量大部分以光的形式出现，而且多为单色光（发光二极管的发光波长除了与使用材料有关外，还与 PN 结所掺入的杂质有关，一般用磷砷化镓材料做成的发光二极管发红光，磷化镓发光二极管发绿光或黄光）。随着正向电压的升高，正向电流增大，发光二极管产生的光通量也随之增加，光通量的最大值受发光二极管最大允许电流的限制。

发光二极管属于功率控制器件，由于发光二极管发射准单色光、尺寸小、寿命长且价格低廉，被广泛用作电子设备的通断指示灯或快速光源、光电耦合器中的发光元件、光学仪器的光源和数字电路的数码及图形显示的七段式或阵列式器件等领域。发光二极管的工作电流一般为几毫安至几十毫安之间。

随着近年来发光二极管发光效能逐步提升，充分发挥发光二极管的照明潜力，将发光二极管作为发光光源的可能性也越来越高，发光二极管已经成为近几年来最受重视的光源之一。一方面凭借其轻、薄、短、小的特性，另一方面借助其封装类型的耐摔、耐震及特殊的发光光形，发光二极管的确给了人们一个很不一样的光源选择，但是在人们只考虑提升发光二极管发光效能的同时，如何充分利用发光二极管的特性来解决将其应用在照明时可能会遇到的困难，目前已经是各国照明厂家研制的目标。有资料显示，近年来科学家开发出用于照明的

新型发光二极管灯泡。这种灯泡具有效率高、寿命长的特点，可连续使用 10 万小时，比普通白炽灯泡寿命长 100 倍。

3. 光电二极管

光电二极管也是一种 PN 结型半导体元件，可将光信号转换成电信号，广泛应用于各种遥控系统、光电开关、光探测器，以及以光电转换的各种自动控制仪器、触发器、光电耦合、编码器、特性识别、过程控制、激光接收等方面。在机电一体化时代，光电二极管已成为必不可少的电子元件。光电二极管的实物及电路图符号如图 1.21 所示。

图 1.21　光电二极管实物图及电路图符号

光电二极管在结构上和普通二极管相比，为了便于接受入射光照，光电二极管的电极面积尽量做得小一些，PN 结的结面积尽量做得大一些，而且结深较浅，一般小于 1 个微米。光电二极管工作在反向偏置的反向截止区，光电管的管壳上有一个能射入光线的“窗口”，这个“窗口”用有机玻璃透镜进行封闭，入射光通过透镜正好射在管芯上。当没有光照时，光电二极管的反向电流很小，一般小于 0.1μA，称为暗电流。当有光照时，携带能量的光子进入 PN 结后，把能量传给共价键上的束缚电子，使部分价电子获得能量后挣脱共价键的束缚成为电子—空穴对，称为光生载流子。光生载流子的数目与光照射强度成正比，光的照射强度越大，光生载流子数目越多，这种特性称为“光电导”。光电二极管在一般照度的光线照射下，所产生的电流叫作光电流。如果在外电路上接上负载，负载上就获得了电信号，而且这个电信号随着光的变化而变化。

光电二极管用途很广，有用于精密测量的从紫外到红外的宽响应光电二极管，紫外到可见光的光电二极管，用于一般测量的可见红外的光电二极管以及普通型的陶瓷/塑胶光电二极管。精密测量光电二极管的特点是高灵敏度，高并列电阻和低电极间电容，以降低和外接放大器之间的噪声。光电二极管还常常用作传感器的光敏元件，或将光电二极管做成二极管阵列，用于光电编码，或用在光电输入机上做光电读出器件。

光电二极管的种类很多，多应用在红外遥控电路中。为减少可见光的干扰，常采用黑色树脂封装，可滤掉 700nm 波长以下的光线。光电二极管对长方形的管子，往往做出标记角，指示受光面的方向。一般情况下管脚长的为正极。

光电二极管的管芯主要用硅材料制作。检测光电二极管好坏可用以下 3 种方法。

① 电阻测量法：用万用表 R×100 挡或 R×1k 挡。像测普通二极管一样，正向电阻应为 10kΩ 左右，无光照射时，反向电阻应为∞，然后让光电二极管见光，光线越强反向电阻应越小。光线特强时反向电阻可降到 1kΩ 以下。这样的管子就是好的。若正反向电阻都是∞或零，说明管子是坏的。

② 电压测量法：把指针式万用表接在直流 1V 左右的挡位。红表笔接光电二极管正极，黑表笔接负极，在阳光或白炽灯照射下，其电压与光照强度成正比，一般可达 0.2~0.4V。

③ 电流测量法：把指针式万用表拨到直流 50μA 挡或 500μA 挡，红表笔接光电二极管正极，黑表笔接负极，在阳光或白炽灯照射下，短路电流可达数十微安到数百微安。

4. 变容二极管

变容二极管实物图及电路图符号如图 1.22 所示。

PN结的结电容 C_i 包含两部分：扩散电容 C_D 和势垒电容 C_B，其中扩散电容 C_D 反映了PN结形成过程中，外加正偏电压改变时引起扩散区内存储的电荷量变化而造成的电容效应；势垒电容 C_B 反映的则是PN结这个空间电荷区的宽度随外加偏压而改变时，引起累积在势垒区的电荷量变化而造成的电容效应。因此，PN结的结电容 C_i 除了与空间电荷区的宽度、PN结两边半导体的介电常数以及PN结的截面积大小有关，还随工作电压的变化而变动，当PN结正偏时，由于扩散电容 C_D 与正偏电流近似成正比，因此PN结的结电容以扩散电容 C_D 为主，即 $C_i \approx C_D$；而当PN结反偏时，C_i 虽然很小，但PN结的反向电阻很大，此时PN结的结电容 C_i 的容抗将随工作频率的提高而降低，势垒电容 C_B 随反向偏置电压的增大而变化，这时PN结上的结电容 C_i 又以势垒电容 C_B 为主，即 $C_i \approx C_B$。实际工程中，利用二极管的结电容随反向电压的变化而变化的特点，在反偏高频条件下，将二极管取代可变电容使用，这样的二极管就称为变容二极管。

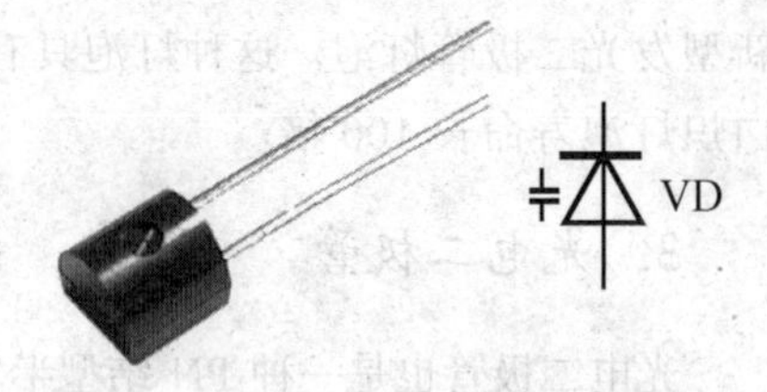

图1.22 变容二极管实物图及电路图符号

变容二极管在电子技术中通常用于高频技术中的调谐回路、振荡电路、锁相环路以及电视机高频头的频道转换和调谐电路作为可变电容使用，正常工作时应反向偏置。变容二极管制造所用材料多为硅或砷化镓单晶，并采用外延工艺技术。

5. 激光二极管

激光二极管的物理结构是在发光二极管的PN结间安置一层具有光活体的半导体，其端面经过抛光后具有部分反射功能，因而形成一个光谐振腔。在正向偏置情况下，LED结发射出光并与光谐振腔相互作用，从而进一步激励从结上发射出单波长的激光，这种激光的物理性质与材料有关。

激光二极管的应用目前非常广泛。在计算机的光盘驱动器、激光打印机中的打印头，条形码扫描仪、激光测距、激光医疗、光通信、激光指示等小功率光电设备中均有激光二极管的身影，在舞台灯光、激光手术、激光焊接和激光武器等大功率设备中也得到了应用。

思考与问题

1. 稳压二极管正常工作时在哪个区域？使用时应注意什么？

2. 发光二极管正常工作时在哪个区域？导通电压与普通二极管有何不同？

3. 光电二极管正常工作时在哪个区域？其通过的电流大小取决于什么？

4. 变容二极管正常工作时在哪个区域？变容二极管正向偏置和反向偏置时的结电容有何不同？

5. 试判断图1.23所示电路中二极管各处于什么工作状态。设各二极管的导通电压为0.7V，求输出电压 U_{AO}。

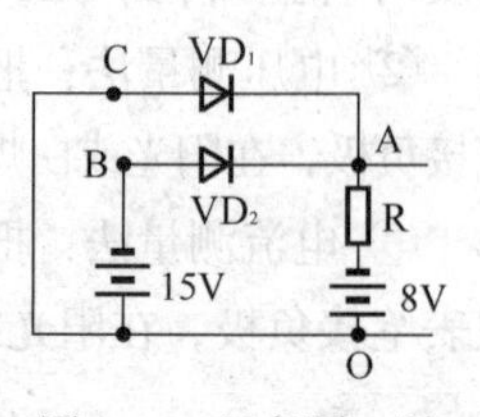

图1.23 思考题5图

1.4 双极型三极管

学习目标

了解双极型晶体三极管的结构组成；理解双极型三极管的电流放大原理、特性曲线；熟悉其图形符号、型号、用途和主要参数。

半导体三极管又称为晶体三极管，是组成各种电子线路的核心器件。三极管的问世使 PN 结的应用发生了质的飞跃。

1. 双极型三极管（BJT）的结构组成

BJT 是双极型三极管的英文简称，由于 BJT 工作时多数载流子和少数载流子同时参与导电，故而称为双极型三极管。BJT 按照 PN 结的组合方式，可分为 PNP 型和 NPN 型两种，其结构示意图和电路图符号如图 1.24 所示。

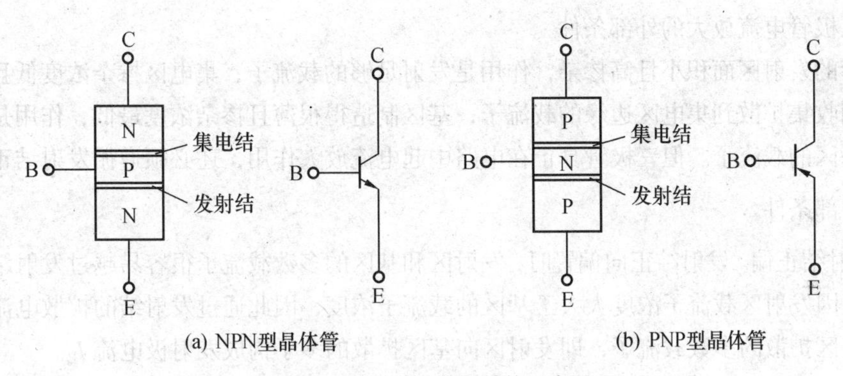

图 1.24　两种三极管的结构示意图

按频率高低双极型三极管可分为高频管、低频管；根据功率大小还可分为大功率管、中功率管和小功率管；按照材料的不同又可分为硅管和锗管等。

双极型三极管无论何种类型，基本结构都包括发射区、基区和集电区；其中发射区和集电区类型相同，或为 P 型（或为 N 型），而基区或为 N 型（或为 P 型），因此，发射区和基区之间、基区和集电区之间必然各自形成一个 PN 结；由 3 个区分别向外各引出一个铝电极，由发射区引出的铝电极称为发射极，由基区引出的铝电极称为基极，由集电区引出的铝电极是集电极。即晶体三极管内部有 3 个区、两个 PN 结和 3 个外引铝电极。

图 1.24（a）所示是 NPN 型晶体管的结构示意图和电路符号，图 1.24（b）所示是 PNP 型晶体管的结构示意图和电路符号。当前国内生产的硅晶体管多为 NPN 型（3D 系列），锗晶体管多为 PNP 型（3A 系列）。国产管型号中，每一位都有特定含义：如 3AX31，第一位 3 代表三极管，2 代表二极管；第二位代表材料和极性，A 代表 PNP 型锗材料，B 代表 NPN 型锗材料，C 为 PNP 型硅材料，D 为 NPN 型硅材料；第三位表示用途，X 代表低频小功率管，D 代表低频大功率管，G 代表高频小功率管，A 代表高频大功率管；型号后面的数字是产品的序号，序号不同，各种指标略有差异。

注意

二极管和三极管的第二位意义基本相同，而第三位则含义不同。对于二极管来说，第三位的P代表检波管；W代表稳压管；Z代表整流管。对于进口三极管来说，就各有不同，需要读者在具体使用过程中留心相关资料中的说明。

2. BJT的电流放大作用

三极管的特性不同于二极管，三极管在模拟电子线路中的基本功能是电流放大。

（1）三极管电流放大的内部结构特点

制造三极管时，有意识地使管子内部发射区（e 区）具有较小的面积和较高的掺杂浓度；让基区（b 区）掺杂质浓度较低且制作很薄，厚度为几至几十微米；把集电区面积做得较大，掺杂质浓度介于发射区和基区之间，这样的掺杂浓度可使发射区和基区之间的PN结（发射结）面积较小，集电区和基区之间的PN结（集电结）面积较大。上述结构特点是保证三极管实现电流放大的关键条件。显然，由于各区内部结构上的差异，双极型三极管的发射极和集电极虽然类型相同，但在使用中是绝不能互换的。

（2）三极管电流放大的外部条件

三极管的发射区面积小且高掺杂，作用是发射足够的载流子；集电区掺杂浓度低且面积大，作用是顺利收集扩散到集电区边缘的载流子；基区制造得很薄且掺杂浓度最低，作用是传输和控制发射到基区的载流子。但三极管真正在电路中起电流放大作用，还必须遵循发射结正偏、集电结反偏的外部条件。

① 发射结正偏。发射结正向偏置时，发射区和基区的多数载流子很容易越过发射结互相向对方扩散，但因发射区载流子浓度大大于基区的载流子浓度，因此通过发射结的扩散电流基本上是发射区向基区扩散的多数载流子，即发射区向基区扩散的多子构成发射极电流 I_E。

另外，由于基区的掺杂质浓度较低且很薄，从发射区注入基区的大量多数载流子，只能有极少一部分与基区中的多子相“复合”，复合掉的载流子又会由基极电源不断地予以补充，这是形成基极电流 I_B 的原因。

② 集电结反偏。在基区被复合掉的载流子仅为发射区发射载流子中的极少数，剩余大部分发射载流子由于集电结反偏而无法停留在基区，绝大多数载流子继续向集电结边缘进行扩散。集电区掺杂质浓度虽然低于发射区，但高于基区，且集电结的结面积较发射结大很多，因此这些聚集到集电结边缘的载流子在反向结电场作用下，很容易被收集到集电区，从而形成集电极电流 I_C。

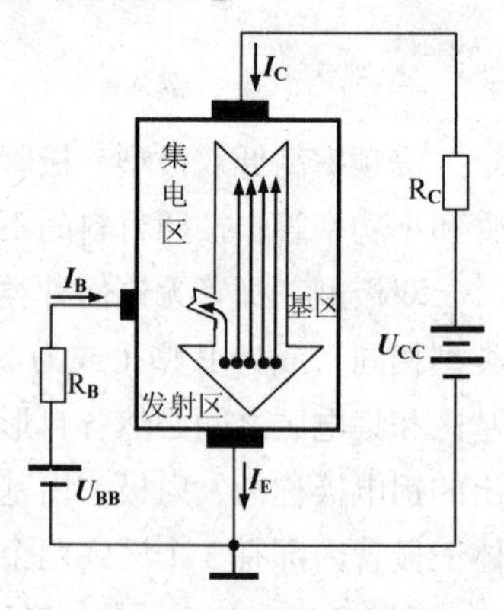

图1.25　三极管内部载流子运动与外部电流情况

以上三极管内部载流子运动与外部电流形成如图1.25所示。

根据自然界的能量守恒定律及电流的连续性原理，三极管的发射极电流 I_E、基极电流 I_B 和集电极电流 I_C 遵循KCL定律，即：

$$I_E = I_B + I_C \tag{1.1}$$

三极管的集电极电流 I_C 稍小于 I_E，但远大于 I_B，I_C 与 I_B 的比值在一定范围内保持基本不变。特别是基极电流有微小的变化时，集电极电流将发生较大的变化。例如，I_B 由40μA增加到50μA

时，I_C 将从 3.2mA 增大到 4mA，即：

$$\beta=\frac{\Delta I_C}{\Delta I_B}=\frac{(4-3.2)\times10^{-3}}{(50-40)\times10^{-6}}=80 \tag{1.2}$$

式（1.2）中的 β 值称为三极管的电流放大倍数。不同型号、不同用途的三极管，它们的 β 值相差较大，多数三极管的 β 值通常在几十至一百多的范围。

综上所述，在双极型三极管中，两种载流子同时参与导电，微小的基极电流 I_B 可以控制较大的集电极电流 I_C，故而人们把双极型三极管称作电流控制器件（CCCS）。

由于双极型三极管分有 NPN 型和 PNP 型，所以在满足发射极正偏，集电极反偏的外部条件时，对于 NPN 型三极管，外部 3 个引出电极的电位必定是：$V_C>V_B>V_E$；对于 PNP 型三极管，3 个外引电极的电位是：$V_E>V_B>V_C$。

3. BJT 的外部特性

（1）输入特性

图 1.26 所示实验电路是最常用的共发射极放大电路。当集电极与发射极之间电压 U_{CE} 为常数时，输入电路中的基极电流 I_B 与发射结端电压 U_{BE} 之间的关系曲线 $I_B=f(U_{BE})$，把这种关系曲线描绘出来，就是三极管的输入特性。

假如所测三极管是硅管，当 $U_{CE}\geqslant1V$ 时，集电结已反向偏置，并且内电场也足够大，而基区又很薄，足以把从发射区扩散到基区的绝大多数载流子拉入集电区。继续增大 U_{CE} 并保持 U_{BE} 不变时，I_B 基本稳定。即 $U_{CE}>1V$ 以后的输入特性曲线基本上与 $U_{CE}=1V$ 的特性相重合。因此，我们通常是以 $U_{CE}\geqslant1V$ 的这条输入特性曲线作为三极管的输入特性，如图 1.27 所示。

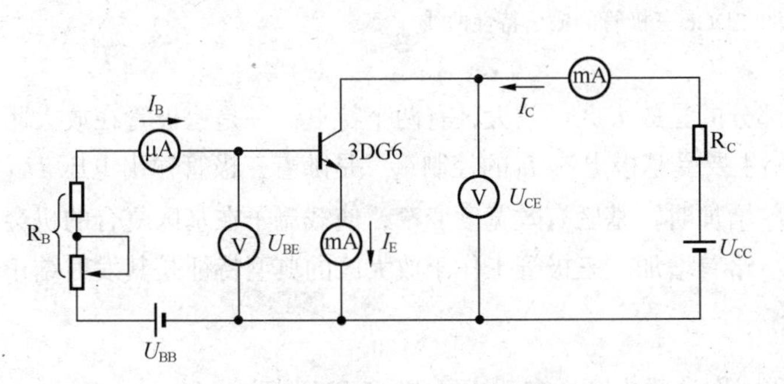

图 1.26　测量三极管特性的实验电路

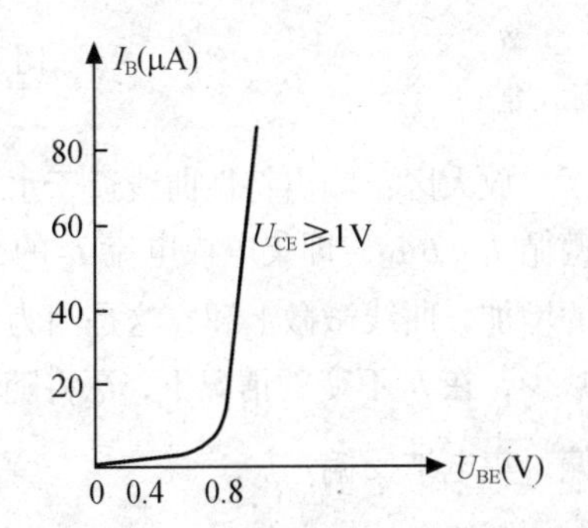

图 1.27　3DG6 三极管的输入特性曲线

由图可看出，三极管的输入特性与二极管的正向伏安特性相似，也存在一段死区。只有在发射结外加电压大于死区电压时，三极管才会产生基极电流 I_B。通常硅管的死区电压约为 0.5V，锗管的死区电压不超过 0.2V。正常工作情况下，NPN 型硅管的发射结电压 U_{BE} 典型值为 0.7V，PNP 型锗管的 U_{BE} 典型值为 0.3V。

（2）输出特性

三极管的基极电流 I_B 为某一常数时，输出回路中集电极电流 I_C 与三极管集电极和发射极之间的电压、U_{CE} 之间的关系特性 $I_C=f(U_{CE})$ 称为输出特性。不同的基极电流 I_B，可得到不同的输出特性，所以三极管的输出特性曲线是一簇曲线。

当 $I_B=100\mu A$ 时，U_{CE} 超过一定的数值（约 1V）以后，从发射区扩散到基区的多数载流子数

量大致一定。这些多数载流子的绝大多数被拉入集电区而形成集电极电流，以致当 U_{CE} 继续增高时，集电极电流 I_C 也不再有明显的增加，集电极电流不随 U_{CE} 的增大而变化的现象，说明集电极电流在三极管电流放大时具有恒流特性。

当基极电流 I_B 减小时，如 $I_B = 80\mu A$、$I_B = 60\mu A$……$I_B = 20\mu A$ 等情况下，对应的集电极电流 I_C 也随之减小，输出特性曲线依次下移，如图 1.28 所示。

特性曲线中 I_B 是 μA 级，I_C 是 mA 级，不同的基极电流对应不同的集电极电流，但是集电极电流要比基极电流变化大得多，当基极电流减小到零时，集电极电流也基本为零。即输出特性充分反映了双极型三极管的以小控大作用。

观察图 1.28 还可看出，输出特性曲线上划分出了放大、截止和饱和 3 个工作区域。

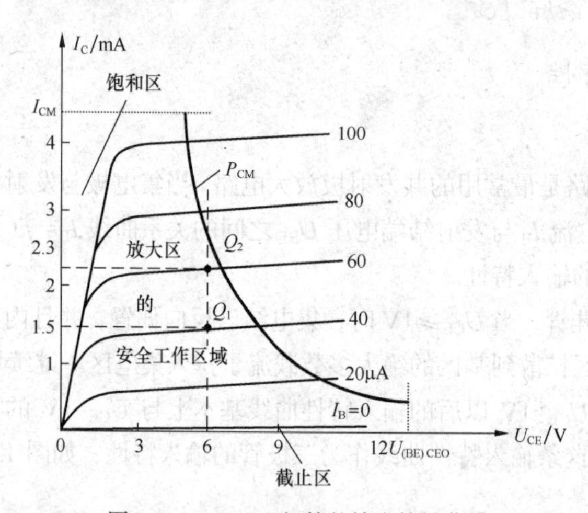

图 1.28　3DG6 三极管的输出特性曲线

放大区：输出特性曲线近于水平部分的是放大区。放大区有两个特点：一是三极管在放大区遵循 $I_C = \beta I_B$，即集电极电流 I_C 的大小主要受基极电流 I_B 的控制；二是随着三极管输出电压 U_{CE} 的增加，曲线微微上翘。这是因为 U_{CE} 增加时，基区有效宽度变窄，使载流子在基区复合的机会减少，在 I_B 不变的情况下，I_C 将随 U_{CE} 略有增加。三极管工作于放大区的典型特征是其发射结正偏，集电结反偏。

截止区：输出特性中 $I_B = 0$ 以下区域称为截止区。在截止区内，NPN 型硅管 U_{BE} <0.5V 时，就开始了截止，工程实际中为了截止可靠，常使 $U_{BE} \leqslant 0$。所以三极管工作在截止区的显著特征是发射结电压为零或反向偏置。

饱和区：输出特性与纵轴之间的区域称为饱和区。在饱和区，因 I_B 的变化对 I_C 的影响较小，所以三极管的放大能力大大下降，两者不再符合以小控大的 β 倍数量关系。三极管工作在饱和区的显著特点是发射结和集电结均为正偏，饱和区通常 U_{CE}<1V。

4. BJT 的主要技术参数

为保证三极管的安全及防止其性能变坏或烧损，规定了三极管正常工作时电流、电压和功率的极限值，使用时要求不能超过任一极限值。常用的极限参数有以下几个。

（1）集电极最大允许电流 I_{CM}

当集电极电流增大时，三极管的 β 值就要减小。当 $I_C = I_{CM}$ 时，三极管的 β 值通常下降到正常额定值的三分之二。我们把 I_{CM} 称为集电极最大允许电流值，显然，当 $I_C > I_{CM}$ 时，说明三极管的电流放大能力下降，但并不意味三极管会因过流而一定损坏。

（2）集电极—发射极反向击穿电压 $U_{(BR)CEO}$

三极管基极开路时，集电极与发射极之间的最大允许电压称为集射极反向击穿电压。为保证三极管的安全与电路的可靠性，一般应取集电极电源电压

$$U_{CC} \leqslant \left(\frac{1}{2} \sim \frac{2}{3}\right) U_{(BR)CE0} \tag{1.3}$$

（3）集电极最大允许耗散功率 P_{CM}

三极管工作时，管子两端的压降为 U_{CE}，集电极流过的电流为 I_C，管子的耗散功率 $P_C = U_{CE} \times I_C$。使用中，如果温度过高，三极管的性能恶化甚至被损坏，所以集电极损耗有一定的限制，规定集电极所消耗的最大功率不能超过最大允许耗散功率 P_{CM} 值。如果超过 P_{CM} 值，则三极管就会因过热而损坏。在图 1.28 所示输出特性曲线上做出的 P_{CM} 是一条双曲线，P_{CM} 弧线以内的平顶区域才是三极管的安全工作区。P_{CM} 值的大小通常与管子的散热条件有关，增加散热片可提高 P_{CM} 的数值。

思考与问题

1. 双极型三极管的发射极和集电极是否可以互换使用？为什么？

2. 三极管在输出特性曲线的饱和区工作时，其电流放大系数是否也等于 β？

3. 使用三极管时，只要①集电极电流超过 I_{CM} 值；②耗散功率超过 P_{CM} 值；③集—射极电压超过 $U_{(BR)CEO}$ 值，三极管就必然损坏。上述说法哪个是对的？

4. 用万用表测量某些三极管的管压降得到下列几组数据，这些管子是 NPN 型还是 PNP 型？是硅管还是锗管？它们各工作在什么区域？

① $U_{BE} = 0.7V$，$U_{CE} = 0.3V$；

② $U_{BE} = 0.7V$，$U_{CE} = 4V$；

③ $U_{BE} = 0V$，$U_{CE} = 4V$；

④ $U_{BE} = -0.2V$，$U_{CE} = -0.3V$；

⑤ $U_{BE} = 0V$，$U_{CE} = -4V$。

1.5 单极型三极管

学习目标

了解单极型三极管的结构特点；熟悉场效应管的工作原理及其电压控制原理。

单极型三极管可用英文缩写 FET 表示，与双极型三极管 BJT 相比，无论是内部的导电机理还是外部特性，二者都截然不同。FET 属于一种新型的半导体器件，尤为突出的是：FET 具有高达 $10^7 \sim 10^{15}$ 的输入电阻，几乎不取用信号源提供的电流，因而具有功耗小、体积小、重量轻、热稳定性好、制造工艺简单且易于集成化等优点。这些优点扩展了单极型三极管的应用范围，尤其在大规模和超大规模的数字集成电路中得到了更为广泛的应用。

根据结构的不同，单极型三极管 FET 分有结型和绝缘栅型两大类。

结型管子是利用半导体内的电场效应控制管子输出电流的大小；绝缘栅型管子则是利用半导体表面的电场效应来控制漏极输出电流的大小。两种管子都是利用电场效应进行以小控大作用，因此常把单极型三极管称为场效应管。

两类场效应管中，绝缘栅型场效应管制造工艺更为简单，更便于集成化，且性能优于结型场效应管，因而在集成电路及其他场合获得了更广泛的应用。本书中，我们只以绝缘栅场效应管为例，向读者介绍单极型三极管的结构组成和工作原理。

1. 场效应管的基本结构组成

场效应管按其工作状态可分为增强型和耗尽型两种类型，每类又有 N 沟道和 P 沟道之分。图 1.29（a）所示为 N 沟道增强型场效应管结构示意图，它以一块掺杂浓度较低、电阻率较高的 P 型硅半导体薄片作为衬底，并在其表面覆盖一层很薄的二氧化硅绝缘层，再将二氧化硅绝缘层刻出两个窗口，通过扩散工艺在 P 型硅中形成两个高掺杂浓度的 N^+区，并用金属铝向外引出两个电极，分别称为漏极 D 和源极 S，然后在半导体表面漏极和源极之间的绝缘层上制作一层金属铝，由此向外引出的电极称为栅极 G，最后在衬底上引出一个电极 B 作为衬底引线，这样就构成了 N 沟道增强型的场效应管。

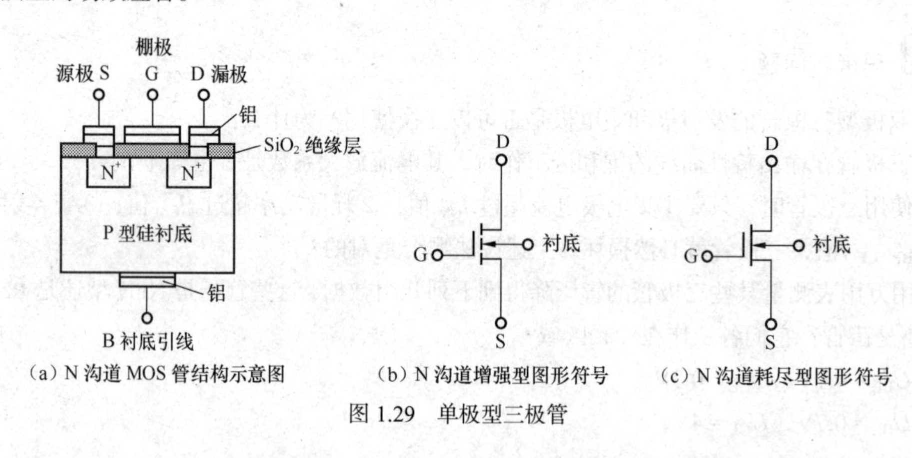

（a）N 沟道 MOS 管结构示意图　（b）N 沟道增强型图形符号　（c）N 沟道耗尽型图形符号

图 1.29　单极型三极管

由于场效应管的栅极和其他电极之间相互绝缘，因此称其为绝缘栅场效应管。绝缘栅场效应管采用了金属铝（Metal）作为引出电极，以二氧化硅（Oxide）作为其绝缘介质，这样的半导体（Semiconductor）器件，习惯上人们又简称其为 MOS 管。

N 沟道增强型 MOS 管的电路符号如图 1.29（b）所示，N 沟道耗尽型场效应管的电路符号如图 1.29（c）所示。观察电路图符号可看出：增强型 MOS 管衬底箭头相连的是虚线，耗尽型衬底箭头相连的是实线；衬底箭头指向向里时为 N 沟道 MOS 管，若衬底箭头指向背离虚线（或实线）时，则为 P 沟道 MOS 管。

2. 场效应管的工作原理

以 N 沟道增强型 MOS 管为例，由图 1.30（a）可以看出，MOS 管的源极和衬底是接在一起的（大多数管子在出厂前已连接好），增强型 MOS 管的源区（N^+）、衬底（P 型）和漏区（N^+）三者之间形成了两个背靠背的 PN^+结，漏区和源区被 P 型衬底隔开。当栅—源极之间的电压 $U_{GS}=0$

时，不管漏源极之间的电源 U_{DS} 极性如何，总有一个 PN^+ 结反向偏置，此时反向电阻很高，不能形成导电沟道；若栅极悬空，即使在漏极和源极之间加上电压 U_{DS}，也不会产生漏极电流 I_D，MOS 管处于截止状态。

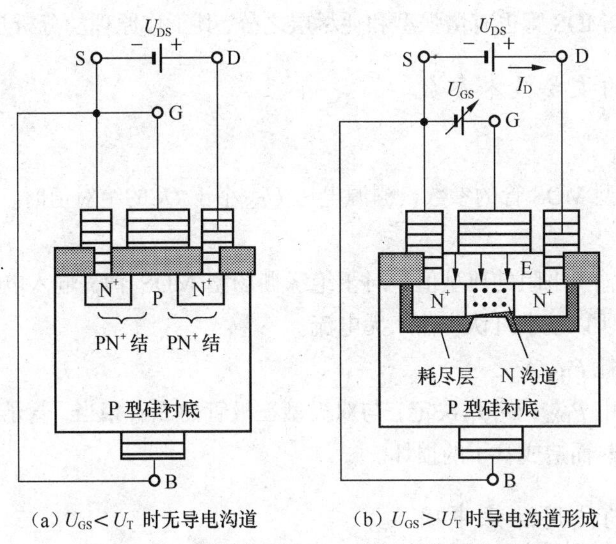

（a）$U_{GS}<U_T$ 时无导电沟道　　（b）$U_{GS}>U_T$ 时导电沟道形成

图 1.30　N 沟道增强型 MOS 管导电沟道的形成

（1）导电沟道的形成

如果在栅极和源极之间加正向电压 U_{GS}，情况就会发生变化，如图 1.30（b）所示。栅源间电压 $U_{GS}\neq 0$ 时，栅极铝层和 P 型硅片衬底间相当于以二氧化硅层 SiO_2 为介质的平板电容器。由于 U_{GS} 的作用，在介质中产生一个垂直于半导体表面、由栅极指向 P 型衬底的电场。因为 SiO_2 绝缘层很薄，即使 U_{GS} 很小，也能让该电场高达 $10^5\sim10^6$V/cm 数量级的强度。这个强电场排斥空穴吸引电子，把靠近 SiO_2 绝缘层一侧的 P 型硅衬底中的空穴排斥开，留下不能移动的负离子形成耗尽层；若 U_{GS} 继续增大，耗尽层将随之加宽；同时 P 型衬底中的电子受到电场力的吸引向上运动到达表层，除填补空穴形成负离子的耗尽层外，还在 P 型硅表面形成一个 N 型薄层，称为反型层，将两个 N^+ 区连通，成为连接漏极和源极之间的 N 型导电沟道。我们把能够形成导电沟道的栅源电压 U_{GS} 称为开启电压，用 U_T 表示。

很明显，在 $0<U_{GS}<U_T$ 的范围内，漏—源极之间的 N 沟道尚未连通，管子处于截止状态，漏极电流 $I_D=0$；当 $U_{GS}\geqslant U_T$ 时，导电沟道形成，并且随着 U_{GS} 的增加导电沟道也不断加厚，相应沟道电阻不断减小，I_D 电流随之增大。

由上述分析可知，场效应管导电沟道形成后，只有一种载流子参与导电，因此称这种管为单极型三极管。单极型三极管——MOS 管中参与导电的载流子是多数载流子，由于多数载流子不受温度变化的影响，因此单极型三极管的热稳定性要比双极型三极管好得多。

（2）漏源间电压 U_{DS} 和栅源间电压 U_{GS} 对漏极电流 I_D 的影响

当 $U_{GS}>U_T$ 且为某一定值时，如果在漏极和源极之间加上正向电压 U_{DS}，就会产生三极管输出电流 I_D，如图 1.30（b）所示。场效应管的输出电流 I_D 受 U_{DS} 和 U_{GS} 二者的影响，若使 $U_{GD}=U_{GS}-U_{DS}<U_T$ 时，漏极电流 I_D 几乎不变，同样表现出恒流特性。

$U_{DS}>U_{GS}-U_T$ 后，I_D 基本上保持恒定的工作区域称为线性放大恒流区。恒流区的漏极电流 I_D

主要受栅源电压 U_{GS} 的控制，场效应管用作放大作用时，就工作在此区域。在线性放大区，场效应管的输出大电流 I_D 受输入小电压 U_{GS} 的控制，因此常把 MOS 管称为电压控制型器件。

如果在制造中将衬底改为 N 型半导体，漏区和源区改为高掺杂的 P^+ 型半导体，即可构成 P 沟道 MOS 管，P 沟道 MOS 管也有增强型和耗尽层之分，其工作原理的分析步骤与上述分析类同。

3. 场效应管的主要技术参数

（1）开启电压 U_T

开启电压是增强型 MOS 管的参数，栅源电压 U_{GS} 小于 U_T 的绝对值时，MOS 管不能导通。

（2）输入电阻 R_{GS}

场效应管的栅源输入电阻的典型值，对于绝缘栅场型 MOS 管，输入电阻 R_{GS} 在 1～100MΩ 之间。由于高阻态，所以基本可认为输入无电流。

（3）最大漏极功耗 P_{DM}

最大漏极功耗可由 $P_{DM}= U_{DS}I_D$ 决定，与双极型三极管的 P_{CM} 相当，管子正常使用时不得超过此值，否则将会因过热而造成管子的损坏。

4. 场效应管的使用注意事项

FET 在使用中需要注意的事项如下所述。

（1）在 MOS 管中，有的产品将衬底引出（即管子有 4 个管脚），以便使用者视电路需要而任意连接。这时 P 衬底一般应接低电位，即保证 $U_{BS}>0$；N 衬底通常应接高电位，即保证 $U_{BS}<0$。但在特殊电路中，当源极的电位很高或很低时，为了减轻源衬间电压对管子导电性能的影响，可将源极与衬底连在一起（大多产品出厂时已经把衬底与源极连在了一起）。

（2）当衬底和源极未连在一起时，场效应管的漏极和源极可以互换使用，互换后其伏安特性不会发生明显变化。若 MOS 管在出厂时已将源极和衬底连在一起，则管子的源极与漏极就不能再对调使用，这一点在使用时必须加以注意。

（3）场效应管的栅源电压不能接反，但可以在开路状态下保存。为保证其衬底与沟道之间恒为反偏。一般 N 沟道 MOS 管的衬底 B 极应接电路中的最低电位。还要特别注意可能出现栅极感应电压过高而造成绝缘层的击穿问题，因为 MOS 管的输入电阻很高，使得栅极的感应电荷不易泄放，在外界电压影响下，容易导致在栅极中产生很高的感应电压，造成管子击穿事故。所以，MOS 管在不使用时应避免栅极悬空及减少外界感应，储存时，务必将管子的 3 个电极短接。

（4）当把管子焊到电路中或从电路板上取下时，应先用导线将各电极绕在一起；所用电烙铁必须有外接地线，以屏蔽交流电场，防止损坏管子，特别是焊接 MOS 管时，最好断电后利用其余热焊接。

思考与问题

1. 双极型三极管和单极型三极管的导电机理有什么不同？为什么称双极型三极管为电流控制型器件？MOS 管为电压控制型器件？

2. 当 U_{GS} 为何值时，增强型 N 沟道 MOS 管导通？当 U_{GD} 等于何值时，漏极电流表出现恒流特性？

3. 双极型三极管和 MOS 管的输入电阻有何不同？

4. MOS 管在不使用时，应注意避免什么问题？否则会出现何种事故？
5. 为什么说场效应管的热稳定性比双极型三极管的热稳定性好？

应用实践

用万用表测试三极管的极性及判别其好坏

要求通过此技能训练，学习者应学会测试和估算三极管的好坏和电流放大倍数的方法，学会用晶体管图示仪观察其输出特性以判别其放大能力及管子的特性好坏。

用万用表测试三极管的方法如下所述。

（1）判别管子的类型和基极

选用万用表欧姆挡的 R×100 挡或 R×1k 挡位，红表笔所连接的是万用表内部电池的负极，黑表笔连接着万用表内部电池的正极。先用黑表棒与假设基极的管脚相接触，红表棒接触另外两个管脚，观察万用表指针偏转情况。如此重复上述步骤测 3 次，其中必有一次万用表指针偏转度都很大（或都很小）的情况，对应黑表棒（或红表棒）接触的电极就是基极，且管子是 NPN 型（或 PNP 型）的。

原理：根据 PN 结的单向导电性能，如果黑表棒接触的恰好为基极，则指针在红表棒与另外两极相接触时必定摆动都很大（或基本不动），此时说明两个 PN 结均处导通（或截止）状态，由于黑表棒与电源正极相连，所以两个 PN 结应是正向偏置（或反向偏置），此时可判断出管子类型为 NPN 型（或 PNP 型），而与黑表棒（或红表棒相连的电极为基极）。

（2）判别集电极和发射极

选用万用表欧姆挡的 R×100 挡或 R×1k 挡位，检测电路的连接如图 1.31 所示。

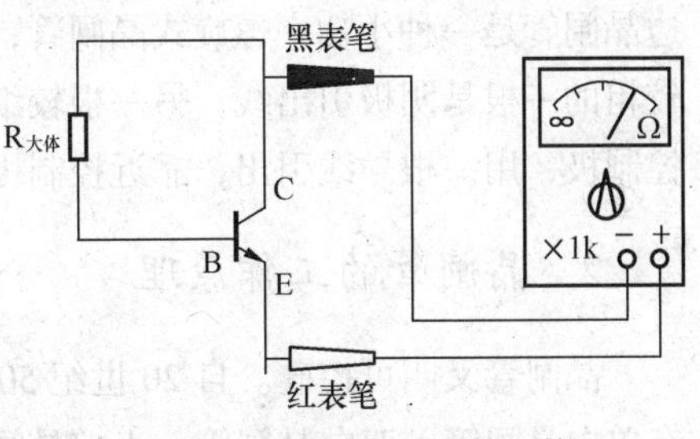

图 1.31　用万用表检测三极管

让万用表的黑表棒与假设的集电极相接触，红表棒与假设的发射极相接触，而用人体电阻代替基极偏置电阻 R_B，注意两只手不能相碰，一只手捏住三极管的基极，另一只手与假设的集电极接触，观察万用表的指针偏转情况；接下来把红黑表棒的位置互换，两只手仍然是一个捏住基极，一个与黑表棒连接的电极相接触，再观察万用表指针的偏转情况，最后断定万用表指针偏转较大的假设电极是正确的。

原理：利用三极管的电流放大原理。三极管的集电区和发射区虽然同为 N 型半导体（或 P 型半导体），但由于掺杂浓度不同和结面积的不同，使用中是不能互换的，如果把集电极当作发射极使用，管子的电流放大能力将大大降低。因此，只有三极管发射极和集电极判断正确情况下，连接测试时的 β 值较大（表针摆动幅度大），如果假设错误，β 值将小得多（指针偏转较小）。

1.6 晶闸管（SCR）

1. 晶闸管的结构组成

晶体闸流管简称晶闸管，是一种能控制大电流通断的功率型半导体器件。晶闸管的问世使半

导体器件从弱电领域进入强电领域，在电力电子行业中得到了广泛的应用。由于晶闸管的通断可以控制，因之又称为可控硅。晶闸管有多种类型，包括普通晶闸管、双向晶闸管、控制极关断晶闸管、逆导晶闸管、快速晶闸管等，主要用于整流、调压、逆变和开关等方面。

晶闸管有 P-N-P-N 四层硅半导体和 3 个 PN 结，其内部结构、符号及产品外形如图 1.32 所示。

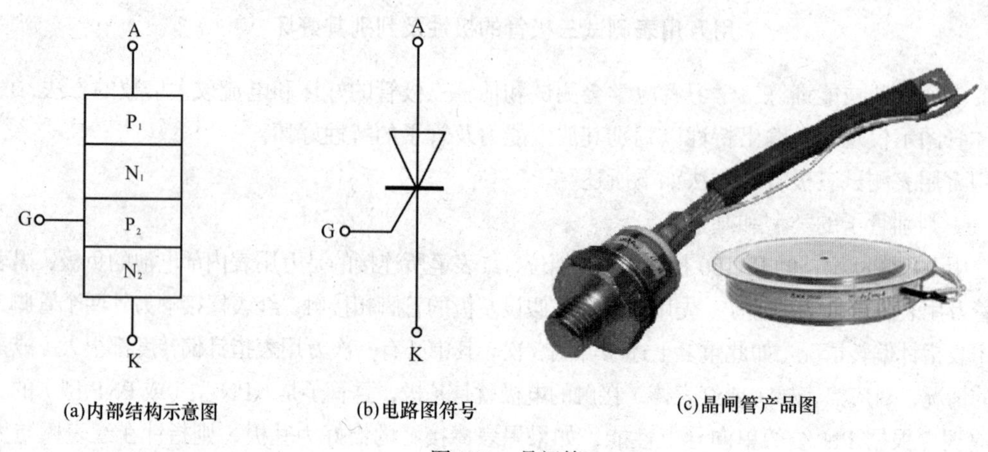

图 1.32　晶闸管

由外层 P_1 处引出的电极是阳极 A，由外层 N_2 引出的电极是阴极 K，由中间层 P_2 引出的电极是控制极 G，控制极也称为门极。普通型晶闸管有螺栓式和平板式，如图 1.32（c）所示，其中左边晶闸管是一种小功率螺旋式晶闸管，带螺栓的一端是阳极，螺栓主要用于安装散热片，另一端较粗的一根是阴极引出线，另一根较细的是控制极引出线；右边是平板式晶闸管，中间金属环是控制极，用一根导线引出，靠近控制极的平面是阴极，另一面则为阳极。

2. 晶闸管的工作原理

晶闸管又叫可控硅。自 20 世纪 50 年代问世以来已经发展成了一个大的家族，它的主要成员有单向晶闸管、双向晶闸管、光控晶闸管、逆导晶闸管、可关断晶闸管、快速晶闸管等。今天大家使用的是单向晶闸管，也就是人们常说的普通晶闸管。

为了能够直观地认识晶闸管的工作特性，我们先来看一下图 1.33 所示的晶闸管实验电路。晶闸管 VS 与小灯泡 EL 串联起来，通过开关 S 接在直流电源上。其中阳极 A 接电源正极，阴极 K 接电源负极，控制极 G 通过按钮开关 SB 与 3V 直流电源的正极相接（实验电路中使用的是 KP5 型晶闸管，若采用 KP1 晶闸管型，3V 直流电源应换成 1.5V 直流电源）。晶闸管与电源的这种连接方式叫作正向连接，也就是说，给晶闸管阳极和控制极所加的都是正向电压。

当我们合上电源开关 S，小灯泡不会亮，说明晶闸管还没有导通；这时按一下按钮开关 SB，给晶闸管的控制极输入一个触发电压，晶闸管被导通，小灯泡点亮。

这个实验电路给我们的启发是：要使晶闸管导通，一是需在它的阳极 A 与阴极 K 之间外加正向电压，二是在它的控制极 G 与阴极 K 之间输入一个正向触发电压。晶闸管导通后，松开按钮开关，去掉触发电压，仍然维持导通状态。

可见，晶闸管的特点是“一触即发”。但是，如果阳极或控制极外加的是反向电压，晶闸管就不会导通。控制极的作用是通过外加正向触发脉冲使晶闸管导通，却不能使它关断。若使导通

的晶闸管关断，可以断开阳极电源 S 或使阳极电流小于维持导通的维持电流 I_H。如果晶闸管阳极和阴极之间外加的是交流电压或脉动直流电压，那么，在电压过零时，晶闸管会自行关断。

我们还可以从图 1.34 所示晶闸管的内部结构等效图进行剖析。晶闸管是 P1、N1、P2、N2 四层三端结构元件，共有 3 个 PN 结，可以看作由一个 PNP 管和一个 NPN 管组成的，当阳极 A 加上正向电压时，VT_1 和 VT_2 管均处于放大状态。此时，如果从控制极 G 输入一个正向触发信号，VT_2 便有基流 I_{b2} 流过，经 VT_2 放大，其集电极电流 $I_{c2}=\beta_2 I_{b2}$。因为 VT_2 的集电极直接与 VT_1 的基极相连，所以 $I_{b1}=I_{c2}$。此时，电流 I_{c2} 再经 VT_1 放大，于是 VT_1 的集电极电流 $I_{c1}=\beta_1 I_{b1}=\beta_1\beta_2 I_{b2}$。这个电流又流回到 VT_2 的基极，再一次被放大，形成正反馈。如此周而复始，使 I_{b2} 不断增大，这种正反馈循环的结果，使两个管子的电流剧增，晶闸管很快饱和导通。

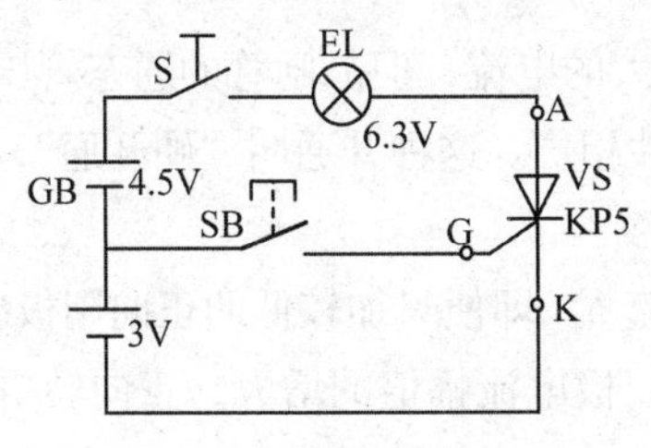

图 1.33　晶闸管实验电路图

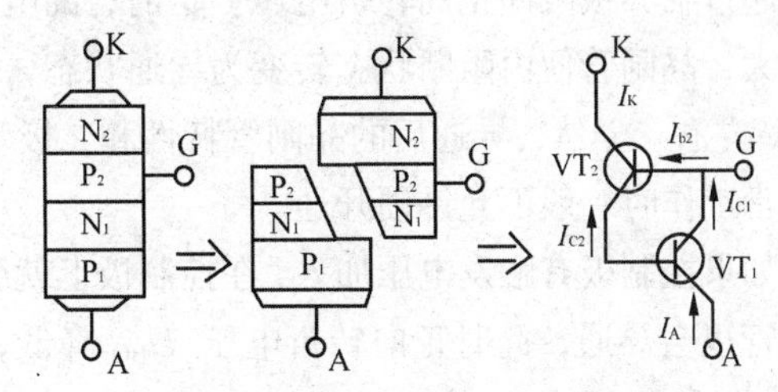

图 1.34　晶闸管的等效电路

晶闸管导通后，其管压降约在 1V 左右，电源电压几乎全部加在负载上，晶闸管的阳极电流 I_A 即为负载电流。

鉴于 VT_1 和 VT_2 所构成的正反馈作用，晶闸管一旦导通，即使取消触发电压 U_{GK}，VT_1 中始终有较大的基极电流流过，因此晶闸管仍然处于导通状态。即晶闸管的触发信号只起触发作用，没有关断功能。

但是，若在晶闸管导通后，将电源电压 U_A 降低，使阳极电流 I_A 变小，这时等效晶体管的电流放大倍数 β 值将下降，当 I_A 低于某一值 I_H 时，β 值将小于 1，由于正反馈作用，将使 I_A 越来越小，最终导致晶闸管关断，因此我们把 I_H 称为维持电流。

如果电源电压 U_A 反接，使晶闸管承受反向阳极电压，两个等效晶体管都会处于反偏，不能对控制极电流进行放大，这时无论是否加触发电压，晶闸管都不会导通，处于关断状态。

晶闸管只有导通和关断两种工作状态，这种开关特性需要在一定的条件下转化，其转化的条件见表 1.1。

表 1.1　晶闸管开关特性的转化条件

状　态	条　件	说　明
从关断到导通	1. 阳极电位高于阴极电位 2. 控制极有足够的正向电压和电流	两者缺一不可
维持导通	1. 阳极电位高于阴极电位 2. 阳极电流大于维持电流	两者缺一不可
从导通到关断	1. 阳极电位低于阴极电位 2. 阳极电流小于维持电流	任一条件都可

以上所说的正向阳极电压和反向阳极电压都要有一定的限度，晶闸管才能处于正常工作状态。当正向阳极电压大到正向转折电压时，虽未加触发电压，晶闸管也会导通，这种情况下的

正向导通极易造成器件损坏。当反向电压大到反向击穿电压时，晶闸管同样会导通而致使器件永久性损坏。

3. 晶闸管的伏安特性

晶闸管的伏安特性如图 1.35 所示。

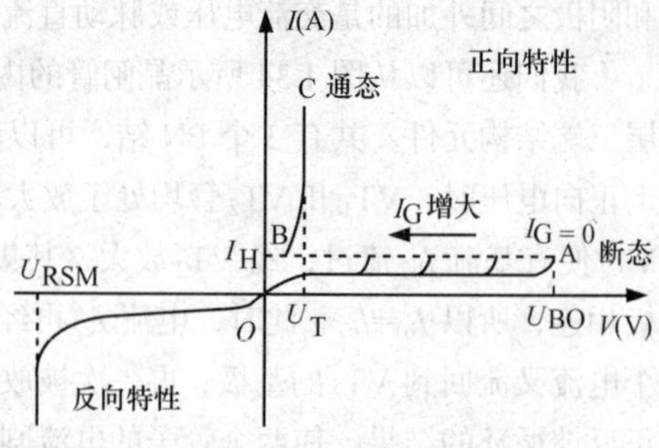

图 1.35　晶闸管的伏安特性

当晶闸管加正向阳极电压时，其特性曲线位于第一象限。当控制极未加触发电压 I_G=0 时，只有很小的正向漏电流流过，晶闸管处于正向阻断状态。随着正向阳极电压的不断升高，曲线开始上翘。当正向阳极电压超过临界极限即正向转折电压 U_{BO} 时，漏电流急剧增大，晶闸管便由阻断状态转变为导通状态，可以流过很大的电流，但晶闸管的通态管压降只有 1V 左右。显然，导通后的晶闸管特性和二极管的正向特性相仿。这种开通叫“硬开通”，晶闸管正常工作时一般不允许硬开通。

如果控制极有触发电压加入，在控制极上就会有正向电流 I_G，即便只加较低的正向阳极电压，晶闸管也会导通，此时正向转折电压 U_{BO} 降低，随着控制门极电流幅值的增大，正向转折电压 U_{BO} 降得越低。

晶闸管导通期间，如果门控极电流为零，并且阳极电流降至接近于零的某一数值 I_H 以下，则晶闸管又回到正向阻断状态。I_H 称为维持电流。

当晶闸管上施加反向阳极电压时，其伏安特性曲线位于第三象限，此时电流很小，称为反向漏电流。当反向阳极电压大到反向击穿电压 U_{RSM} 时，反向漏电流急剧增加，晶闸管从阻断状态变为导通状态，称为反向击穿。显然，晶闸管的反向特性类似二极管的反向特性。

晶闸管主电路与控制电路的公共端是阴极。晶闸管的门控极触发电流从门控极流入晶闸管，从阴极流出，门控极触发电流也往往是通过触发电路在门控极和阴极之间施加触发电压而产生的。

4. 晶闸管的主要技术参数

晶闸管的主要技术参数包括以下几个值。

（1）正向峰值电压（断态重复峰值电压）U_{DRM}

正向峰值电压指在门控极断路、晶闸管处在正向阻断状态下，且管子结温为额定值时，允许“重复”加在晶闸管上的正向峰值电压。所谓的“重复”是指这样大小的电压重复施加时晶闸管不会损坏。此参数取正向转折电压的 80%，即 $U_{DRM}=0.8U_{DSM}$。普通晶闸管的 U_{DRM} 的规格从 100V 到 3000V 分多挡，其中 100～1000V 每 100V 一挡；1000～3000V 每 200V 一挡。

（2）反向重复峰值电压 U_{RRM}

反向重复峰值电压指在门控极开路状态下，结温为额定值时，允许重复加在器件上的反向峰值电压。此参数通常取反向击穿电压的 80%，即 $U_{RRM}=0.8U_{RSM}$。一般反向峰值电压 U_{RRM} 与正向峰值电压 U_{DRM} 这两个参数是相等的。

（3）通态峰值电压 U_{TM}

通态峰值电压指晶闸管通以某一规定倍数的额定通态平均电流时的瞬态峰值电压。通常取晶闸管的 U_{DRM} 和 U_{RRM} 中较小的标值作为晶闸管的额定电压。选用时，晶闸管的额定电压要留有一

定的裕量，一般取额定电压为正常工作时晶闸管所承受峰值电压的 2 ~ 3 倍。

（4）控制极触发电压 U_G

控制极触发电压指与控制极触发电流相对应的直流触发电压，U_G 的值一般为 1 ~ 5V。

（5）额定通态平均电流 I_T

额定通态平均电流 I_T 是指晶闸管在环境温度为 40℃和规定的冷却状态下，稳定结温不超过额定结温时所允许流过的最大工频正弦半波电流的平均值。使用时应按实际电流与通态平均电流有效值相等的原则来选取晶闸管，应留一定的裕量，一般取 1.5 ~ 2 倍。普通晶闸管的 I_T 规格有 1A、3A、5A、10A、20A、30A、50A、100A、200A、300A、400A、500A、600A、800A、1000A。

（6）维持电流 I_H

维持电流 I_H 指能使晶闸管维持导通状态时所必需的最小电流，一般为几十到几百毫安，与结温有关，结温越高，则 I_H 值越小。额定通态平均电流 I_T 越大，I_H 越大。

（7）控制极触发电流 I_G

控制极触发电流指在规定的环境温度下，维持晶闸管从阻断状态转为完全导通状态时所需要的最小直流电流。I_G 的数值一般为几毫安到几百毫安，额定通态平均电流 I_T 越大，I_G 越大。

晶闸管的参数很多，在选择晶闸管时，主要按额定通态平均电流 I_T 和反向峰值电压 U_{RRM} 这两个参数进行选择。

我国晶闸管型号命名方法主要由四部分组成：第 1 部分用字母“K”表示主称为晶闸管；第 2 部分用字母表示晶闸管类别；第 3 部分用数字表示晶闸管的额定通态电流值；第 4 部分用数字表示重复峰值电压级数，如表 1.2 所示。

表 1.2　　我国晶闸管型号名称组成

第 1 部分：主称		第 2 部分：类别		第 3 部分：额定通态		第 4 部分：重复峰值电压级数	
字母	含义	字母	含义	数字	含义	数字	含义
K	晶闸管（可控硅）	P	普通反向阻断型	1	1A	1	100V
				5	5A	2	200V
				10	10A	3	300V
				20	20A	4	400V
		K	快速反向阻断型	30	30A	5	500V
				50	50A	6	600V
				100	100A	7	700V
				200	200A	8	800V
		S	双向型	300	300A	9	900V
				400	400A	10	1000V
				500	500A	12	1200V
						14	1400V

例如，KP1-2（1A 200V 普通反向阻断型晶闸管）中各符号表示的含义：K 为晶闸管；P 为普通反向阻断型晶闸管；1 为通态电流为 1A；2 为重复峰值电压为 200V。KS5-4（5A 400V 双向晶闸管）中各符号表示的含义：K 为晶闸管；S 为双向型晶闸管；5 为通态电流为 5A；4 为重复峰值电压为 400V。

5. 晶闸管的使用注意事项

（1）选用晶闸管的额定电压时，应参考实际工作条件下的峰值电压的大小，并留出一定的余量。

（2）选用晶闸管的额定流时，除了考虑通过元件的平均电流外，还应注意正常工作时导通角的大小、散热通风条件等因素。在工作中还应注意管壳温度不超过相应电流下的允许值。

（3）使用晶闸管之前，应该用万用表检查晶闸管是否良好。发现有短路或断路现象时，应立即更换。

（4）严禁用兆欧表即摇表检查元件的绝缘情况。

（5）电流为 5A 以上的晶闸管要装散热器，并且保证所规定的冷却条件。为保证散热器与晶闸管管心接触良好，它们之间应涂上一薄层有机硅油或硅脂。

（6）按规定对主电路中的晶闸管采用过压及过流保护装置。

（7）要防止晶闸管门控极的正向过载和反向击穿。

思考与问题

1. 分析下列说法是否正确，对者打“√”，错者打“×”。

（1）晶闸管加上大于 1V 的正向阳极电压就能导通。（　）

（2）晶闸管导通后，控制极就失去了控制作用。（　）

（3）晶闸管导通时，其阳极电流的大小由控制极电流决定。（　）

（4）只要阳极电流小于维持电流，晶闸管就从导通转为关断。（　）

2. 当正向阳极电压大到正向转折电压时，晶闸管能够正常导通吗？为什么？

3. 何谓晶闸管的“硬开通”？晶闸管正常工作时允许“硬开通”吗？为什么？

4. 选择晶闸管时，主要选择哪两个技术参数？

应用实践

单向晶闸管的测试

1. 晶闸管管脚的判别

选择万用表 R×100 挡或 R×1k 挡，测量晶闸管任意两脚的正、反向电阻。若测得的结果都接近无穷大，则被测两脚为阳极及阴极，另外一脚为控制极。然后用万用表负表笔接控制极，用正表笔分别碰接另外两个电极测量电阻，电阻小的一脚为阴极，电阻大的为阳极。

2. 极间阻值的测量

将万用表置 R×1k 挡，按图 1.36 给出的方法进行测量。

按图 1.36（a）测得的正向阻值应为几千欧。若阻值很小，说明 G-K 间 PN 结击穿；若阻值过大，则极间有断路现象。按图 1.36（b）测得的反向电阻应为无穷大，当阻值很小或为零时，说明 PN 结有击穿现象。按图 1.36（c）测得的阻值应为无穷大，若阻值较小，说明内部有击穿或短路现象。按图 1.36（d）测得 A-K 极间的正、反向阻值均应为无穷大，否则说明内部有击穿或短路现象。

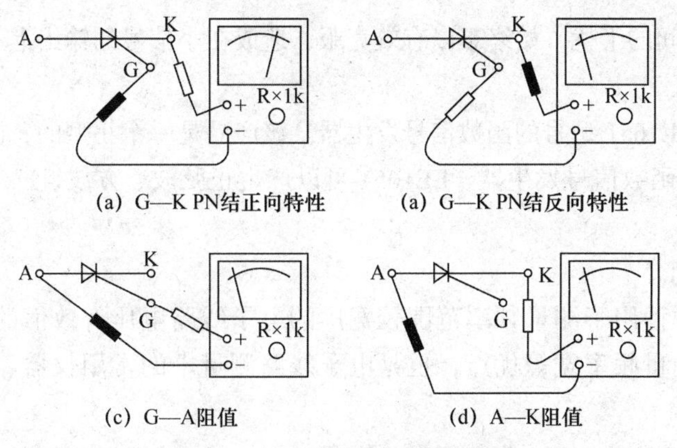

图 1.36　晶闸管极间阻值的测量

3. 导通特性的测量

导通特性的测量方法如图 1.37 所示。

当开关 S 处于断开状态时，待测晶闸管 VS 处于阻断状态，灯泡因无电流流过应不发亮。若小灯泡发亮，说明晶闸管击穿；若小灯泡灯丝发红，说明晶闸管漏电严重。按下开关 S 时，晶闸管被触发导通，小灯泡被点燃发亮；断开 S 时，小灯泡应不熄灭，这说明晶闸管的触发导通特性没有问题。若按下开关 S 时小灯泡不很亮，则说明晶闸管导通压降大。若断开 S 时小灯泡同时熄灭，则说明晶闸管控制极损坏。

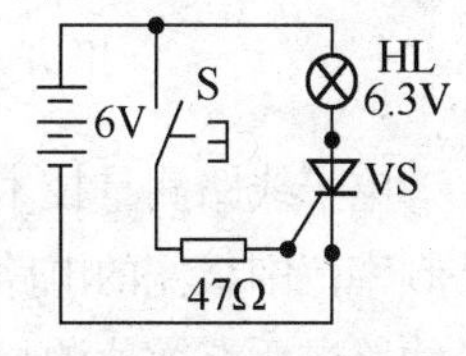

图 1.37　晶闸管导通特性测量电路

4. 双向晶闸管的检测

选择万用表 R × 1Ω 电阻挡，用红、黑两表笔分别测任意两引脚间正、反向电阻，结果其中两组读数为无穷大。若一组为数十欧姆时，该组红、黑表所接的两引脚为第一阳极 A_1 和控制极 G，另一引脚即为第二阳极 A_2。确定 A_1、G 极后，再仔细测量 A_1、G 极间正、反向电阻，读数相对较小的那次测量的黑表笔所接的引脚为第一阳极 A_1，红表笔所接引脚为控制极 G。将黑表笔接已确定的第二阳极 A_2，红表笔接第一阳极 A_1，此时万用表指针不应发生偏转，阻值为无穷大。再用短接线将 A_2、G 极瞬间短接，给 G 极加上正向触发电压，A_2、A_1 间阻值约 10Ω。随后断开 A_2、G 间短接线，万用表读数应保持 10 欧姆左右。互换红、黑表笔接线，红表笔接第二阳极 A_2，黑表笔接第一阳极 A_1。同样万用表指针应不发生偏转，阻值为无穷大。用短接线将 A_2、G 极间再次瞬间短接，给 G 极加上负的触发电压，A_1、A_2 间的阻值也是 10Ω左右。随后断开 A_2、G 极间短接线，万用表读数应不变，保持在 10 欧姆左右。符合以上规律，说明被测双向可控硅未损坏，且 3 个引脚极性判断正确。

检测较大功率晶闸管时，需要在万用表黑笔中串接一节 1.5V 干电池，以提高触发电压。

常用电子仪器的使用

1. 函数信号发生器简介

函数信号发生器种类很多，是电子线路的常用仪器。

信号发生器一般区分为函数信号发生器及任意波形发生器，而函数波形发生器在设计上又区分出模拟及数字合成式。数字合成式函数信号源从频率、幅度到信号的信噪比均优于模拟，其锁相环的设计让输出信号不仅频率精准，而且相位抖动及频率漂移均能达到相当稳定的状态，但数字电路与模拟电路之间的干扰，始终难以有效克服，造成在小信号的输出上不如模拟式函数信号发生器。

图 1.38 所示是 EE1651 型号的函数信号发生器。该产品是一个小型的、由集成电路与半导体管构成的便携式通用函数信号发生器。EE1651 可以产生正弦波、方波、三角波、脉冲波和锯齿波 5 种不同的波形。

2. 电子毫伏表简介

电子毫伏表是一种用于测量频率范围较宽广的电子线路电压有效值的仪器，具有输入阻抗高、灵敏度高和测量频率宽等优点，也是电子线路测量中的常用仪器。电子毫伏表产品外形图如图 1.39 所示。

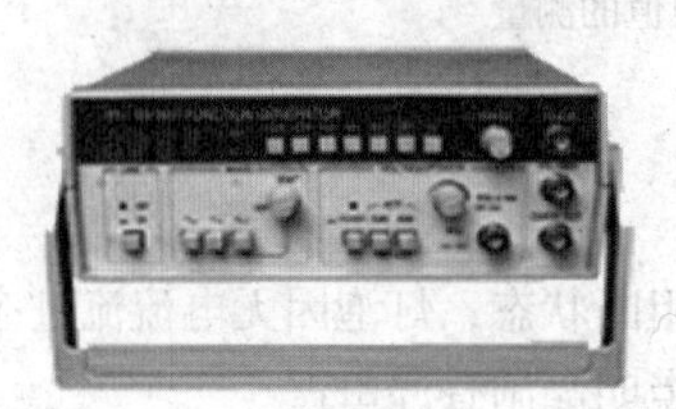

图 1.38 函数信号发生器

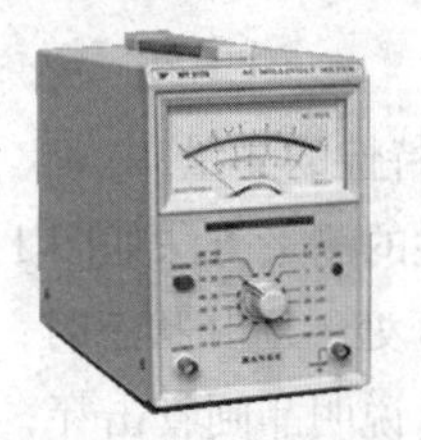

图 1.39 电子毫伏表

电子线路测量技术中之所以使用电子毫伏表而不用普通电压表，原因是普通电压表对电子线路频率范围很宽的电路测量时会出现较大误差，容易受频率影响。而电子毫伏表对频率宽广的电子线路电压有效值测量时，不受频率影响。

电子毫伏表的频率响应通常在 10Hz ~ 1MHz；测量范围在 1 ~ 100 mV；精度±3%。

3. 双踪示波器面板简介

双踪示波器是一种带宽从直流至 20MHz 的便携式常用电子仪器，由电子枪、Y 偏转板、X 偏转板、荧光屏组成。双踪示波器的示波管利用电子开关将两个待测的电压信号 CH1 和 CH2 周期性地轮流作用在 Y 偏转板上。由于视觉滞留效应，能在荧光屏上看到两个波形。图 1.40 所示为模拟式双踪示波器产品外形图。

4. 实验内容及步骤

① 熟悉实验台的布置，认识函数信号发生器、示波器和电子毫伏表这些常用电子仪器。

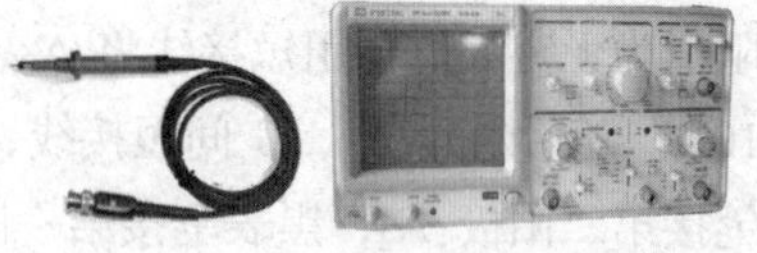

图 1.40 双踪示波器产品外形图

② 把示波器探头的探针与示波器内置电源引出端环相连。测试示波器的内置电源，观察其精确度。

注意将示波器探头上的电键上推，使波形显示为 1∶1。

③ 将双踪示波器与实验台电源相接通，示波器旋钮开关置于如下位置：“通道选择”选择“CH1”，“触发源”选择“内触发”，“触发方式”选择“自动”，“DC，⊥，AC”开关于“AC”，“VOLT/div”打在“0.5V/div”挡上，并注意旋钮上的灰色小旋钮关断，使其读数为 1∶1；周期旋钮“TIME/DIV”旋在 0.2ms 的位置上，并把周期旋钮右侧小旋钮旋至零位，使其显示值也为 1∶1。观察示波器屏幕上此时的显示波形，读出其数值与示波器内置电源参数对照，确定示波器的准确度。如果波形位置不合适，可调节“X 轴位移”和“Y 轴位移”，使波形位于显示屏幕的中央位置，调节“辉度”“聚焦”，使显示屏幕上的波形细而清晰，亮度适中。

④ 观察屏幕上内置电源的波形（方波），屏幕上横向方格指示值为波形周期，内置电源周期

为 1ms；屏幕纵向方格指示值为内置电源电压的幅度值，内置电源的峰—峰值为 2V。如屏幕上方波的波形显示与内置电源的相等，则示波器可以正常测试使用。如指示值与实际值有差别，应请指导教师帮助查找原因。

⑤ 学习函数信号发生器的使用方法及调节步骤：首先把示波器探针的“地”端与函数信号发生器输出“地”端子相连，二者共“地”；然后把函数信号发生器的波形选择为正弦波；电子毫伏表与信号发生器相连接，以监测信号发生器的输出。调节信号发生器正弦波的输出电压旋钮，按照附表中数据分别进行调试和输出，使其输出信号分别为：U_1=0.1V，f_1=500Hz；U_2=2V，f_2=1000Hz；U_3=50mV，f_3=1500Hz 的正弦波，并用示波器显示各信号的电压波形，读出待测值并填写在表格中。

⑥ 调节信号发生器产生波形的输出频率时，应以频率显示数码管的显示数值为基本依据，分别调节出附表所要求的频率值。

⑦ 分析实验数据的合理性，如没有问题可以让指导教师审阅，合格后实验结束，断开电源，拆卸连接导线，设备复位。

5. 思考题

① 电子实验中为什么要用晶体管毫伏表来测量电子线路中的电压？为什么不能用万用表的电压挡或交流电压表来测量？

② 用示波器观察波形时，要满足下列要求，应调节哪些旋钮？移动波形位置，改变周期格数，改变显示幅度，测量直流电压。

6. 实验结果

将实验测得的数据填入表 1.3 中。

表 1.3　常用电子仪器使用的实验测量数据

晶体管毫伏表读出的电压	0.5V	2.0V	100mV
函数信号发生器产生的信号频率	500Hz	1000Hz	1500Hz
双踪示波器“VOLT/div”挡位值×峰—峰波形格数			
峰—峰值电压 U_{P-P}（V）读数			
根据双踪示波器显示正确读出的波形有效值（V）			
示波器（TIME/div）挡位值×周期格数			
信号周期 T 值（ms）			
信号频率 f= 1/T（Hz）			

第 1 章　检测题（共 100 分，120 分钟）

一、填空题（每小题 0.5 分，共 16 分）

1. N 型半导体是在本征半导体中掺入极微量的______价元素组成的。这种半导体内的多数载流子为______，少数载流子为______，定域的杂质离子带______电。

2. 双极型三极管内部有______区、______区和______区，有______结和

________结及向外引出的3个铝电极。

3. 因PN结具有________性，当PN结正向偏置时，内、外电场方向________，PN结反向偏置时，其内、外电场方向________。

4. 二极管的伏安特性曲线可划分为四个区，分别是________区、________区、________区和________区。

5. 用指针式万用表检测二极管极性时，需选用欧姆挡的________挡位，检测中若指针偏转较大，可判断与红表棒相接触的电极是二极管的________极；与黑表棒相接触的电极是二极管的________极。检测二极管好坏时，若两表棒位置调换前后万用表指针偏转都很大，说明二极管已经被________；两表棒位置调换前后万用表指针偏转都很小时，说明该二极管已经________。

6. BJT中，由于两种载流子同时参与导电因此称为双极型三极管，属于________控制型器件；FET中，由于只有多子一种载流子参与导电而称为单极型三极管，属于________控制型器件。

7. 当温度升高时，二极管的正向电压________，反向电压________。

8. 稳压二极管正常工作应在________区；发光二极管正常工作应在________区；光电二极管正常工作应在________区。

9. 晶闸管有阳极、________极和________极三个电极。

10. 晶闸管既有单向导电的________作用，又有可以控制导通时间的作用。晶闸管正向导通的条件是________________，关断的条件是________________。

二、判断题（每小题1分，共10分）

1. P型半导体中定域的杂质离子呈负电，说明P型半导体带负电。（　）

2. 双极型三极管和场效应管一样，都是两种载流子同时参与导电。（　）

3. 用万用表测试晶体管好坏和极性时，应选择欧姆挡R×10k挡位。（　）

4. 温度升高时，本征半导体内自由电子和空穴数目都增多，且增量相等。（　）

5. 无论任何情况下，三极管都具有电流放大能力。（　）

6. 只要在二极管两端加正向电压，二极管就一定会导通。（　）

7. 二极管只要工作在反向击穿区，一定会被击穿而造成永久损坏。（　）

8. 在N型半导体中如果掺入足够量的三价元素，可改变成P型半导体。（　）

9. 双极型三极管的集电极和发射极类型相同，因此可以互换使用。（　）

10. 晶闸管门极上加正向触发电压，晶闸管就会导通。（　）

三、单项选择题（每小题2分，共20分）

1. 单极型半导体器件是（　）。

A. 二极管　　B. 双极型三极管　　C. 场效应管　　D. 稳压管

2. P型半导体是在本征半导体中加入微量的（　）元素构成的。

A. 三价　　B. 四价　　C. 五价　　D. 六价

3. 在掺杂半导体中，多子的深度主要取决于（　）。

A. 温度　　B. 掺杂浓度　　C. 掺杂工艺　　D. 晶体缺陷

4. 稳压二极管正常工作区是（　）。

A. 死区　　B. 正向导通区　　C. 反向截止区　　D. 反向击穿区

5. PN结两端加正向电压时，其正向电流是（　）而成。

A. 多子扩散　　B. 少子扩散　　C. 多子漂移　　D. 少子漂移

6. 测得 NPN 型三极管上各电极对地电位分别为 $V_E = 2.1V$，$V_B = 2.8V$，$V_C = 4.4V$，说明此三极管处在（　　）。

A. 放大区　　B. 饱和区　　C. 截止区　　D. 反向击穿区

7. 绝缘栅型场效应管的输入电流（　　）。

A. 较大　　B. 较小　　C. 为零　　D. 无法判断

8. 当 PN 结未加外部电压时，扩散电流（　　）漂移电流。

A. 大于　　B. 小于　　C. 等于　　D. 负于

9. 三极管超过（　　）所示极限参数时，必定被损坏。

A. 集电极最大允许电流 I_{CM}　　B. 集—射极间反向击穿电压 $U_{(BR)CEO}$

C. 集电极最大允许耗散功率 P_{CM}　　D. 管子的电流放大倍数

10. 若使三极管具有电流放大能力，必须满足的外部条件是（　　）

A. 发射结正偏、集电结正偏　　B. 发射结反偏、集电结反偏

C. 发射结正偏、集电结反偏　　D. 发射结反偏、集电结正偏

四、简答题（每小题 3 分，共 27 分）

1. N 型半导体中的多子是带负电的自由电子载流子，P 型半导体中的多子是带正电的空穴载流子，因此说 N 型半导体带负电，P 型半导体带正电。上述说法对吗？为什么？

2. 某人用测电位的方法测出晶体管 3 个管脚的对地电位分别为管脚①12V、管脚②3V、管脚③3.7V，试判断管子的类型以及各管脚所属电极。

3. 齐纳击穿和雪崩击穿能否造成二极管的永久损坏？为什么？

4. 图 1.41 所示电路中，已知输入电压 $u_i=10\sin\omega t$V，设图中二极管为理想二极管，试在输入波形的基础上画出输出电压 u_o 的波形。

5. 半导体二极管由一个 PN 结构成，三极管则由两个 PN 结构成，那么，能否将两个二极管背靠背地连接在一起构成一个三极管？如不能，说说为什么。

6. 如果把三极管的集电极和发射极对调使用？三极管会损坏吗？为什么？

7. 有 A、B、C 三个二极管，测得它们的反向电流分别是 2μA、0.5μA 和 5μA，在外加相同的电压时，电流分别是 10mA、30mA 和 15mA。比较而言，哪个二极管的性能最好？

8. 晶闸管与普通二极管、普通三极管的作用有何不同？其导通和阻断的条件有什么不同？

9. 晶闸管可控整流电路中为什么需要同步触发？如果不采用同步触发，对电路输出电压将产生什么影响？

五、计算题（共 27 分）

1. 图 1.42 所示为三极管的输出特性曲线，试指出各区域名称并根据所给出的参数进行分析计算。（6 分）

（1）U_{CE}=3V，I_B=60μA，I_C=?

（2）I_C=4mA，U_{CE}=4V，I_{CB}=?

（3）U_{CE}=3V，I_B 由 40~60μA 时，β=?

2. 已知 NPN 型三极管的输入—输出特性曲线如图 1.43 所示，当

（1）U_{BE}=0.7V，U_{CE}=6V，I_C=?

（2）I_B=50μA，U_{CE}=5V，I_C=?

（3）U_{CE}=6V，U_{BE} 从 0.7V 变到 0.75V 时，求 I_B 和 I_C 的变化量，此时的 β = ?（6 分）

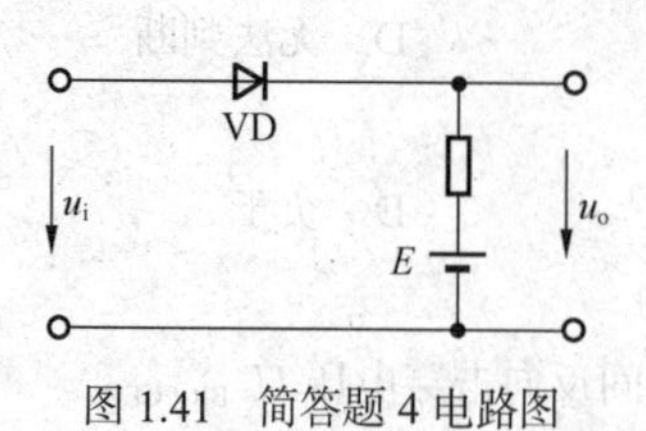

图 1.41　简答题 4 电路图

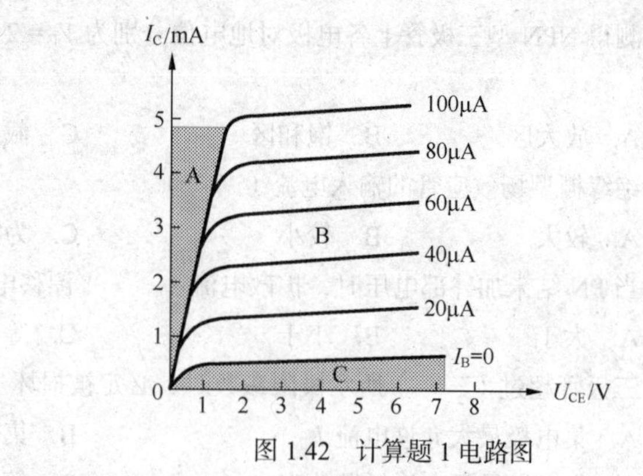

图 1.42　计算题 1 电路图

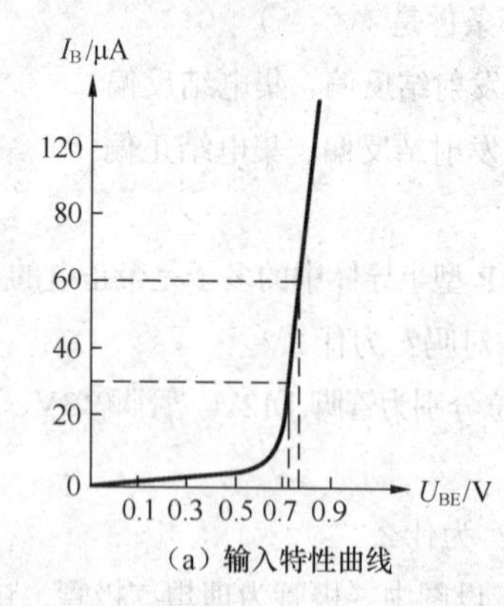

（a）输入特性曲线

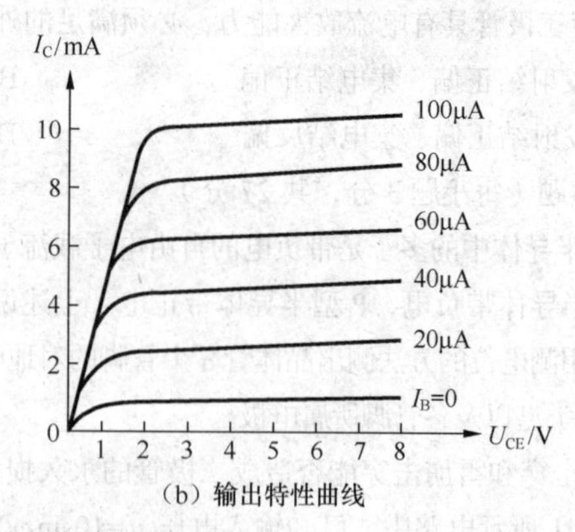

（b）输出特性曲线

图 1.43　计算题 2 特性曲线

3. 利用稳压二极管组成的稳压电路如图 1.44 所示，其中 R_1 是限流电阻，R_L 是负载电阻，稳压管的稳压值为 8V，稳流值 $I_Z = 5$mA，$I_{Zmin} = 2$mA，$P_{ZM} = 240$mW，分析稳压二极管能否正常工作。（7 分）

4. 稳压管稳压电路如图 1.45 所示。已知稳压管的稳定电压 $U_Z = 6$V，最小稳定电流为 I_{Zmin}=5mA，最大功耗 $P_{ZM} = 150$ mW，求电路中限流电阻 R 的取值范围。（8 分）

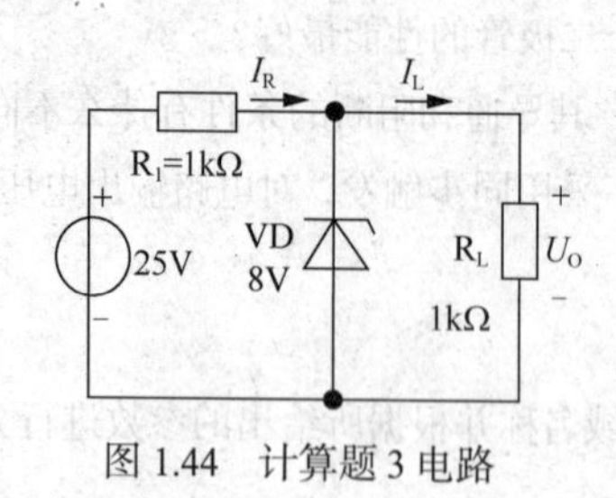

图 1.44　计算题 3 电路

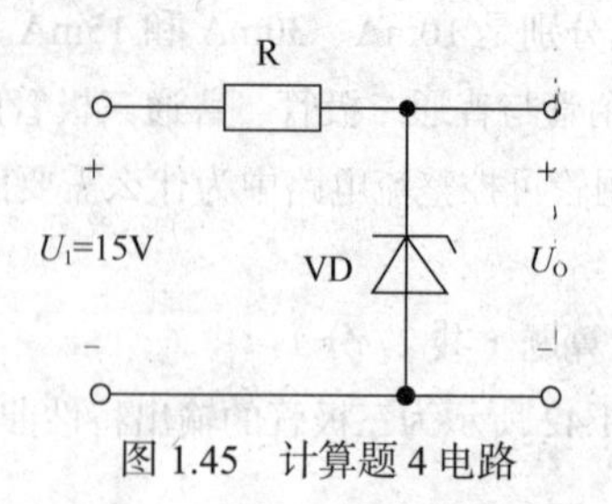

图 1.45　计算题 4 电路

第2章 基本放大电路

实际生活中，经常会把一些微弱的信号放大到便于测量和利用的程度，这就要用到放大电路。“放大”是模拟电子电路讨论的重点，放大的基础就是能量转换。

基本放大电路是构成各种复杂放大电路和线性集成电路的基本单元。无论是日常使用的收音机、电视机、精密的测量仪器还是复杂的自动控制系统，其中都有各种各样的放大电路。在这些电子设备中，常常需要将天线接收到的或是从传感器得到的微弱电信号加以放大，以便推动喇叭或测量装置的执行机构工作。本章向读者介绍的基本放大电路知识，是进一步学习电子技术的重要基础，必须予以高度重视。本教材中双极型三极管简称三极管，单极型三极管简称场效应管，它们统称为晶体管。

学习目的和要求

了解放大电路的结构组成及组成原则；熟悉放大电路中各部分的作用；掌握低频小信号放大电路的静态分析估算法；理解微变等效电路的条件并掌握其动态分析；掌握功率放大器的分类特点，了解差动放大电路的工作原理；理解负反馈对放大电路性能的影响。

2.1 基本放大电路的概念及工作原理

学习目标

了解基本放大电路的组成原则；熟悉单管共发射极放大电路各部分器件的作用；理解单管共发射极放大电路的工作原理。

基本放大电路一般是指由一个三极管或场效应管组成的放大电路。放大电路的功能是利用晶体管的控制作用，把输入的微弱电信号不失真地放大到所需的数值，实现将直流电源的能量部分转化为按输入信号规律变化且有较大能量的输出信号。放大电路的实质，是用较小的能量去控制较大能量转换的一种能量转换装置。

利用晶体管的以小控大作用，电子技术中以晶体管为核心元件，可组成各种形式的放大电路。其中基本放大电路共有3种组态：共发射极放大电路、共集电极放大电路和共基极放大电路，如图2.1所示。

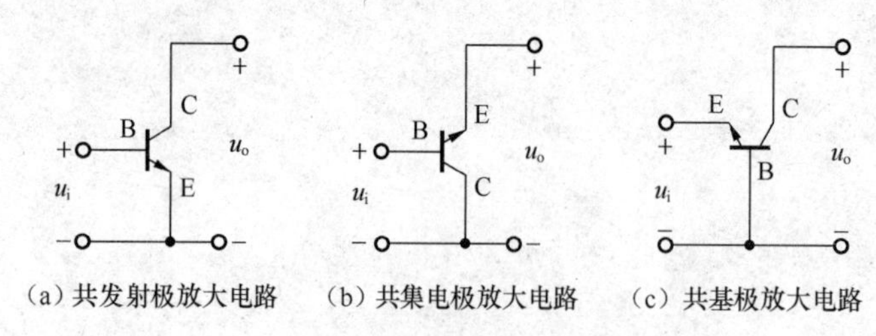

图2.1　基本放大电路的3种组态

无论基本放大电路为何种组态，构成电路的主要目的相同：让输入的微弱小信号通过放大电路后，输出时其信号幅度显著增强。

1. 放大电路的组成原则

需要理解的是：输入的微弱小信号通过放大电路，输出时幅度得到较大增强，并非只是缘于晶体管的电流放大作用，晶体管的电流放大作用需要能量的支撑，而晶体管只是把放大电路中直流电源提供的能量转换成信号能量，实现对能量的控制。因此，放大电路组成的原则首先是必须要有直流电源，而且直流电源的设置应保证晶体管工作在线性放大状态。其次，放大电路中各元件的参数和安排上，要保证被传输信号能够从放大电路的输入端尽量不衰减地输入，在信号传输过程中能够不失真地放大，最后经放大电路输出端输出，并满足放大电路的性能指标要求。

综上所述，放大电路的组成原则如下所述。

（1）保证放大电路的核心元件晶体管工作在放大状态，即要求其发射结正偏，集电结反偏。

（2）输入回路的设置应当使输入信号耦合到晶体管的输入电极，并形成变化的基极电流 i_B，进而产生晶体管的电流控制关系，使集电极电流 $i_C=\beta i_B$。

（3）输出回路的设置应当保证晶体管放大后的电流信号能够转换成负载需要的电压形式。

（4）信号通过放大电路时不允许出现失真。

2. 共射放大电路的组成及各部分作用

图2.2（a）所示是一个双电源共射放大电路。由于实际应用中通常采用单电源供电方式，所以实际单电源供电的共射放大电路如图2.2（b）所示。

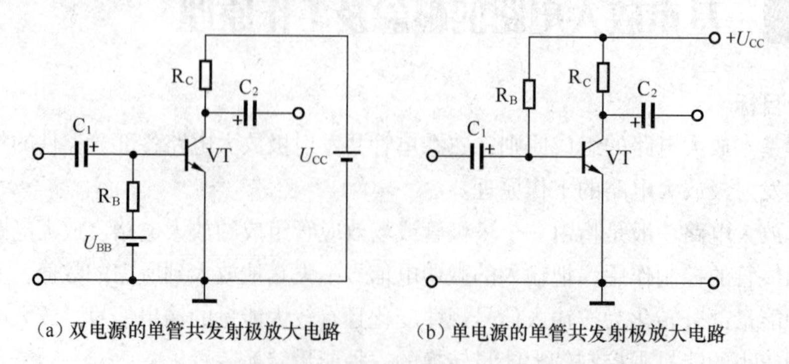

图2.2　固定偏置电阻共发射极放大电路

基极固定偏置电阻的共射电压放大器的各个元器件作用如下。

（1）晶体管 VT

晶体管是放大电路的核心元件。利用其基极小电流控制集电极较大电流的作用，使输入的微弱电信号通过直流电源 U_{CC} 提供的能量，在放大电路的输出变成一个幅度增强的电信号。

（2）集电极电源 U_{CC}

U_{CC} 的作用有两个：一是为放大电路提供能量，二是保证晶体管的发射结正偏，集电结反偏。交流信号下的 U_{CC} 呈交流接地状态，U_{CC} 的数值一般为几伏至几十伏。

（3）集电极电阻 R_C

R_C 的阻值一般为几千欧到几十千欧，其作用是将晶体管集电极的电流放大转换成放大器输出端对信号电压的放大。

（4）固定偏置电阻 R_B

R_B 的数值一般为几十千欧至几百千欧，主要作用是保证发射结正向偏置，并提供一定的基极电流 i_B，使放大电路获得一个合适的静态工作点。

（5）耦合电容 C_1 和 C_2

C_1 和 C_2 在电路中的作用是通交隔直。电容器的容抗 X_C 与频率 f 为反比关系，因此在直流情况下，电容相当于开路，使放大电路与信号源之间可靠隔离；在电容量足够大的情况下，耦合电容对规定频率范围内的交流输入信号呈现的容抗极小，可近似视为短路，从而让交流信号无衰减地通过。实用中 C_1 和 C_2 均选择容量较大、体积较小的电解电容器，一般容量选择几微法至几十微法。放大电路连接电解电容时，必须注意其极性的正确性，不能接错。

（6）电源与参考点

放大电路中的公共端用"⊥"号标出，作为电路的参考点。在单电源供电方式中，根据电子电路的习惯画法，U_{CC} 改用 $+V_{CC}$ 表示电源正极的电位。

3. 共射放大电路的工作原理

以图 2.3 所示的固定偏置电阻单管共射电压放大器为例，说明放大电路的工作原理。

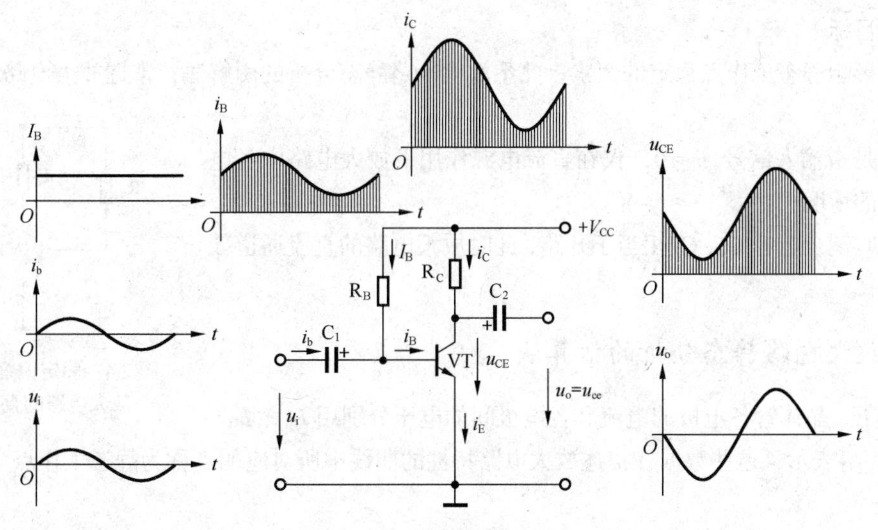

图 2.3　固定偏置电阻的单管共射放大电路的工作原理示意图

晶体管交流放大电路内部实际上是一个交、直流共存的电路。电路中各电压和电流的直流分量及其注脚均采用大写英文字母表示；交流分量及其注脚均采用小写英文字母表示；而交直流叠加量用英文小写字母、注脚采用大写英文字母。如基极电流的直流分量用 I_B 表示；交流分量用 i_b 表示；交直流叠加量用 i_B 表示。

放大电路的工作原理：交流信号源电压 u_i 加到放大电路输入端时，交流信号小电流 i_b 通过电容 C_1 进入放大电路，叠加在它的直流电流 I_B（电源 $+V_{CC}$ 在 R_B 上产生的直流电流）上成为随信号源变化的晶体管基极小电流 i_B，根据晶体管的以小控大作用，i_B（交直流叠加量）使晶体管集电极电流 i_C（交直流叠加量）按 βi_B 增大，通过电阻 R_C 时产生压降 i_CR_C。这时，集—射极之间交直流叠加量 $u_{CE}=V_{CC}-i_CR_C$。V_{CC} 不变，因此当 i_C 增大时，u_{CE} 就减小；i_C 减小时，u_{CE} 就增大，即 u_{CE} 的变化与 i_C 相反。这也正是 u_{CE} 与 i_C 反相的原因。在放大电路的输出端，交直流叠加量 u_{CE} 中的直流分量被电容 C_2 滤掉，经 C_2 耦合传送到输出端的交流量成为输出电压 u_o。若电路中各元件的参数选取适当，u_o 的幅度将比 u_i 幅度大很多，即小信号 u_i 被放大了。

由图 2.3 可知，电路在对输入信号放大的过程中，无论是晶体管的输入信号电流、放大后的集电极电流还是晶体管的输出电压，都是交直流叠加量，最后经耦合电容 C_2 才滤掉了直流量，从放大电路输出端提取的是放大后的交流信号电压。因此，在分析放大电路时，可以采用将交流量与直流量分开的办法，对放大电路的直流通道和交流通道分别进行分析讨论。

思考与问题

1. 放大电路的基本概念是什么？放大电路中能量的控制与变换关系如何？
2. 基本放大电路组成的原则是什么？以共射组态基本放大电路为例加以说明。
3. 说明共发射极电压放大器中输入电压与输出电压的相位关系如何。
4. 放大电路中对电压、电流符号是如何规定的？
5. 如果共发射极电压放大器中没有集电极电阻 R_C，会得到电压放大吗？

2.2 基本放大电路的静态分析

学习目标

了解影响静态工作点稳定的因素；熟悉放大电路静态分析的图解法；掌握放大电路静态分析的估算法。

静态是指输入信号 $u_i=0$，仅在直流电源作用下放大电路中各电压、电流的情况。

静态时耦合电容 C_1、C_2 相当于开路，此时放大电路的直流通道如图 2.4 所示。

图 2.4 固定偏置单管共射放大电路的直流通道

1. 放大电路静态分析的估算法

静态下，晶体管各电极的电流和各电极间的电压分别用 I_{BQ}、I_{CQ}、U_{BEQ} 和 U_{CEQ} 表示，这些数据在描述放大电路特性的曲线中所对应的点称为**静态工作点**，用“Q”表示。

由图 2.4 可求出固定偏置电阻共发射极放大电路的静态工作点 Q 为：

$$I_{BQ}=\frac{V_{CC}-U_{BEQ}}{R_B}，\ I_{CQ}=\beta I_{BQ}，\ U_{CEQ}=V_{CC}-I_{CQ}R_C \tag{2.1}$$

【例 2.1】 已知图 2.3 所示电路中 V_{CC}=10V，R_B=250kΩ，R_C=3kΩ，β=50，U_{BEQ}=0.7V 试求该放大电路的静态工作点 Q。

【解】 画出电路静态时的直流通路如图 2.4 所示。利用式（2.1）可求得：

$$I_{BQ}=\frac{V_{CC}-U_{BEQ}}{R_B}=\frac{10-0.7}{250\times10^3}=37.2\mu A$$

$$I_{CQ}=\beta I_{BQ}=50\times37.2=1.86mA$$

$$U_{CEQ}=V_{CC}-I_{CQ}R_C=10-1.86\times10^{-3}\times3\times10^3=4.42V$$

得静态工作点

$$Q=\begin{cases}I_{BQ}=37.2\mu A\\ I_{CQ}=1.86mA\\ U_{CEQ}=4.42V\end{cases}$$

问题提出：为什么要设置静态工作点？

分析：如果不设置静态工作点，当输入小信号是交变的正弦量时，信号中小于和等于晶体管死区电压的部分就不可能通过晶体管进行放大，由此造成信号传输过程中的严重失真，如图 2.5 所示。

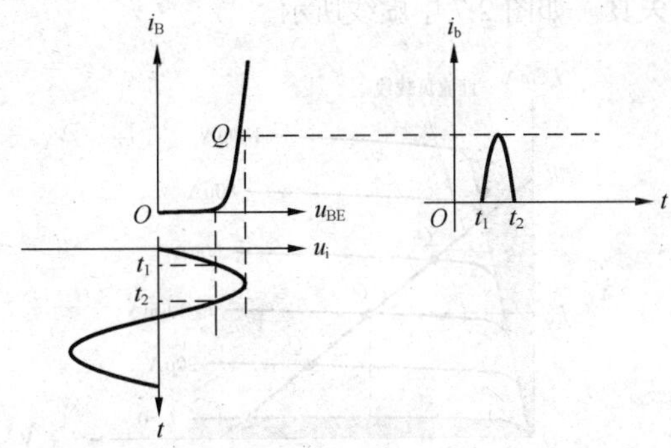

图 2.5　设置静态工作点的必要性分析

为保证传输信号不失真地输入到放大器并得到放大，必须在放大电路中设置一个合适的静态工作点。

2. 用图解法确定静态工作点

利用晶体管的输入、输出特性曲线求解静态工作点的方法称为图解法。

图解法是分析非线性电路的一种基本方法，它能直观地分析和了解静态值的变化对放大电路的影响。图解法求解静态工作点的步骤一般有以下几步。

（1）按已选好的晶体管型号在手册中查找、或从晶体管图示仪上描绘出晶体管的输入、输出特性。

（2）画出直流负载线。在输出特性曲线上找出 $I_C=0$ 和 $U_{CE}=0$ 的两个特殊点，把这两点分别作为横轴和纵轴的截距，连接两点即可得到电路线性部分的直流负载线。

（3）由电路的直流负载线与晶体管输出特性两部分伏安特性的交点，可确定静态工作点 Q，如图 2.6 所示。

图解法的具体求解步骤如下。

① 从电子手册或晶体管图示仪中查出相应晶体管的输出特性曲线。

② 在输出特性曲线上令 I_C=0，得出 $U_{CE}=V_{CC}-I_CR_C=V_{CC}$ 的一个特殊点；再令 U_{CE}=0，得出 $I_C=V_{CC}/R_C$ 的另一个特殊点。

③ 用直线将上述两个特殊点相连即得到直流负载线。

选择 I_{BQ} 静态值为 40μA，则直流负载线与 I_{BQ}=40μA 的交点 Q 就是静态工作点，Q 在横轴及纵轴上的投影分别为 U_{CEQ} 和 I_{CQ}。

由图可见，I_B 的大小直接影响静态工作点的位置。因此，在给定的 V_{CC} 和 R_C 不变的情况下，静态工作点的合适与否取决于基极偏流 I_B。

当选择 I_B 较大时（如 60μA），静态工作点由 Q 点沿直流负载线上移至 Q_1 点，显然 Q_1 点的位置距离饱和区较近，因此易使信号正半周进入到晶体管的饱和区而造成饱和失真。若选择 I_B 较小时（如 20μA），静态工作点由 Q 点沿直流负载线下移至 Q_2 点，由于 Q_2 点距离截止区较近，因此易使信号负半周进入晶体管的截止区而造成截止失真。

显然，静态工作点设置的不合适，会在信号传输和放大过程中发生饱和失真或截止失真，失真是直接影响信号传输和放大质量的严重问题，是放大电路不允许的。为防止上述失真，放大电路必须设置一个合适的静态工作点，这也是放大电路保证传输质量的必要条件。

除基极电流对静态工作点的影响外，影响静态工作点的因素还有电压波动、晶体管老化和温度的变化等。其中温度变化对静态工作点的影响最大。当环境温度发生变化时，几乎所有的晶体管参数都要随之改变。这些改变都会引起晶体管集电极电流 I_C 的变化：温度升高时，晶体管内部的载流子运动加剧，I_C 增大，从而导致静态工作点位置沿直流负载线上移，造成放大电路的饱和失真。如图 2.7 中虚线所示。

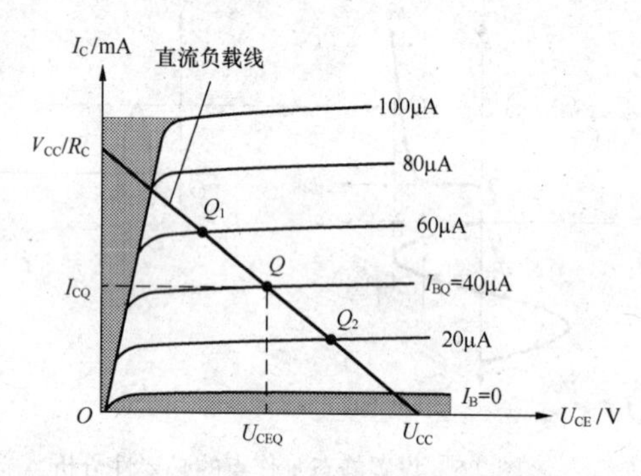

图 2.6　图解法确定静态工作点 Q

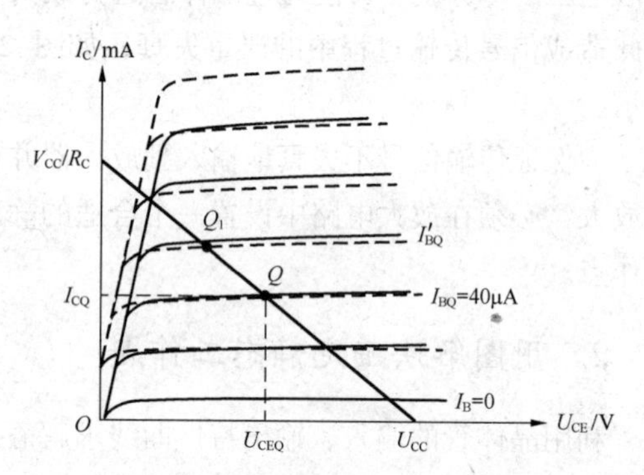

图 2.7　温度对静态工作点 Q 的影响

上述分析说明固定偏置的单管共射放大电路存在很大的缺点：当晶体管所处工作环境温度升高时，晶体管内部载流子运动加剧，温度 $T\uparrow\rightarrow Q\uparrow\rightarrow I_C\uparrow\rightarrow U_{CE}\downarrow\rightarrow V_C\downarrow$。当 $V_C< V_B$ 时，集电结将正偏，电路发生饱和失真。

为保证信号在传输过程中不受温度的影响，需要对固定偏置的共射放大电路进行改造。实用中一般采用分压式偏置的共射放大电路，如图 2.8 所示。该电路通过负反馈环节能够有效地抑制温度对静态工作点产生的影响。

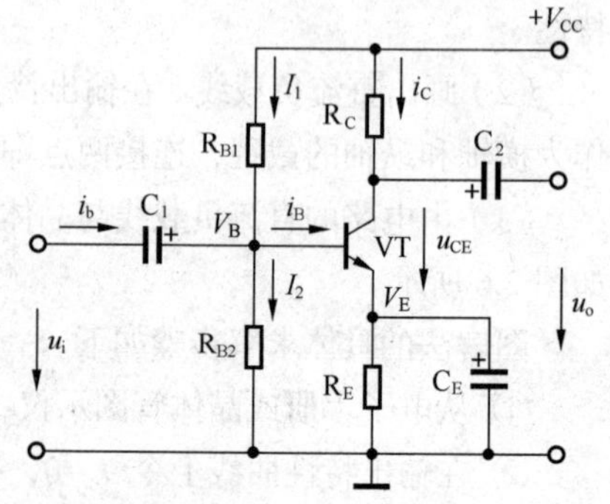

图 2.8　分压式偏置共发射极放大电路

分压式偏置的共射基本放大电路和固定偏置的共射放大电路相比，基极由一个固定偏置电阻改接为两个分压式偏置电阻。这种设置需满足 $I_1\approx I_2$ 的小信号条件。

在满足 $I_1\approx I_2>>I_B$ 的小信号条件下，实际模拟电子线路中，设计流过 R_{B1} 和 R_{B2} 支路的电流远大于基极电流

I_B，因此可近似把 R_{B1} 和 R_{B2} 视为串联。串联电阻可以分压，根据分压公式可确定晶体管的基极电位：

$$V_B \approx \frac{V_{CC}}{R_{B1}+R_{B2}}R_{B2} \tag{2.2}$$

从式（2.2）可知，基极电位 V_B 与晶体管的参数无关：当温度发生变化时，只要 V_{CC}、R_{B1} 和 R_{B2} 固定不变，V_B 值就是确定的，不会受温度变化的影响。

分压式偏置的共射放大电路中，在发射极上串入一个反馈电阻 R_E 和一个射极旁路电容 C_E 的并联组合，其目的是稳定静态工作点。

以图 2.8 所示分压式偏置的共射放大电路为例进行分析。

当集电极电流 I_C 随温度升高而增大时，射极反馈电阻 R_E 上通过的电流 I_E 相应增大，从而使晶体管发射极对地电位 V_E 升高，因基极电位 V_B 基本不变，故晶体管的输入电压 $U_{BE}=V_B-V_E$ 减小。由晶体管输入特性曲线可知，U_{BE} 的减小必然引起基极电流 I_B 的减小，根据晶体管的电流控制原理，集电极电流 I_C 将随之减小。

电路中的调节过程可归纳为：当环境温度变化时，集电极电流 I_C↑（或↓）→I_E↑（或↓）V_E↑（或↓）$\xrightarrow{V_B\text{不变}}$ U_{BE}↓（或↑）→I_B↓（或↑）→I_C↓（或↑），静态工作点基本维持不变。显然，分压式偏置的共射极放大电路具有温度变化时的自调节能力，从而可有效地抑制温度对静态工作点的影响。

射极反馈电阻 R_E 的数值通常为几十欧至几千欧，它不但能够对直流信号产生负反馈作用，同样可对交流信号产生负反馈作用，从而造成电压增益下降过多。为了不使交流信号削弱，一般在 R_E 的两端并联一个约为几十微法的较大射极旁路电容 C_E。C_E 由于本身的隔直作用对直流静态工作点不产生影响，相当于开路；由于其通交作用对交流放大信号视为短路。因此，对要放大的交流信号而言，R_E 被 C_E 短路，发射极可看成交流“接地”。

3. 分压式共射放大电路静态工作点的估算

估算静态工作点时，一般硅管净输入电压 U_{BE} 取 0.7V，锗管净输入电压 U_{BE} 取 0.3V。

分压式偏置的共射放大电路静态工作点的估算法如下所述。

① 首先应用式（2.2）求出基极电位 V_B。

② 然后应用下式求出静态工作点。

$$\left.\begin{aligned} I_{CQ} &\approx I_{EQ}=\frac{V_B-U_{BE}}{R_E} \\ I_{BQ} &= \frac{I_{CQ}}{\beta} \\ U_{CEQ} &\approx V_{CC}-I_C(R_C+R_E) \end{aligned}\right\} \tag{2.3}$$

【例 2.2】 估算图 2.8 所示电路的静态工作点。已知电路中各参数分别为：V_{CC}=12V，R_{B1}=75kΩ，R_{B2}=25kΩ，R_C=2kΩ，R_E=1kΩ，β=57.5。

【解】 首先画出放大电路的直流通路，如图 2.9 所示。

由式（2.2）可求得基极电位为：

$$V_B \approx \frac{V_{CC}}{R_{B1}+R_{B2}}R_{B2}=\frac{12}{75+25}25=3\text{V}$$

由式（2.3）可求得静态工作点：

$$I_{CQ}\approx I_{EQ}=\frac{V_B-U_{BE}}{R_E}=\frac{3-0.7}{1}=2.3\text{mA}$$

$$I_{BQ}=\frac{I_{CQ}}{\beta}=\frac{2.3}{57.5}=0.04\text{mA}=40\mu\text{A}$$

$$U_{CEQ}\approx V_{CC}-I_C(R_C+R_E)=12-2.3(2+1)=5.1\text{V}$$

由此得出静态工作点 Q=｛40μA、2.3mA、5.1V｝。

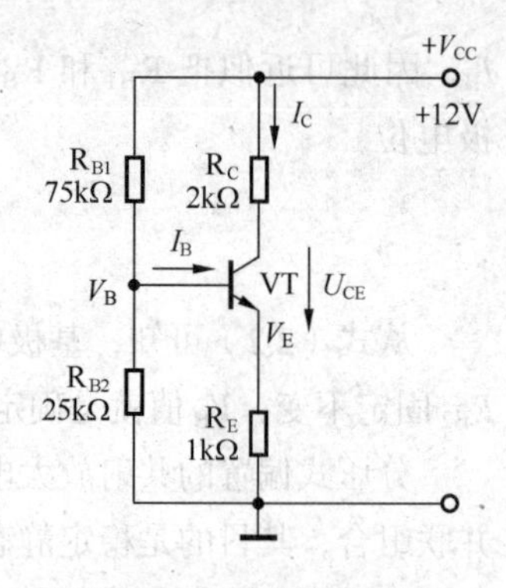

图 2.9 分压式偏置共射放大电路的直流通路

静态分析的图解法有助于加深对“放大”作用本质的理解。但直流通道的估算法比图解法简便，所以分析和计算静态工作点时常用近似估算法。

思考与问题

1. 影响静态工作点稳定的因素有哪些？其中哪个因素影响最大？如何防范？

2. 放大电路中为什么要设置静态工作点？静态工作点不合适会对放大电路产生什么影响？

3. 静态时耦合电容 C_1、C_2 两端有无电压？若有，其电压极性和大小如何确定？

4. 放大电路的失真包括哪些？失真情况下，集电极电流的波形和输出电压的波形有何不同？消除这些失真一般采取什么措施？

5. 试述 R_E 和 C_E 在放大电路中所起的作用。

2.3 基本放大电路的动态分析

学习目标

了解动态放大电路的含义；熟悉动态情况下放大电路的微变等效电路法；掌握动态情况下放大电路的输入、输出电阻及电压放大倍数的概念动态分析法。

放大电路仅在交流输入信号作用下的工作状态称为动态。动态分析时，电路中的电流和电压都是交流量。

1. 共射放大电路的动态分析

对放大电路进行动态分析，就是要求出放大电路对交流信号呈现的输入电阻 r_i、输出电阻 r_o 和交流电压放大倍数 A_u；动态分析的对象是放大电路中各电压、电流的交流分量；动态分析的目的是找出输入电阻 r_i、输出电阻 r_o、交流电压放大倍数 A_u 与放大电路参数之间的关系。

对放大电路进行动态分析时，研究对象仅限于交流量。动态时将图 2.8 所示电路的直流电源 V_{CC} 视为交流“接地”，耦合电容在交流情况下视为短路，电容的位置均用短接线替代，则可获得如图 2.10 左边所示的分压式偏置共射放大电路的交流通路。

动态分析的方法通常采用微变等效电路法。

2. 微变等效电路法

微变等效电路法的基本思想是：把非线性元件晶体管在符合一定条件时用一个与之等效的线

性电路来代替，从而把非线性放大电路转化为线性电路，利用线性电路分析法对放大电路进行动态分析。

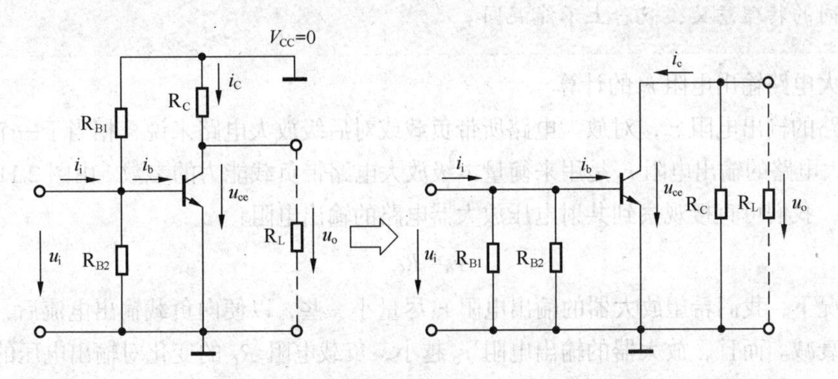

图 2.10　分压式偏置共射放大电路的交流通道

转化为线性电路的条件是“微变”，即变化范围很小，小到晶体管的特性曲线在静态工作点 Q 点附近可以用直线代替。满足此条件的输入信号必须是小信号，通常小信号条件下的输入电压 $u_i \leqslant 10\text{mV}$。

把动态下的小信号放大电路转化为微变等效电路后，就可以利用前面所学的电路分析方法求解出放大电路对交流信号呈现的输入电阻 r_i、输出电阻 r_o 和交流电压放大倍数 A_u 了。

分压式偏置的共射放大电路的微变等效电路如图 2.11 所示。

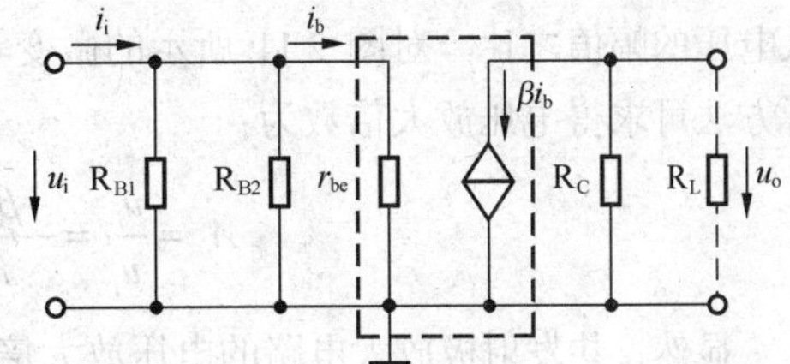

图 2.11　共射放大电路的微变等效电路

微变等效电路中虚框所包围的部分，是晶体管的微变等效电路，其中电阻 r_{be} 为晶体管对交流信号电流 i_b 所呈现的动态电阻，在微弱小信号情况下，r_{be} 可视为一个常数。晶体管的动态等效电阻 r_{be} 的阻值与静态工作点 Q 的位置有关。对低频小功率晶体管而言，r_{be} 常用下式来估算：

$$r_{be} = 300\Omega + (\beta + 1)\frac{26\text{mV}}{I_E(\text{mA})} \tag{2.4}$$

由于晶体管的输出电流 i_C 是受基极小电流 i_b 控制的，且具有恒流特性，因此可用一个电流控制的电流受控源在图中表示，其电流值等于集电极电流 $i_c = \beta i_b$。

（1）放大电路输入电阻 r_i 的计算

放大电路的输入电阻 r_i，是用来衡量放大电路对输入信号源的影响。由图 2.11 可知：

$$r_i = \frac{u_i}{i_i} = R_{B1} // R_{B2} // r_{be} \tag{2.5}$$

对需要传输和放大的信号源来说，放大电路相当于一个负载，负载电阻就是放大电路的输入电阻。输入电阻 r_i 的大小决定了放大器向信号源取用电流的大小。需要放大的信号总是相对比较微弱的信号，而且信号源总是存在一定的内阻。所以我们希望放大电路的输入电阻 r_i 尽量大些，这样从信号源取用的电流就会小一些，以免造成输入信号电压的衰减。由式（2.5）可看出，尽管两个基极分压电阻的数值较大，但由于晶体管输入等效动态电阻 r_{be} 较小，仅为几百欧至几千欧，且 $R_{B1}//R_{B2} >> r_{be}$，所以共发射极放大电路的输入电阻 $r_i \approx r_{be}$，显然不够大。

注意

放大电路的输入电阻 r_i 虽然在数值上近似等于晶体管的输入电阻 r_{be}，但它们具有不同的物理意义，概念上不能混同。

（2）放大电路输出电阻 r_o 的计算

放大电路的输出电阻 r_o，对放大电路所带负载或对后级放大电路来说，相当于一个信号源内阻。单级放大电路的输出电阻 r_o 是用来衡量本级放大电路带负载能力的参数。由图 2.11 所示的微变等效电路，我们可直接观察到共射电压放大器电路的输出电阻：

$$r_o = R_C \tag{2.6}$$

一般情况下，我们希望放大器的输出电阻 r_o 尽量小一些，以便向负载输出电流后，输出电压没有较大的衰减。而且，放大器的输出电阻 r_o 越小，负载电阻 R_L 的变化对输出电压的影响就越小，放大器的带负载能力越强。

（3）放大电路电压放大倍数 A_u 的计算

共发射极电压放大电路的主要任务是对输入的小信号进行电压放大，因此电压放大倍数 A_u 是衡量放大电路性能的主要指标。在放大电路的实验中，我们可把 A_u 定义为输出电压的幅值与输入电压的幅值之比。对图 2.11 所示的微变等效电路，假设负载电阻 R_L 开路，应用线性电路的分析方法可求得电压放大倍数为：

$$A_u = \frac{u_0}{u_i} = \frac{-\beta i_b R_C}{i_b r_i} \approx \frac{-\beta i_b R_C}{i_b r_{be}} = -\beta \frac{R_C}{r_{be}} \tag{2.7}$$

显然，共发射极放大电路的电压放大倍数与晶体管的电流放大倍数 β、动态电阻 r_{be} 及集电极电阻 R_C 有关。由于晶体管的放大倍数 β 和集电极电阻 R_C 远大于 1，且大大于 r_{be}，因此，共发射极电压放大器具有很强的信号放大能力。式中负号反映了共发射极电压放大器的输出与输入在相位上是反相关系这一特点。

当共射放大电路输出端带上负载 R_L 后，电路的电压放大倍数变为：

$$A_u' \approx \frac{-\beta i_b R_C // R_L}{i_b r_{be}} = -\beta \frac{R_C'}{r_{be}} \tag{2.8}$$

式（2.8）说明，放大电路带上负载后，电路的电压放大能力下降。若 r_{be} 和 R_C' 一定，则 A_u' 与 β 成正比。

【例 2.3】 试求例 2.2 所示电路中的电压放大倍数 A_u、输入电阻 r_i 和输出电阻 r_o。若接上 $R_L = 3\text{k}\Omega$，放大倍数 A_u' 为多少？

【解】 由例 2.2 可知：$I_E = 2.3\text{mA}$，所以

$$r_{be} = 300\Omega + (\beta + 1)\frac{26\text{mV}}{I_E(\text{mA})}$$

$$= 300\Omega + (57.5 + 1)\frac{26\text{mV}}{2.3\text{mA}} \approx 961\Omega$$

电路输入电阻：　　$r_i \approx r_{be} = 961\Omega$

电路的输出电阻：　　$r_o = R_C = 2\text{k}\Omega$

电路的电压放大倍数：

$$A_u = -\beta\frac{R_C}{r_{be}} = -57.5\frac{2}{0.961} \approx -120$$

当接上负载电阻 $R_L = 3k\Omega$，放大倍数 A_u'为：

$$A_u' = -\beta\times\frac{R_C // R_L}{r_{be}} = -57.5\times\frac{2//3}{0.961} \approx -71.8$$

此例进一步说明，共射放大电路带上负载 R_L 后，其电压放大能力减小。

（4）共发射极电压放大器电路的特点

① 电路的输入电阻 r_i 近似等于晶体管的动态等效电阻 r_{be}，数值比较小。

② 输出电阻 r_o 等于放大电路的集电极电阻 R_C，数值比较大。

③ 共射放大电路的电压偏大倍数 A_u 较大，说明其具有很强的信号放大能力。

由于共发射极放大电路具有较高的电流放大能力和电压放大倍数，通常多用于放大电路的中间级；在对输入、输出电阻和频率响应没有特殊要求的场合，也可应用于低频电压放大的输入级和输出级。

思考与问题

1. 图 2.12 所示各电路，分析其中哪些具有正常放大交流信号的能力，为什么？

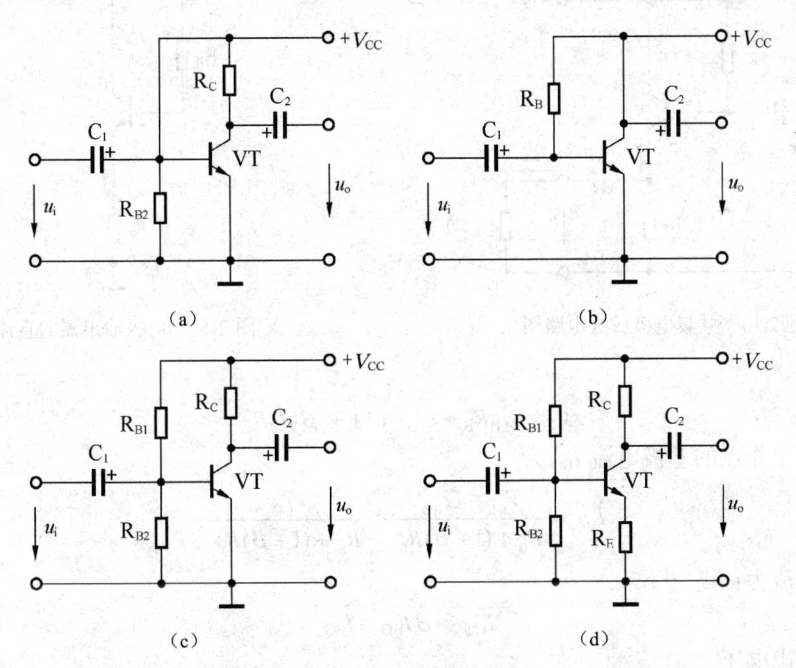

图 2.12　思考与问题 1 电路图

2. 电压放大倍数的概念是什么?电压放大倍数是如何定义的？共发射极放大电路的电压放大倍数与哪些参数有关？

3. 试述放大电路输入电阻的概念。为什么总是希望放大电路的输入电阻 r_i 尽量大一些？

4. 试述放大电路输出电阻的概念。为什么总是希望放大电路的输出电阻 r_o 尽量小一些呢？

5. 何为放大电路的动态分析？动态分析分析步骤？你能否说出微变等效电路法的思想？

2.4 共集电极放大电路

学习目标

了解共集电极放大电路的结构组成；理解其工作原理；掌握共集电极放大电路的分析方法和电路特点。

1. 电路的组成

利用 $i_B = \dfrac{i_E}{1+\beta}$ 的关系，把输入信号由晶体管的基极输入，而把负载电阻接在发射极上，即可构成如图 2.13 所示的共集电极放大电路。

观察图 2.13 可知，对交流信号而言，直流电源 V_{CC}=0，集电极相当于“接地”端，而“接地”端是输入回路与输出回路的公共端，因此把这种电路称为共集电极放大电路。由电路图还可看出，电路的输出取自于发射极，因此电路又被称为射极输出器。

2. 静态工作点

在没有交流信号输入的情况下，可画出射极输出器的直流通道，如图 2.14 所示。

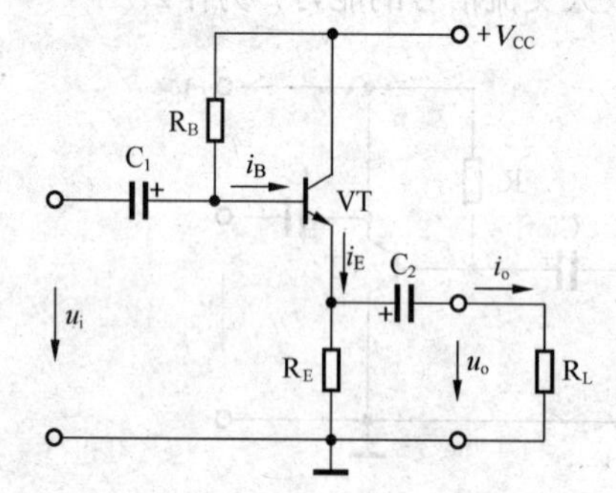

图 2.13　共集电极放大电路图

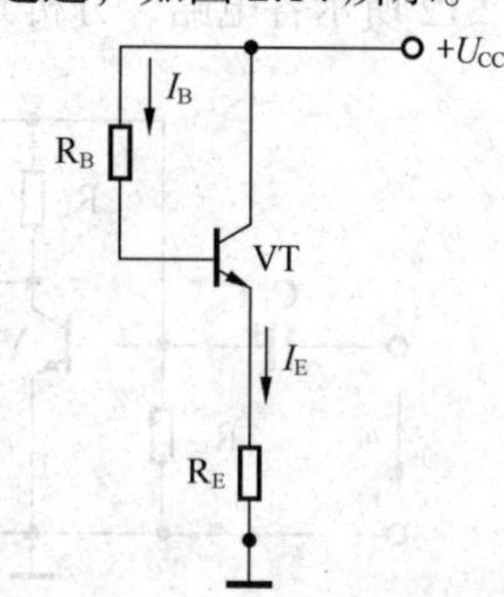

图 2.14　射极输出器的直流通道

由图可得：

$$V_{CC} = I_B R_B + U_{BE} + (1+\beta) I_B R_E$$

所以静态工作点的基极电流 I_{BQ} 为

$$I_{BQ} = \frac{V_{CC} - U_{BE}}{R_B + (1+\beta)R_E} \approx \frac{V_{CC}}{R_B + (1+\beta)R_E} \tag{2.9}$$

集电极电流为：

$$I_{CQ} = \beta I_{BQ} \approx I_{EQ} \tag{2.10}$$

晶体管输出电压：

$$\begin{aligned} U_{CEQ} &= V_{CC} - I_{EQ} R_E \\ &\approx V_{CC} - I_{CQ} R_E \end{aligned} \tag{2.11}$$

3. 动态分析

（1）电压放大倍数

当电路输入端加有微弱小信号交流电压 u_i 时，动态分析可将直流电源 V_{CC} 及电路中的耦合电

容 C_1、C_2 均按短路处理。这样就可画出如图 2.15 所示的射极输出器的交流微变等效电路。其中电压放大倍数为：

$$A_u'=\frac{(1+\beta)R_L'}{r_{be}+(1+\beta)R_L'}\approx\frac{\beta R_L'}{r_{be}+\beta R_L'}<1 \tag{2.12}$$

如不接负载电阻 R_L 时：

$$A_u=\frac{(1+\beta)R_E}{r_{be}+(1+\beta)R_E}\approx\frac{\beta R_E}{r_{be}+\beta R_E} \tag{2.13}$$

通常 $\beta R_L'$（或 βR_E）>> r_{be}，故 A_u 小于 1 但近似等于 1，即 u_o 近似等于 u_i。电路没有电压放大作用。但因 $i_e=(1+\beta)i_b$，所以电路中仍有电流放大和功率放大作用。此外，因输出电压跟随输入电压变化而变化（同相位），共集电极放大电路又称为射极跟随器。

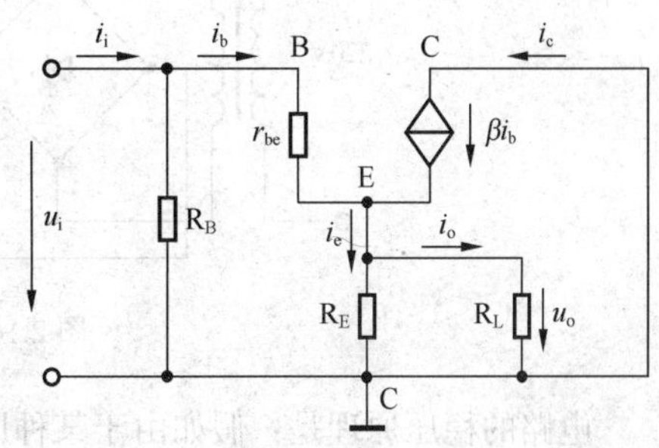

图 2.15　射极输出器的交流微变等效电路

（2）输入电阻 r_i

射极输出器的输入电阻在不接入负载电阻 R_L 的情况下：

$$r_i=R_B//[r_{be}+(1+\beta)R_E]\approx R_B//(1+\beta)R_E \tag{2.14}$$

若接上负载电阻 R_L，则 $R_L'=R_E//R_L$，电路输入电阻：

$$r_i'=R_B//[r_{be}+(1+\beta)R_L'] \tag{2.15}$$

可见，射极输出器的输入电阻要比共发射极放大电路的输入电阻大得多，通常可高达几十千欧至几百千欧。

（3）输出电阻 r_o

射极输出器输出电压与输入电压近似相等，当输入信号电压的大小一定时，输出信号电压的大小也基本上一定，与输出端所接负载的大小基本无关，即具有恒压输出特性，输出电阻很低，其大小约为：

$$r_o\approx\frac{r_{be}}{\beta} \tag{2.16}$$

射极输出器的输出电阻数值一般为几十欧到几百欧，比共发射极放大电路的输出电阻低得多。

4. 电路特点和应用实例

综上所述，共集电极放大电路的特点是：①电压增益（放大倍数）小于 1 但近似等于 1，且输出电压与输入电压同相位；②输入电阻高；③输出电阻低等。虽然共集电极放大电路的电压增益小于 1，但是它的输入电阻高，当信号源（或前级）提供给放大电路同样大小的信号电压时，较高的输入电阻，使所需提供的电流减小，从而减轻了信号源的负担。射极输出器常用在多级放大电路的输出端，这是因为它具有输出电阻很低的特点，低输出电阻可以减小负载变动时对输出电压的影响，使输出电压基本保持不变，由此增强了放大电路的带负载能力。另外，射极输出器可用作阻抗变换器。利用它输入电阻高的特点，减小对前级放大电路的影响；输出电阻低的特点有利于与后级输入电阻较小的共发射极放大电路相配合，以达到阻抗匹配。此外，还可把射极输出器用作隔离级，以减少后级对前级电路的影响。

图 2.16 所示电路为一个最简单的串联型晶体管稳压电源，图中虚线框内为稳压电路。

图中 220V 交流电压经变压器变换成所需要的交流电压，然后经桥式整流和电容滤波后，输出电压 U_i 加到稳压电路的输入端。晶体管接成射极输出电路形式，负载 R_L 接到晶体管的发射极。稳

压管 VD_Z 和电阻 R_1 组成基极稳压电路，使晶体管的基极电位稳定为 U_Z。晶体管的发射结电压为

$$U_{BE}=U_Z-U_o$$

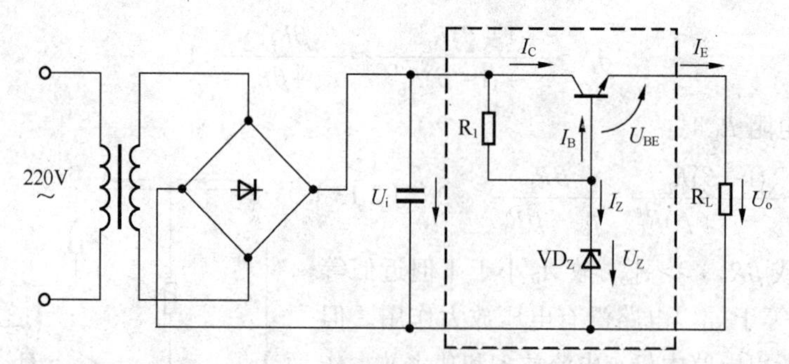

图 2.16　串联型晶体管稳压电源

电路的稳压原理是：假如由于某种原因使输出电压 U_o 降低，因 $V_B=U_Z$ 不变，故 U_{BE} 增加，使 I_B 和 I_C 均增加，U_{CE} 减小。从而使输出电压 $U_o=U_i-U_{CE}$ 回升，维持基本不变。整个过程可用流程图表示为：

$$U_o\downarrow (V_B=V_Z)\rightarrow U_{BE}\uparrow\rightarrow I_B\uparrow\rightarrow I_C\uparrow\rightarrow U_{CE}\downarrow (U_o=U_i-U_{CE})\rightarrow U_o\uparrow$$

如果 $U_o\uparrow$，调整过程与上述相反，同样可起到稳压作用。

这种把调整用的晶体管与负载串联的稳压电路，称为串联型晶体管稳压电路。由于它是射极输出，故可输出较大的电流，而且输出电阻小，稳压性能好。

共集电极放大电路是典型的电压串联负反馈放大电路，它在检测仪表中也得到了广泛应用，用射极输出器作为其输入级，可以减小对被测电路的影响，以提高测量精度。

目前，半导体集成技术飞跃发展，集成稳压电源已获得广泛的应用。大多数集成稳压电源都采用串联型稳压电路，它将稳压电路中的主要元件甚至全部元件都集成在一个芯片内，其体积小、可靠性高、价格便宜，使用方便。

图 2.17 所示为 W7800 系列三端集成稳压器。其集成块有 3 个引出脚，故称为三端稳压器。管脚 1 是输入端，管脚 2 是输出端，管脚 3 为公共端。其最高输入、输出电压分别为 40V、24V。电路图中的 C_i、C_o 是外接电容器，用来改善稳压器的工作性能。

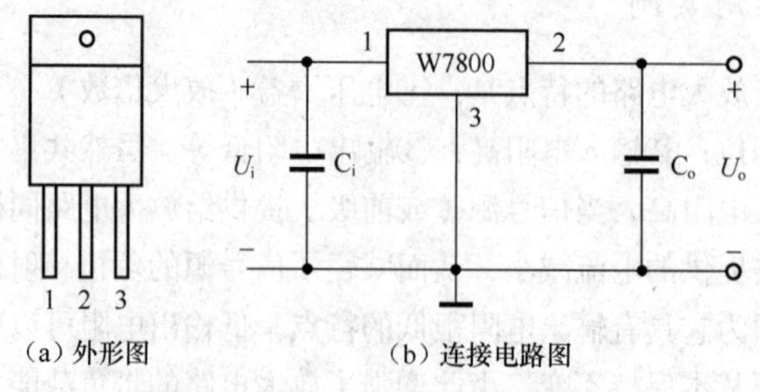

图 2.17　W7800 系列集成三端稳压器

思考与问题

1. 共集电极放大电路与共发射极放大电路相比，有何不同？电路有何特点？

2. 射极输出器的发射极电阻 R_E 能否像共发射极放大器一样并联一个旁路电容 C_E 来提高电路的电压放大倍数？为什么？

2.5 功率放大器和差动放大电路简介

学习目标

了解功率放大器的概念和各类功放电路的用途，熟悉功放电路的技术要求；了解差动放大电路中零漂、差模信号、共模信号等相关概念以及电路它们对电路造成的影响，理解差动放大电路的工作原理及作用。

实际电子技术应用中，当线路中负载为喇叭、记录仪表、继电器或伺服电动机等设备时，就要求与负载相连接的放大电路能为负载提供足够大的功率，以驱动负载。通常把这种能够产生足够大功率的放大电路简称为"功放"。功放中的晶体管称为功率放大管，简称"功放管"。功放广泛应用于各种电子设备、音响设备、通信及自控系统中。

1. 功率放大器的分类

（1）功率放大器按工作状态一般可分为以下几种。

① 甲类放大器。这种功放的工作原理是输出器件晶体管始终工作在传输特性曲线的线性部分，在输入信号的整个周期内输出器件始终有电流连续流动。这种功放失真小，但效率低，约为50%，功率损耗较大，由于高保真的特点而大多应用在家庭的高档机中。

② 乙类放大器。此类功放电路中的两只晶体管交替工作，每只晶体管在信号的半个周期内导通，另半个周期内截止。乙类功放效率较高，约为 78%，但缺点是容易产生交越失真（两只晶体管分别导通时发生的失真）。

③ 甲乙类放大器。此类放大器只有甲类放大器失真小和乙类放大器效率高的优点兼而有之，被广泛应用于家庭、专业、汽车音响系统中。

（2）按放大器功能分类

① 前级功放：主要作用是对信号源传输过来的节目信号进行必要的处理和电压放大后，再输出到后级放大器。

② 后级功放：对前级放大器送出的信号进行不失真放大，以强劲的功率驱动扬声器系统。除放大电路外，还设计有各种保护电路，如短路保护、过压保护、过热保护、过流保护等。前级功放和后级功放一般只在高档机或专业的场合采用。

③ 合并式放大器：将前级放大器和后级放大器合并为一台功放，兼有前二者的功能，通常所说的放大器都是合并式的，应用的范围较广。

2. 功率放大器的特点及技术要求

功率放大器和前面介绍的电压放大电路都是能量转换电路，从能量控制的观点来看，功率放大器和电压放大器并没有本质上的区别。但是，从完成任务的角度和对电路的要求来看，它们之间有着很大的差别。电压放大电路主要要求它能够向负载提供不失真的放大信号，其主要指标是电路的电压放大倍数、输入电阻和输出电阻等。功率放大器主要考虑负载上能够获得最大的交流输出功率，而功率是电压与电流的乘积，因此功放不但要有足够大的输出电压，而且还应有足够大的输出电流。

对功放具有以下几点要求。

（1）效率尽可能高

功放是以输出功率为主要任务的放大电路。由于输出功率较大，造成直流电源消耗的功率也大，效率的问题突显。在允许的失真范围内，我们期望功放管除了能够满足所要求的输出功率外，应尽量减小其损耗，首先应考虑尽量提高晶体管的效率。

（2）具有足够大的输出功率

为了获得尽可能大的功率输出，要求功放管工作在接近“极限运用”的状态。选晶体管时应考虑3个极限参数 I_{CM}、P_{CM} 和 $U_{(BR)CEO}$。

（3）非线性失真尽可能小

功放工作在大信号下，不可避免地会产生非线性失真，而且同一功放管的失真情况会随着输出功率的增大而越发严重。技术上常常对电声设备要求其非线性失真尽量小，最好不发生失真。而对控制电机和继电器等方面，则要求以输出较大功率为主，对非线性失真的要求不是太高。由于功率管处于大信号工况，所以输出电压、电流的非线性失真不可避免。但应考虑将失真限制在允许范围内，亦即失真也要尽可能地小。

另外，由于功率管工作在“极限运用”状态，因此有相当大的功率消耗在功放管的集电结上，从而造成功放管结温和管壳的温度升高。所以管子的散热问题及过载保护问题也应充分予以重视，并采取适当措施，使功放管能有效地散热。

3. 功放中的交越失真

图2.18所示的是一个互补对称电路。其中功放管 VT_1 和 VT_2 分别为NPN型管和PNP型管。两管的基极和发射极相互连接在一起，信号从基极输入，从射极输出，R_L 为负载。观察电路，可看出此电路没有基极偏置，所以 $u_{BE1}=u_{BE2}=u_i$。当 $u_i=0$ 时，VT_1、VT_2 管均处于截止状态。显然，该电路可以看成是由两个射极输出器集合而成的功放电路。

考虑到晶体管发射结处于正向偏置时才导电，因此当信号处于正半周时，$u_{BE1}=u_{BE2}>0$，VT_2 截止，VT_1 承担放大任务，有电流通过负载 R_L；而当信号处于负半周时，$u_{BE1}=u_{BE2}<0$，则 VT_1 截止，VT_2 承担放大任务，仍有电流通过负载 R_L。

由晶体管的输入特性可知，实际上晶体管都存在正向死区。因此，在输入信号正、负半周的交替过程中，两个功放管都处于截止状态，由此造成输出信号的波形不跟随输入信号的波形变化，在波形的正、负交界处出现了如图2.19所示的失真，我们把这种失真现象称为**交越失真**。

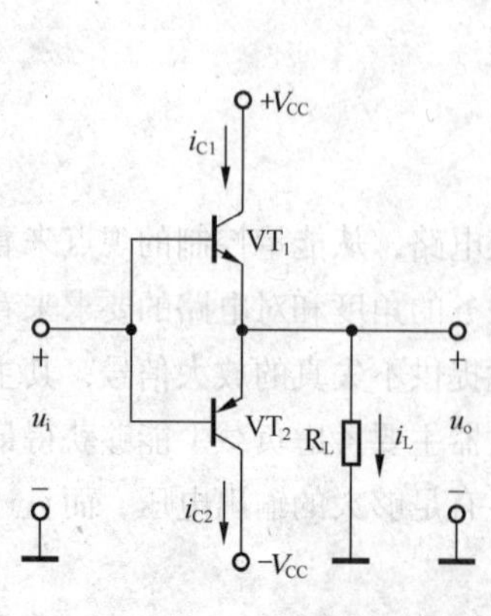

图2.18　互补对称电路

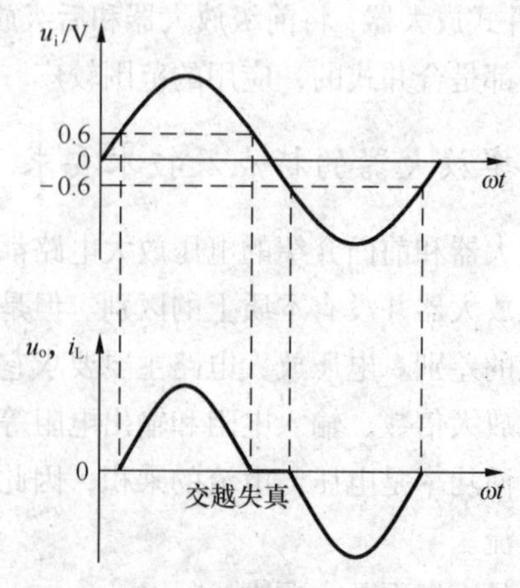

图2.19　交越失真原理

为消除交越失真，要求两个功放管的输入、输出特性完全一致，以达到工作特性完全对称状态。通常采用的方法是：在两个功放管的发射结加上一个较小的正偏电压，使两管都工作在微导通状态。这时，两个功放管，一个在正半周工作，另一个在负半周工作，互相弥补对方的不足，从而在负载上就能得到一个完整的输出波形。在这种状态下工作的电路就是甲乙类互补对称功率放大器，它解决了乙类放大电路中效率与失真的矛盾。

4. 抑制零漂的放大电路

（1）零漂现象

实验研究发现，直接耦合的多级放大电路，当输入信号为零时，输出信号电压并不为零，而且这个不为零的电压会随时间做缓慢的、无规则的、持续的变动，这种现象称为零点漂移，简称零漂。

零漂现象是如何产生的呢？

直接耦合的多级放大电路，其静态工作点相互影响。当温度、电源电压、晶体管内部的杂散参数等变化时，虽然输入为零，但第一级的零漂经第二级放大，再传给第三级，依次传递的结果使外界参数发生微小变化，在输出级产生很大的变化。其中温度的影响最大，所以有时把零漂也叫温漂。

由此可知，晶体管参数受温度的影响就是产生零漂的根本和直接原因。解决零漂最有效的措施是：采用差动放大电路。

（2）差动放大电路

差动放大电路如图 2.20 所示。差动放大电路由两个对称的共射极基本放大电路组成。其中，VT_1、VT_2 是两个特性完全相同的晶体管，两个基极信号电压 u_{i1}、u_{i2} 大小相等、相位相反，差动放大电路的这种双端输入方式称为差模输入方式，所加信号称为差模信号。差模信号是放大电路中需要传输和放大的有用信号，用 u_{id} 表示，数值上等于两管输入信号的差值：

$$u_{id}=u_{i1}-u_{i2}$$

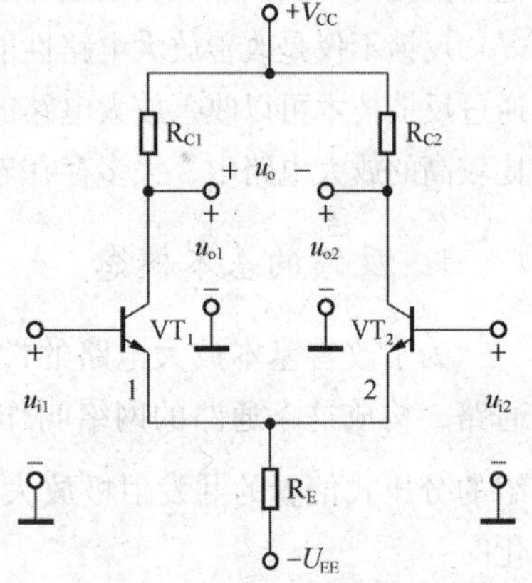

图 2.20　基本差动放大电路

温度变化，电源电压波动等引起的零点漂移折合到放大电路输入端的漂移电压，相当于输入端加了“共模信号”，外界电磁干扰对放大电路的影响也相当于输入端加了“共模信号”。可见，共模信号对放大电路是一种干扰信号，因此，放大电路对共模信号不仅不应放大，反而应当具有较强的抑制能力。

图 2.20 所示的基本差动放大电路，当温度变化时，因两管电流变化规律相同，两管集电极电压漂移量也完全相同，从而使双端输出电压始终为零。也就是说，依靠电路的完全对称性，使两管的零点漂移在输出端相互抵消，因此，零点漂移被抑制。

差动放大电路的公共发射极电阻 R_E 是保证静态工作点稳定的关键元件。当温度 T 升高时→两个管子的发射极电流 I_{E1} 和 I_{E2}、集电极电流 I_{C1} 和 I_{C2} 均增大→由于两管基极电位 V_{B1} 和 V_{B2} 均保持不变→两管的发射极电位 V_E 升高→引起两管的发射结电压 U_{BE1} 和 U_{BE2} 降低→两管的基极电流 I_{B1} 和 I_{B2} 随之减小→I_{C2} 下降。显然上述过程类似于分压式射极偏置电路的温度稳定过程。显然 R_E

的存在使 I_C 得到了稳定。

差动放大电路在双端输出的情况下，两管的输出会稳定在静态值，从而有效地抑制了零点漂移。R_E 的数值越大，抑制零漂的作用越强。即使电路处于单端输出方式时，电路仍有较强的抑制零漂能力。由于 R_E 上流过两倍的集电极变化电流，其稳定能力比射极偏置电路更强。此外，采用双电源供电，可以使 $U_{B1}=U_{B2}\approx 0$，从而使电路既能适应正极性输入信号，也能适应负极性输入信号，扩大了应用范围。

思考与问题

1. 功放和普通放大电路相比，有何不同？对功放电路有哪些特殊的技术要求？
2. 何谓交越失真？采取什么方法可以消除交越失真？
3. 什么是零漂现象？零漂是如何产生的？采用什么方法可以抑制零漂？
4. 何为差模信号？何为共模信号？

2.6 放大电路中的负反馈

学习目标

理解放大电路中负反馈的概念；了解各类负反馈放大电路的基本特点，学会识别负反馈放大电路类型的方法；熟悉负反馈对放大电路性能的影响。

反馈不仅是改善放大电路性能的重要手段，也是电子技术和自动控制原理中的一个基本概念。通过反馈技术可以改善放大电路的工作性能，以达到预定的指标。凡在精度、稳定性等方面要求比较高的放大电路中，大多存在着某种形式的反馈。

1. 反馈的基本概念

为了改善基本放大电路的性能，从基本放大电路的输出端到输入端引入一条反向的信号通路，构成这条通路的网络叫作反馈电路，这个反向传输的信号称为反馈信号。本章前面介绍的分压式偏置的共发射极放大电路中，电阻 R_E 就是一个反馈元件，当电路所处环境温度变化时：

$$T(℃)\uparrow\rightarrow I_C\uparrow\rightarrow I_E\uparrow\rightarrow V_E\uparrow\xrightarrow{V_B\text{不变}}U_{BE}\downarrow\rightarrow I_B\downarrow\rightarrow I_C\downarrow$$

$$T(℃)\downarrow\rightarrow I_C\downarrow\rightarrow I_E\downarrow\rightarrow V_E\downarrow\xrightarrow{V_B\text{不变}}U_{BE}\uparrow\rightarrow I_B\uparrow\rightarrow I_C\uparrow$$

利用反馈元件 R_E 所构成的反馈通道，将放大电路输出量 I_C 的变化回送到放大电路的输入端，使输入量 I_B 的净输入增大或减小，以维持输出量 I_C 基本稳定在原来的数值不变。

由此可知，所谓“反馈”，就是通过一定的电路形式，把放大电路输出信号的一部分或全部按一定的方式回送到放大电路的输入端，并影响放大电路的输入信号。分压式共射偏置电路中的反馈过程，使输入信号的净输入量削弱，这种反馈形式称为负反馈。显然，负反馈提高了基本放大电路的工作稳定性。

如果放大电路输出信号的一部分或全部，通过反馈网络回送到输入端后，造成净输入信号增强，则这种反馈称为正反馈。正反馈通常可以提高放大电路的增益，但正反馈电路的性能不稳定，一般较少使用。

2. 负反馈的基本类型及其判别

放大电路中普遍采用的是负反馈。根据反馈网络与基本放大电路在输出、输入端的连接方式的不同，负反馈电路具有四种典型形式：电压串联负反馈、电压并联负反馈、电流串联负反馈和电流并联负反馈。

电压负反馈能稳定输出电压、减小输出电阻，具有恒压输出特性。电流负反馈能稳定输出电流、增大输出电阻，具有恒流输出特性。

判断放大电路是电压反馈还是电流反馈，可以根据反馈信号和输出信号在电路输出端的连接方式及特点，依据两种方法来判别：①若反馈信号取自于输出电压，为电压负反馈，若取自于输出电流，则为电流负反馈；②将输出信号交流短路，若短路后电路的反馈作用消失，判断为电压负反馈，若短路后反馈作用仍然存在，则为电流负反馈。

判断放大电路是串联负反馈还是并联负反馈，主要根据反馈信号、原输入信号和净输入信号在电路输入端的连接方式和特点，具体可采用三种方法进行判别：①若反馈信号与输入信号在输入端以电压的形式相加减，可判断为串联负反馈，若反馈信号与输入信号以电流的形式相加减，可判断为并联负反馈；②将输入信号交流短路后（输入回路与输出回路之间没有联系着的元件或网络），若反馈作用不再存在，可判断为并联负反馈，否则为串联反馈；③如果反馈信号和输入信号加到放大元件的同一电极，则为并联反馈，否则为串联反馈。

【例2.4】 图2.21所示为4个具有反馈的放大电路方框图，试分析各属于何种反馈。

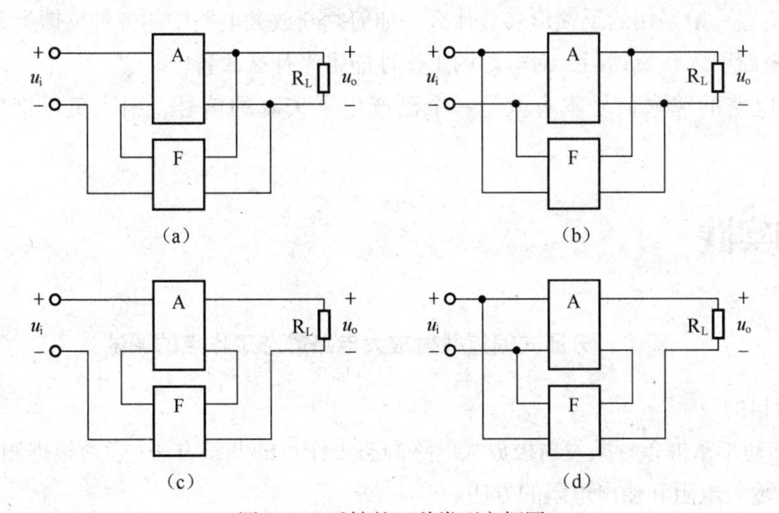

图2.21　反馈的四种类型方框图

【解】 图2.21（a）的反馈信号取自于输出电压，为电压反馈，反馈信号与输入信号在输入端以电压的形式相加减，因而为串联反馈，所以此电路反馈形式为串联电压负反馈。

图2.21（b）的反馈信号取自于输出电压，为电压反馈；反馈信号与输入信号在输入端以电流的形式相加减，因而为并联反馈，所以此电路反馈形式为并联电压负反馈。

图2.21（c）的反馈网络取自于输出电流，为电流反馈；反馈信号与输入信号在输入端以电压的形式相加减，因而为串联反馈，所以此电路反馈形式为串联电流负反馈。

图2.21（d）的反馈信号取自于输出电流，为电流反馈；反馈信号与输入信号在输入端以电流

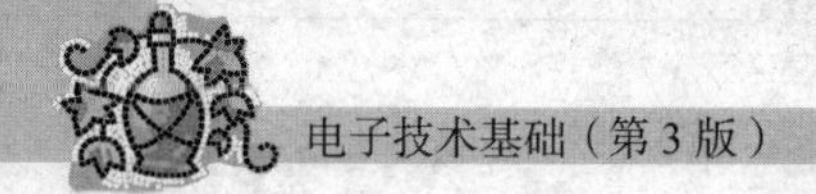

的形式相加减，因而为并联反馈，所以此电路反馈形式为并联电流负反馈。

3. 负反馈对放大电路性能的影响

由上述分析可知，由于分压式偏置的共发射极放大电路中存在反馈电压 i_ER_E，因此使真正加到晶体管发射结的净输入电压 u_{BE} 下降，u_{BE} 的下降又造成输出电压 u_o 的下降，从而使电压放大倍数 A_u 下降，而且反馈电压 i_ER_E 越大，电压放大倍数 A_u 下降越多。

显然，负反馈虽然提高了放大电路的稳定性，但由此而付出的代价是：放大电路的电压放大倍数（电压增益）降低了。对放大电路来说，电路的稳定性至关重要，因此虽然电路的电压放大倍数降低了，换来的却是放大电路的稳定性得以提高，这种代价是值得的。

采用负反馈提高放大电路的稳定性，从本质上讲，是利用失真的波形来改善波形的失真，不能理解为负反馈能使波形失真完全消除。

负反馈不仅可以提高放大电路的稳定性、减少非线性失真，还可以使放大电路的通频带得到展宽。而且不同类型的负反馈对放大电路输入、输出电阻的影响各不相同：串联负反馈具有提高输入电阻的作用；并联负反馈能使输入电阻减小；电压负反馈能减小输出电阻，稳定输出电压；电流负反馈使输出电阻增大，稳定了输出电流。实际放大电路究竟采用哪种反馈形式比较合适，必须根据不同用途确定引入不同类型的负反馈。

思考与问题

1. 什么叫反馈？正反馈和负反馈对电路的影响有何不同？
2. 放大电路一般采用的反馈形式是什么？如何判断放大电路中的各种反馈类型？
3. 放大电路引入负反馈后，对电路的工作性能带来什么改善？
4. 放大电路的输入信号本身就是一个已产生了失真的信号，引入负反馈后能否使失真消除？

应用实践

实验：分压式偏置共射放大电路静态工作点的调试

一、实验目的

1. 了解和初步掌握单管共发射极放大电路静态工作点的调整方法；学习根据测量数据计算电压放大倍数、输入电阻和输出电阻的方法。
2. 观察静态工作点的变化对电压放大倍数和输出波形的影响。
3. 进一步掌握示波器、信号发生器、电子毫伏表的使用方法。

二、实验主要仪器设备

1. 模拟电子实验台　　　　一套
2. 双踪示波器　　　　　　一台
3. 其他相关设备及导线

三、实验原理图

实验原理图如图 2.22 所示。

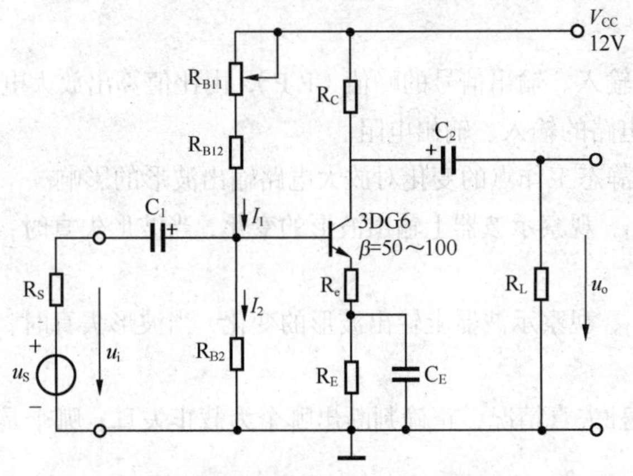

图 2.22　分压式共射放大实验电路

四、实验原理

1. 为了获得最大不失真输出电压，静态工作点应选在交流负载线的中点。为使静态工作点稳定，必须满足小信号条件。

2. 静态工作点可由下列关系式计算：

$$U_{BQ}=\frac{R_{B2}}{R_{B1}+R_{B2}}V_{CC}$$

$$I_{CQ}\approx I_{EQ}=\frac{U_{BQ}-U_{BEQ}}{R_E+R_e}$$

$$U_{CEQ}=V_{CC}-I_{CQ}(R_E+R_e+R_C)$$

3. 电压放大倍数、输入电阻、输出电阻计算：

$$A_u=\frac{u_o}{u_i}=-\frac{|U_{OP\text{-}P}|}{|U_{iP\text{-}P}|}$$

式中，负号表示输入、输出信号的相位相反。式中的输入、输出电压峰—峰值根据示波器上的波形读出。

$$R_i=R_{B1}//R_{B2}//r_{be}\approx r_{be}$$

$$r_{be}=300\Omega+(1+\beta)\frac{26\text{mA}}{I_{EQ}(\text{mA})}\text{（选择}\beta=60\text{）}$$

$$R_o=R_C$$

五、实验步骤

1. 调节信号发生器，产生一个输出为 u_i=100mV、f= 1000Hz 的正弦波，将此正弦信号引入共射放大电路输入端。

2. 把示波器 CH1 探头与电路输入端相连，电路与示波器共“地”，均连接在实验电路的“地”端。

3. 调节电子实验台上的直流电源 0 ~ 18V，使之产生 12V 直流电压输出，再将其引入实验电路中的+V_{CC} 端子上。

4. 实验电路的输出端子与示波器 CH2 探头相连。实验台上的数字电压表（或交流电压表）连接在实验电路中的 V_{BQ} 处，用以实测 V_{BQ} 值。

5. 把电键开关打在“通”的位置，调节 R_{B11}，观察示波器屏幕中的输入、输出波形，若静态工作点选择合适，本实验电路中 V_{BQ} 的数值通常在 4V 左右。把读出的数据和输入、输出信号波

形填写在附表中。

6. 从示波器中读出输入、输出信号的峰值（P-P），由比值算出放大电路的电压放大倍数 A_u。由电路参数计算出放大电路的输入、输出电阻。

7. 调节 R_{B11}，观察静态工作点的变化对放大电路输出波形的影响。

（1）逆时针旋转 R_{B11}，观察示波器上输出波形的变化，当波形失真时，观察波形的削顶情况，记录在表格中；

（2）顺时针旋转 R_{B11}，观察示波器上输出波形的变化，当波形失真时，观察波形的削顶情况，仍记录在表格中。

8. 根据观察到的两种失真情况，正确判断出哪个为截止失真，哪个是饱和失真。

六、思考题

1. 电路中 C_1、C_2 的作用你了解吗？说一说。

2. 静态工作点偏高或偏低，对电路中的电压放大倍数有无影响？

3. 饱和失真和截止失真是怎样产生的？如果输出波形既出现饱和失真又出现截止失真是否说明静态工作点设置的不合理？为什么？

4. 本实验电路属于直流负反馈还是交流负反馈？或是交直流负反馈？判断此实验电路的反馈类型。

实验原始数据记录在表 2.1 中。

表 2.1　　常用电子仪器使用的测量数据

测量值	V_B（V）	U_{OP-P}（V）	U_{IP-P}（V）	输入波形	输出波形
R_{B11} 合适					
R_{B11} 减小					
R_{B11} 增大					
计算值	Au	R_i	R_O		
R_{B11} 合适					

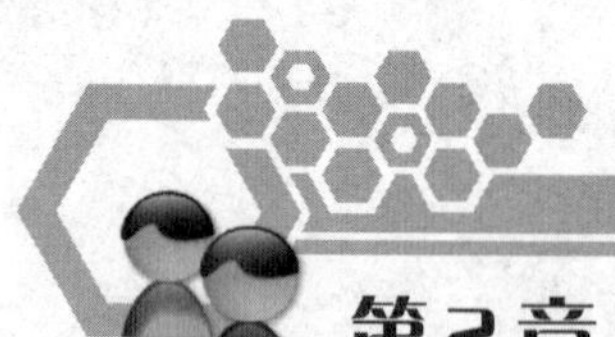

第 2 章　检测题（共 100 分，120 分钟）

一、填空题（每空 0.5 分，共 21 分）

1. 基本放大电路的 3 种组态分别是：________放大电路、________放大电路和________放大电路。

2. 放大电路应遵循的基本原则是：________结正偏；________结反偏。

3. 将放大器________的全部或部分通过某种方式回送到输入端，这部分信号叫作________信号。使放大器净输入信号减小，放大倍数也减小的反馈，称为________反馈；使放大器净输入信号增加，放大倍数也增加的反馈，称为________反馈。放大电路中常用的负反馈类型有________负反馈、________负反馈、________负反馈和________负反馈。

4. 射极输出器具有________恒小于 1、接近于 1，________和________同相，并具有________高和________低的特点。

5. 共射放大电路的静态工作点设置较低，造成截止失真，其输出波形为________削顶。若采用分压式偏置电路，通过________调节________，可达到改善输出波形的目的。

6. 对放大电路来说，人们总是希望电路的输入电阻________越好，因为这可以减轻信号源的负荷。人们又希望放大电路的输出电阻________越好，因为这可以增强放大电路的整个负载能力。

7. 反馈电阻 R_E 的数值通常为________，它不但能够对直流信号产生________作用，同样可对交流信号产生________作用，从而造成电压增益下降过多。为了不使交流信号削弱，一般在 R_E 的两端________。

8. 放大电路有两种工作状态，当 $u_i = 0$ 时电路的状态称为________态，有交流信号 u_i 输入时，放大电路的工作状态称为________态。在________态情况下，晶体管各极电压、电流均包含________分量和________分量。放大器的输入电阻越________，就越能从前级信号源获得较大的电信号；输出电阻越________，放大器带负载能力就越强。

9. 电压放大器中的三极管通常工作在________状态下，功率放大器中的三极管通常工作在________参数情况下。功放电路不仅要求有足够大的________，而且要求电路中还要有足够大的________，以获取足够大的功率。

10. 晶体管由于在长期工作过程中，受外界________及电网电压不稳定的影响，即使输入信号为零时，放大电路输出端仍有缓慢的信号输出，这种现象叫作________漂移。克服________漂移的最有效常用电路是________放大电路。

二、判断题（每小题 1 分，共 19 分）

1. 放大电路中的输入信号和输出信号的波形总是反相关系。（ ）
2. 放大电路中的所有电容器，起的作用均为通交隔直。（ ）
3. 射极输出器的电压放大倍数等于 1，因此它在放大电路中作用不大。（ ）
4. 分压式偏置共发射极放大电路是一种能够稳定静态工作点的放大器。（ ）
5. 设置静态工作点的目的是让交流信号叠加在直流量上全部通过放大器。（ ）
6. 晶体管的电流放大倍数通常等于放大电路的电压放大倍数。（ ）
7. 微变等效电路不能进行静态分析，也不能用于功放电路分析。（ ）
8. 共集电极放大电路的输入信号与输出信号，相位差为 180° 的反相关系。（ ）
9. 微变等效电路中不但有交流量，也存在直流量。（ ）
10. 基本放大电路通常都存在零点漂移现象。（ ）
11. 普通放大电路中存在的失真均为交越失真。（ ）
12. 差动放大电路能够有效地抑制零漂，因此具有很高的共模抑制比。（ ）
13. 放大电路通常工作在小信号状态下，功放电路通常工作在极限状态下。（ ）
14. 输出端交流短路后仍有反馈信号存在，可断定为电流负反馈。（ ）
15. 共射放大电路输出波形出现上削波，说明电路出现了饱和失真。（ ）
16. 放大电路的集电极电流超过极限值 I_{CM}，就会造成管子烧损。（ ）
17. 共模信号和差模信号都是电路传输和放大的有用信号。（ ）
18. 采用适当的静态起始电压，可达到消除功放电路中交越失真的目的。（ ）
19. 射极输出器是典型的电压串联负反馈放大电路。（ ）

三、选择题（每小题2分，共20分）

1. 基本放大电路中，经过晶体管的信号有（　　）。

A. 直流成分　　B. 交流成分　　C. 交直流成分均有

2. 基本放大电路中的主要放大对象是（　　）。

A. 直流信号　　B. 交流信号　　C. 交直流信号均有

3. 分压式偏置的共发射极放大电路中，若 V_B 点电位过高，电路易出现（　　）。

A. 截止失真　　B. 饱和失真　　C. 晶体管被烧损

4. 共发射极放大电路的反馈元件是（　　）。

A. 电阻 R_B　　B. 电阻 R_E　　C. 电阻 R_C

5. 功放首先考虑的问题是（　　）。

A. 放大电路的电压增益　　B. 不失真问题　　C. 管子的极限参数

6. 电压放大电路首先需要考虑的技术指标是（　　）。

A. 放大电路的电压增益　　B. 不失真问题　　C. 管子的工作效率

7. 射极输出器的输出电阻小，说明该电路的（　　）。

A. 带负载能力强　B. 带负载能力差　C. 减轻前级或信号源负荷

8. 功放电路易出现的失真现象是（　　）。

A. 饱和失真　　B. 截止失真　　C. 交越失真

9. 基极电流 i_B 的数值较大时，易引起静态工作点 Q 接近（　　）。

A. 截止区　　B. 饱和区　　C. 死区

10. 射极输出器是典型的（　　）。

A. 电流串联负反馈　B. 电压并联负反馈　C. 电压串联负反馈

四、简答题（共23分）

1. 共发射极放大器中集电极电阻 R_C 起的作用是什么？（3分）

2. 放大电路中为何设立静态工作点？静态工作点的高、低对电路有何影响？（4分）

3. 指出图2.23所示各放大电路能否正常工作，如不能，请校正并加以说明。（8分）

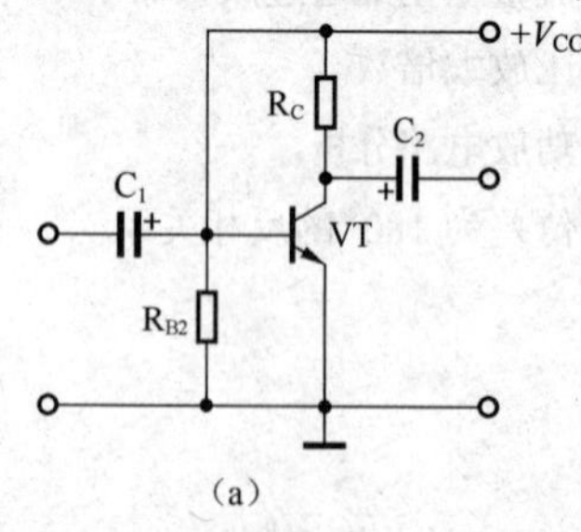

(a)

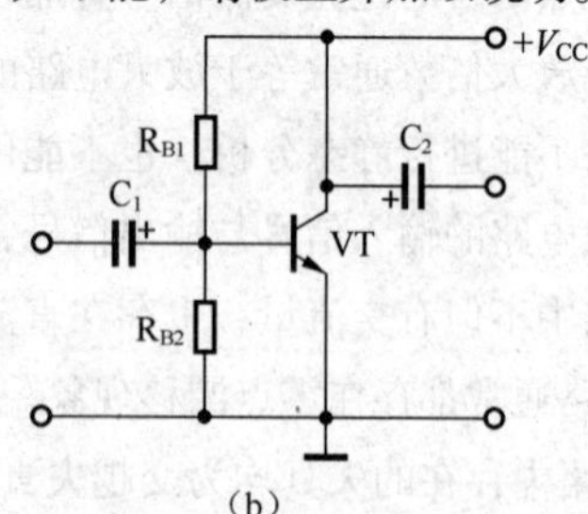

(b)

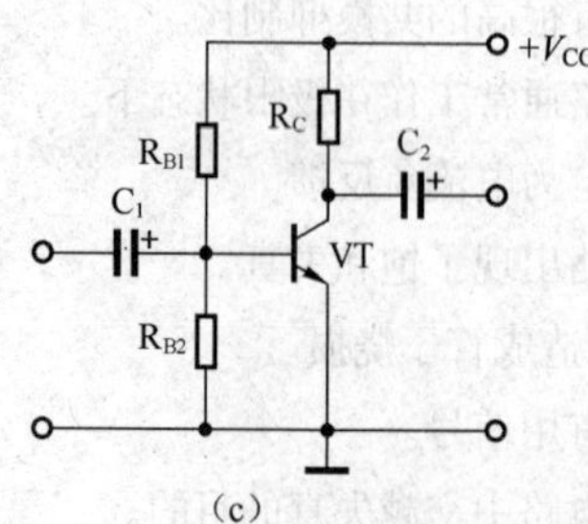

(c)

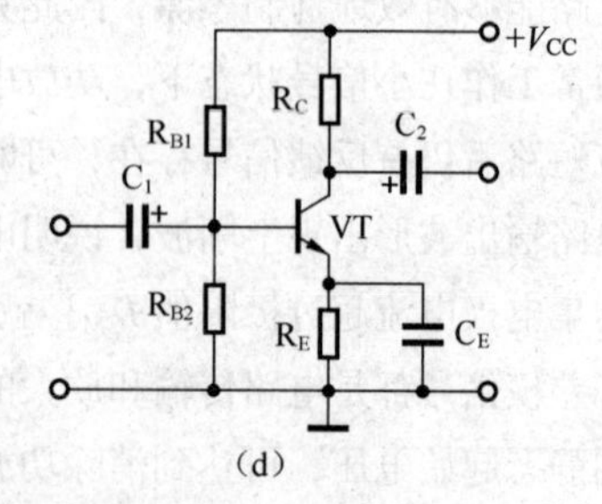

(d)

图2.23　简答题3电路图

4. 零点漂移现象是如何形成的？哪一种电路能够有效地抑制零漂？（4 分）

5. 为削除交越失真，通常要给功放管加上适当的正向偏置电压，使基极存在微小的正向偏流，让功放管处于微导通状态，从而消除交越失真。那么，这一正向偏置电压是否越大越好呢？为什么？（4 分）

五、计算题（共 17 分）

1. 在如图 2.24 所示的分压式偏置放大电路中，已知 $R_C = 3.3\text{k}\Omega$，$R_{B1} = 40\text{k}\Omega$，$R_{B2} = 10\text{k}\Omega$，$R_E = 1.5\text{k}\Omega$，$\beta$=70。求静态工作点 I_{BQ}、I_{CQ} 和 U_{CEQ}。（8 分，图中晶体管为硅管）

2. 画出图 2.24 所示电路的微变等效电路，并对电路进行动态分析。要求解出电路的电压放大倍数 A_u，电路的输入电阻 r_i 及输出电阻 r_o。（9 分）

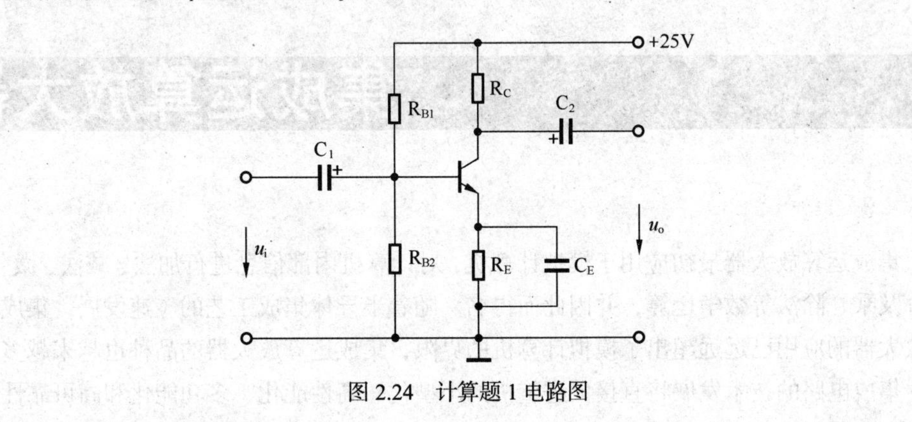

图 2.24　计算题 1 电路图

第3章 集成运算放大器

集成运算放大器最初应用于模拟计算机，对计算机内部信息进行加法、减法、微分、积分及乘、除法等数学运算，并因此而得名。随着半导体集成工艺的飞速发展，集成运算放大器的应用已远远超出了模拟计算机的界限，集成运算放大器的品种也越来越多。

集成电路的技术发展将直接促进整机的小型化、高性能化、多功能化和高可靠性。毫不夸张地说，集成电路是工业的“食粮”和“原油”。随着EDA技术的普及和深化，电子技术必将会以前所未有的面貌出现。对学习者而言，必须更新观念，加速对新器件、新特点的理解和应用。

本章从集成运放的组成和基本特性入手，着重介绍由集成运放构成的线性应用电路，在此基础上再向读者介绍几种非线性应用电路。

学习目的和要求

了解集成运算放大器的一般概况；熟悉集成运算放大器的基本类型及其应用；掌握集成运算放大器的理想化条件，并能运用理想化条件对集成运放电路进行分析；理解运放的基本结构、组成、符号及主要参数，了解其常用的非线性应用。

3.1 集成运算放大器

学习目标

了解集成运算放大器的基本概念及其图形符号和文字符号；熟悉集成运放的主要技术指标、电压传输特性；掌握运用理想运放条件分析线性集成运放电路的方法；理解“虚断”、“虚短”和“虚地”等概念。

1. 集成运算放大器概述

第2章所讨论的放大电路，都是由单个元件连接起来的电路，称为分立元件电路。

随着科学技术的迅速发展，要求电子电路所完成的功能越来越多，其复杂程度也不断增加。例如一台电子计算机上所采用的元器件数目就高达几千甚至上万个。元件数目的庞杂，给分立元件电路的应用带来极大的问题：其一是元器件数目增多必将导致设备的体积、重量、电能消耗增大；其二是元器件之间的焊点太多，必然造成设备的故障率提高。人们为解决上述问题，研制出崭新的电子器件——集成电路。

集成电路（英文简称 IC）是 20 世纪 60 年代初发展起来的一种新型半导体器件。集成电路体积小，密度大、功耗低、引线短、外接线少，从而大大提高了电子电路的可靠性与灵活性，减少组装和调整工作量，降低了成本。自 1959 年世界上第一块集成电路问世至今，只不过才经历了五十多年时间，但它已深入工农业、日常生活及科技领域相当多的产品中。例如在导弹、卫星、战车、舰船、飞机等军事装备中，在数控机床、仪器仪表等工业设备中，在通信技术和计算机中，在音响、电视机、录像机、洗衣机、电冰箱、空调等家用电器中，都采用了集成电路。集成电路的发展，对各行各业的技术改造与产品更新都起到了促进作用。

从总体上看，集成电路相当于一种电压控制的电压源元件，即它能在外部输入信号控制下输出恒定的电压。实际上集成电路又不是一个元件，而是具有一个完整电路的全部功能。目前集成电路正向材料、元件、电路、系统四合一方向过渡，熟练掌握集成运放电路的分析方法，是今后实际工作中灵活应用运算放大器的重要基础。集成电路按外形封装形式分为圆壳式、扁平式、单列直插式、双列直插式等，如图 3.1 所示。目前国内应用最多的是双列直插式。

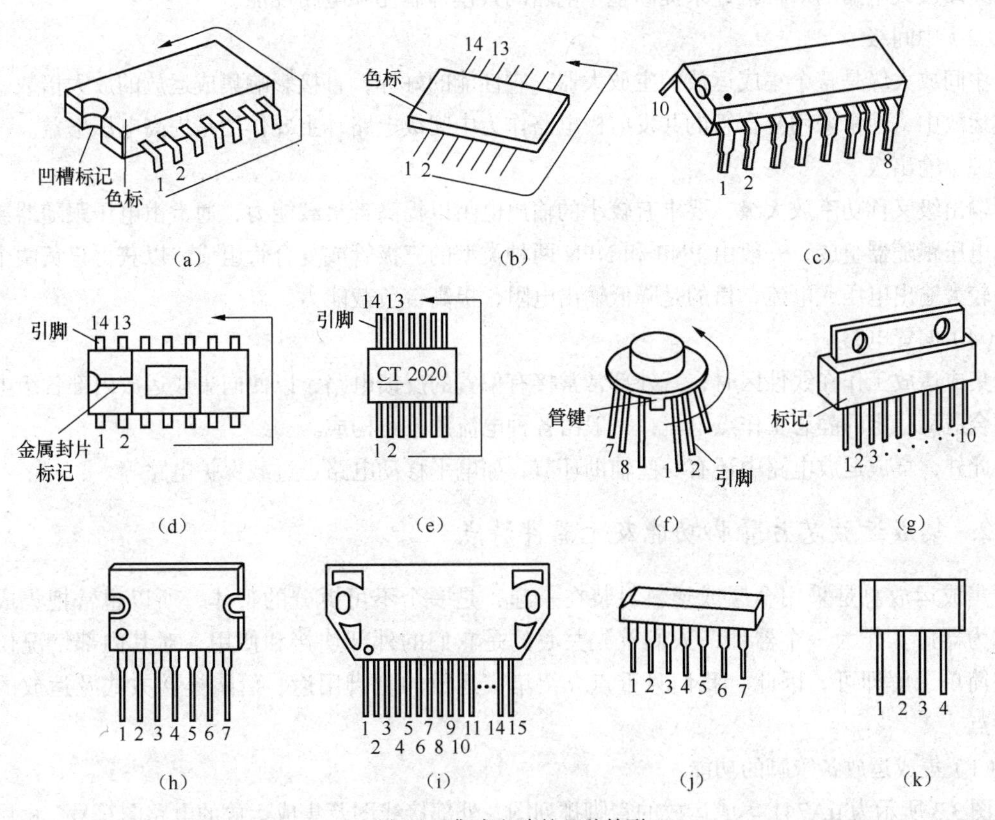

图 3.1　集成电路的几种外形

利用特殊半导体技术，在一块 P 型硅基片上制作出许多二极管、三极管、电阻、电容和连接

导线的电路称为集成工艺。基片上所包含的元器件数称为集成度。按照集成度的不同，集成运放有小规模、中规模、大规模和超大规模之分。小规模集成电路一般含有十几到几十个元器件，它是单元电路的集成。芯片面积为几平方毫米；中规模运放含有一百到几百个元器件，是一个电路系统中分系统的集成，芯片面积约 10mm^2；大规模和超大规模集成运放中含有数以千计或更多的元器件，它是把一个电路系统整个集成在基片上。集成电路的型号类型很多，内部电路也各有差异，但它们的基本组成是相同的，主要由输入级、中间放大级、输出级和偏置电路四部分构成，如图 3.2 所示。

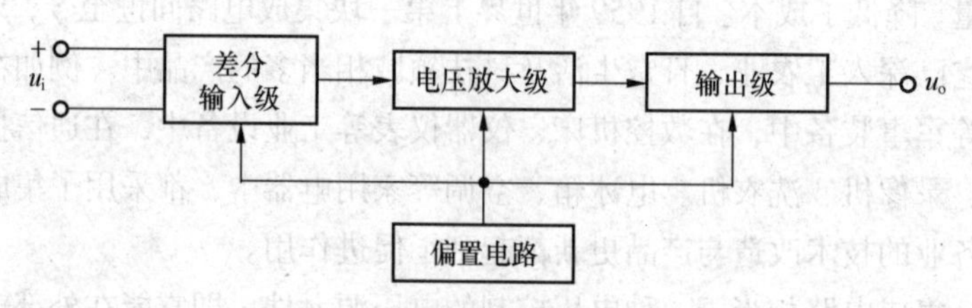

图 3.2　集成运放的基本组成框图

（1）输入级

集成运放的输入级又称为前置级，是决定运放性能好坏的关键，通常由一个高性能的双端输入差动放大器组成。输入级要求输入电阻高，差模电压放大倍数大，共模抑制比大，静态电流小，利用差动放大电路的对称特性来提高整个电路的共模抑制比和电路性能。

（2）中间级

中间放大级是整个集成运放的主放大器，它性能的好坏，直接影响集成运放的放大倍数，在集成运放中，通常采用复合管的共发射极电路作为中间级电路，主要作用是提高电压增益。

（3）输出级

输出级又称功率放大级，要求有较小的输出电阻以提高带负载能力，通常由电压跟随器或互补的电压跟随器组成，一般由 PNP 和 NPN 两种类型的三极管或复合管组成，以获得正负两个极性的较大输出电压或电流，目的是降低输出电阻，提高带负载能力。

（4）偏置电路

集成运放工作在线性区时，其外部常常接有偏置的反馈电路，以便向集成运放内部各级电路提供合适又稳定的静态工作点电流，一般由各种电流源电路构成。

此外，集成运放电路中还有一些辅助环节，如电平移动电路、过载保护电路等。

2. 集成运放芯片管脚功能及元器件特点

集成运放总是采用金属或塑料封装在一起，是一个不可拆分的整体，所以也常把集成运放称为器件。作为一个器件，人们首先关心的是它们的外部连接和使用，对其内部情况仅有一些简单了解即可。因此，我们只重点介绍集成运放的管脚用途、管脚连接方式及运放的主要特点。

（1）集成运放各管脚的功能

图 3.3 所示为 μA741 集成运放的管脚排列图、外部接线图及集成运放的电路图符号。由图形符号可看出，集成运放 μA741 除了有同相、反相两个输入端，还有两个±12V 的电源端，一个输出端，另外还留出外接大电阻调零的两个端口，所以是多脚元件。

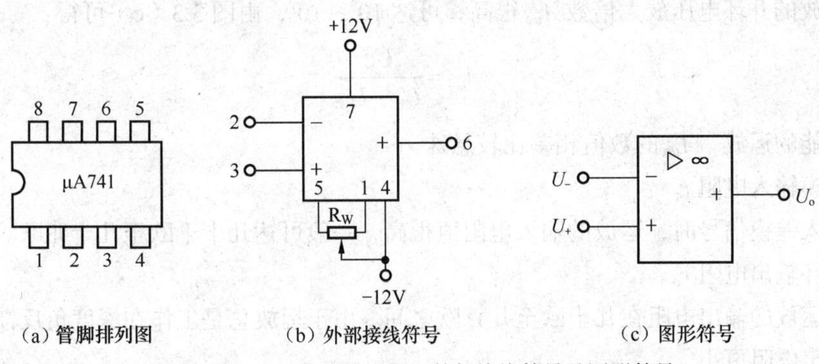

（a）管脚排列图　　（b）外部接线符号　　（c）图形符号

图 3.3　μA741 管脚排列图、外部接线符号及图形符号

管脚 2 为运放的反相输入端，管脚 3 为同相输入端，这两个输入端对于运放的应用极为重要，绝对不能接错。

管脚 6 为集成运放输出级的输出端，与外接负载相连。

管脚 1 和管脚 5 是外接调零补偿电位器端，集成运放的电路参数和晶体管特性不可能完全对称，因此，在实际应用当中，若输入信号为零而输出信号不为零时，就需调节管脚 1 和管脚 5 之间电位器 R_W 的数值，直至输入信号为零时，输出信号也为零止。

管脚 4 为负电源端，接−12V 电位；管脚 7 为正电源端，接+12V 电位，这两个管脚都是集成运放的外接直流电源引入端，使用时不能接错。

管脚 8 是空脚，使用时可悬空处理。

（2）集成电路元器件的特点

与分立元器件相比，集成电路元器件有以下特点。

① 单个元器件的精度不高，受温度影响也较大，但在同一硅片上用相同工艺制造出来的元器件性能比较一致，对称性好，相邻元器件的温度差别小，因而同一类元器件温度特性也基本一致。

② 集成电阻及电容的数值范围窄，数值较大的电阻、电容占用硅片面积大。集成电阻一般在几十欧姆至几十千欧姆范围内，电容一般为几十微微法拉。电感目前不能集成。

③ 元器件性能参数的绝对误差比较大，而同类元器件性能参数比值比较精确。

④ 纵向 NPN 管 β 值较大，占用硅片面积小，容易制造。而横向 PNP 管的 β 值很小，但其 PN 结的耐压高。

3. 集成运算放大器选择及主要性能指标

由运算放大器组成的各种系统中，由于应用要求不一样，对运算放大器的性能要求也不一样。如果在没有特殊要求的场合，尽量选用通用型集成运放，这样既可降低成本，又容易保证货源。当一个系统中使用多个运放时，尽可能选用多运放集成电路，例如，LM324、LF347 等都是将 4 个运放封装在一起的集成电路。而评价一个集成运放性能的优劣，应看其综合性能。

集成运算放大器的技术指标很多，其中一部分与差分放大器和功率放大器相同，另一部分则是根据运算放大器本身的特点而设立的。各种主要参数均比较适中的是通用型运算放大器，这类运算放大器的主要性能指标有以下 4 个。

（1）开环电压放大倍数 A_{uo}

开环电压放大倍数 A_{uo} 是指运放在无外加反馈条件下，输出电压与输入电压的变化量之比。

一般集成运放的开环电压放大倍数 A_{uo} 很高，可达 $10^4 \sim 10^7$，由图 3.3（c）可得：

$$A_{uo} = \frac{U_o}{U_+ - U_-} \tag{3.1}$$

不同功能的运放，A_{uo} 的数值相差比较悬殊。

（2）差模输入电阻 r_i

电路输入差模信号时，运放的输入电阻值很高，一般可达几十千欧至几十兆欧。

（3）闭环输出电阻 r_o

大多数运放的输出电阻在几十欧至几百欧之间。由于运放总是工作在深度负反馈条件下，因此其闭环输出电阻更小。

（4）最大共模输入电压 U_{icmax}

最大共模输入电压 U_{icmax} 是指在保证运放正常工作条件下，运放所能承受的最大共模输入电压。共模电压若超过该值，输入差分对管子的工作点将进入非线性区，使放大器失去共模抑制能力，共模抑制比显著下降，甚至造成器件损坏。

4. 集成运算放大器的理想化条件及传输特性

（1）集成运算放大器的理想化条件

为了简化分析过程，同时又满足工程的实际需要，通常把集成运放理想化，满足下列参数指标的运算放大器可以视为理想运算放大器：

① 开环电压放大倍数 $A_{uo} = \infty$，实际上 $A_{uo} \geqslant 80\text{dB}$ 即可。

② 差模输入电阻 $r_i = \infty$，实际上 r_i 比输入端外电路的电阻大 2 ~ 3 个量级即可。

③ 输出电阻 $r_o = 0$，实际上 r_o 比输入端外电路的电阻小 2 ~ 3 个量级即可。

④ 共模抑制比足够大，理想条件下视为 $K_{CMR} \to \infty$。

在做集成运放的一般原理性分析时，只要实际应用条件不使运放的某个技术指标明显下降，均可把运算放大器产品视为理想的。这样，根据集成运放的上述理想特性，可以大大简化运放的分析过程。

（2）集成运算放大器的传输特性

图 3.4 所示为集成运放的电压传输特性。

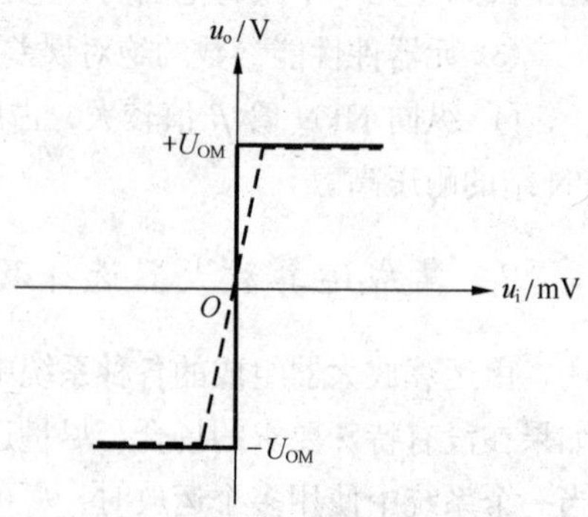

图 3.4　集成运放的电压传输特性

电压传输特性表示开环时输出电压与输入电压之间的关系。图中虚线表示实际集成运放的电压传输特性。由实际的电压传输特性可知，平顶部分对应$\pm U_{OM}$，表示输出正、负饱和状态的情况。斜线部分实际上非常靠近纵轴，说明集成运放的线性区范围很小；输出电压 u_o 和两个输入端之间的电压 U_- 与 U_+ 的函数关系是线性的（斜线范围），可用下式表示：

$$u_o = A_{uo}（U_+ - U_-）= A_{uo} \cdot u_i \tag{3.2}$$

由于运放的开环电压放大倍数很大，即使输入信号是微伏数量级的，也足以使运放工作于饱和状态，使输出电压保持稳定。当 $U_+ > U_-$ 时，输出电压 u_o 将跃变为正饱和值 $+U_{OM}$，接近于正电源电压值；当 $U_+ < U_-$，输出电压 u_o 又会立刻跃变为负饱和值$-U_{OM}$，接近于负电源电压值。根据此特点，我们可得出集成运放在理想条件下的电压传输特性，如图 3.4 中粗实线所示。

根据集成运放的理想化条件，可以在输入端导出两条重要结论：

① 虚短

因为理想运放的开环电压放大倍数很高，因此，当运放工作在线性区时，相当于一个线性放大电路，输出电压不超出线性范围。这时，运算放大器的同相输入端与反相输入端两电位十分接近。在运放供电电压为±12～±15V 时，输出电压的最大值一般在 10～13V。所以运放两输入端的电位差在 1mV 以下，近似等电位。这一特性称为“虚短”。显然，“虚短”不是真正的短路，只是分析电路时在允许误差范围之内的合理近似。“虚短”也可直接由理想条件导出：理想情况下 $A_{uo}=\infty$，则 $U_+-U_-=0$，即 $U_+=U_-$，运放的两个输入端等电位，可看作它们为虚假短路。

② 虚断

差模输入电阻 $r_i=\infty$，因此可认为没有电流能流入理想运放，即 $i_+=i_-=0$。集成运放的输入电流恒为零，这种情况称为“虚断”。实际集成运放流入同相输入端和反相输入端中的电流十分微小，比外电路中的电流小几个数量级，因此流入运放的电流往往可以忽略不计，这一现象相当于运放的输入端开路，显然，运放的输入端并不是真正断开。

运用“虚短”和“虚断”这两个重要概念，对各种工作于线性区的应用电路进行分析，可以大大简化应用电路的分析过程。运算放大器构成的运算电路均要求输入与输出之间满足一定的函数关系，因此都可以应用这两条重要结论。如果运放不在线性区工作，也就没有“虚短”“虚断”的特性。在测量集成运放的两个输入端电位时，若发现有几个毫伏之多，那么该运放肯定不在线性区工作，或者已经损坏。

思考与问题

1. 集成运放由哪几部分组成，各部分的主要作用是什么？
2. 试述集成运放的理想化条件有哪些。
3. 工作在线性区的理想运放有哪两条重要结论？试说明其概念。

3.2 集成运放的应用

学习目标

了解集成运放的线性应用；掌握反相、同相及双端输入方式的分析过程及分析方法；理解运放的非线性应用实例——电压比较器的工作原理。

集成运放的基本应用可分为线性应用和非线性应用两大类。首先介绍集成运放的线性应用。

1. 集成运放的线性应用

当集成运放通过外接电路引入负反馈时，集成运放成闭环状态并且工作于线性区。运放工作在线性区可构成模拟信号运算放大电路、正弦波振荡电路和有源滤波电路等。

（1）反相比例运算电路

图 3.5 所示为反相比例运算电路。其中 R_F 为反馈电阻，跨接在输出和反相输入端之间，构成电压并联负反馈电路。R_i 是输入电阻，R_P 是平衡电阻。为保证电路处于对称状态，就要使运放的反相输入端和同相输入端的外接电阻相等，即满足 $R_P=R_F//R_i$ 的条件，输入信号 u_i 由反相端加入。

观察图 3.5 所示电路，由“虚断”概念可得，通入 R_P 的电流为零，因此运放的同相输入端电位可看作与“地”电位相等。由虚短概念又可得反相输入端的电位等于同相输入端的电位，即：$U_- = U_+$=“地”电位。反相输入端并未接“地”却具有“地”电位的现象称为“虚地”。

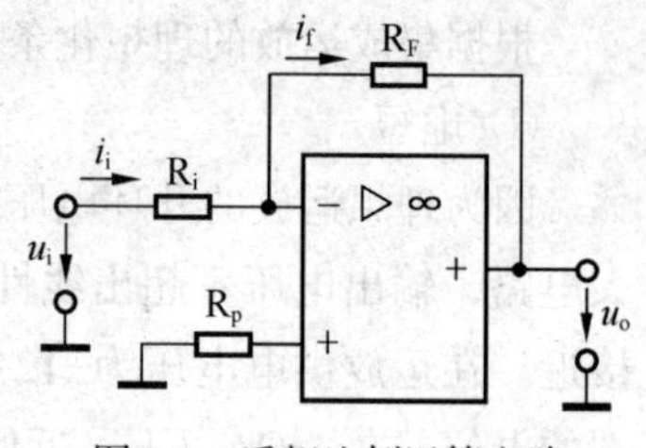

图 3.5　反相比例运算电路

由图 3.5 所示电路分析可知：

$$i_i = \frac{u_i}{R_i} = i_f = \frac{u_o}{R_F}$$

由上式可推出反相比例运算电路的闭环电压放大倍数：

$$A_{uf} = \frac{u_o}{u_i} = -\frac{R_F}{R_i} \tag{3.3}$$

式中负号说明输出电压 u_o 与输入电压 u_i 反相。可见，反相比例运算电路的闭环电压放大倍数实际上就是其比例运算常数。由式（3.3）又可得出电路输出与输入的关系式为：

$$u_o = -\frac{R_F}{R_i}u_i \tag{3.4}$$

显然，输出电压与输入电压之间的比例运算常数由反馈电阻 R_F 和输入电阻 R_i 决定，与集成运放本身的参数无关。要想获得所需的输出、输入电压运算关系，只需选择合适的外接电阻元件即可，而且外接电阻的阻值精度越高，运放的精度和稳定性也越好。

当 $R_i = R_F$ 时，$u_o = -u_i$ 或 $A_{uf} = -1$ 时，表明输出电压与输入电压大小相等，极性相反，运放做一次变号运算，故也常把反相比例运算电路称为反相器。

（2）同相比例运算电路

图 3.6 所示为同相比例运算电路。输入信号从同相输入端加入，反相输入端经 R_2 接地，R_F 接在运放的输出端与反相输入端之间，构成电压串联负反馈电路。

由理想运放的两条重要结论可推出：由于“虚断”，通过 R_2 的电流为零，因此，同相输入端电位 $U_+ = u_i$。由“虚短”可知 $U_- = U_+ = u_i$。

依据图中各电压、电流的参考方向可得：

$$i_1 = -\frac{u_i}{R_1} = i_f = -\frac{u_o - u_i}{R_F}$$

由此可得同相比例运算电路输出电压与输入电压之间的关系式为：

$$u_o = (1+\frac{R_F}{R_1})u_i \tag{3.5}$$

此式表明输出电压与输入电压同相，电路的比例系数恒大于 1，而且仅由外接电阻的数值来决定，与运放本身的参数无关。当外接电阻 $R_1 = \infty$ 或反馈电阻 $R_F = 0$ 时，有：

$$u_o = (1+\frac{R_F}{R_1})u_i = u_i$$

此时输出电压等于输入电压，同相比例运算电路在此状态下构成电压跟随器。

（3）双端输入运算电路

双端输入运算电路如图 3.7 所示。双端输入运算电路实际上是一个差动输入运算放大器，为

保证输入端平衡，电路中 $R_1=R_2$，$R_3=R_F$。

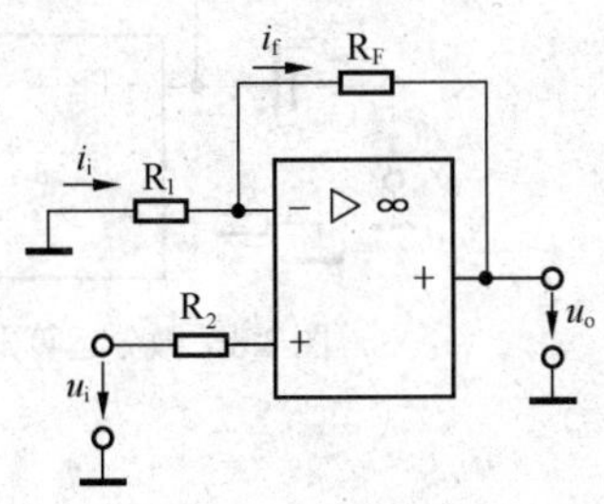

图 3.6　同相比例运算电路

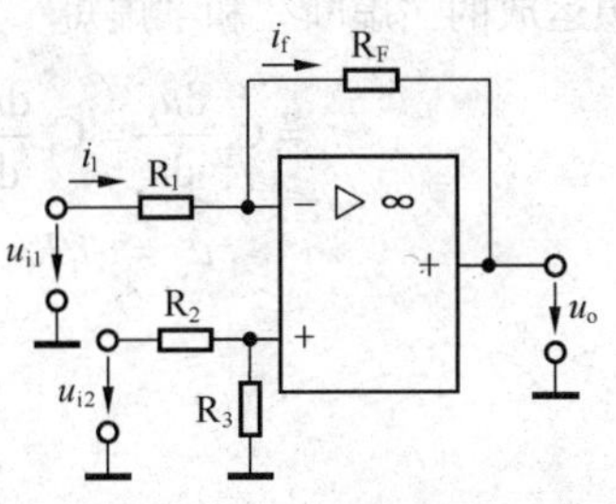

图 3.7　减法运算电路

实质上，双端输入运算电路是由反相输入和同相输入两种运算放大器组合而成。由于放大器工作在线性区，因此可用叠加定理分析电路的输出和输入关系。

首先令 $u_{i1}=0$，只考虑 u_{i2} 单独作用下的情况。显然，这时的电路是一个同相输入运算电路，由图 3.7 可得同相输入端电位：

$$u_+ = u_{i2}\frac{R_3}{R_2+R_3}$$

由“虚短”可得：

$$u_- = u_+ = u_{i2}\frac{R_3}{R_2+R_3}$$

根据前面讨论的同相比例运算输出与输入的关系可得：

$$u_{o2} = (1+\frac{R_F}{R_1})u_- = \frac{(R_1+R_F)R_3}{R_1(R_2+R_3)}u_{i2}$$

因为 $R_1=R_2$，$R_3=R_F$，所以上式整理为：

$$u_{o2} = \frac{R_3}{R_2}u_{i2} = \frac{R_F}{R_1}u_{i2}$$

再令 $u_{i2}=0$，只考虑 u_{i1} 单独作用下的情况。显然，这时的电路是一个反相输入运算电路，反相输入运算电路总是存在“虚地”现象，由前面的讨论可得：

$$u_{o1} = -\frac{R_F}{R_1}u_{i1}$$

根据叠加定理最后可得出：

$$u_o = u_{o1}+u_{o2} = \frac{R_F}{R_1}(u_{i2}-u_{i1}) \tag{3.6}$$

如果再有 $R_1=R_F$，则：

$$u_o = \frac{R_F}{R_1}(u_{i2}-u_{i1}) = u_{i2}-u_{i1} \tag{3.7}$$

实现了输出对输入的减法运算。

（4）微分运算电路

把反相比例运算电路中的输入电阻 R_i 用 C_1 代替，就构成了微分电路，如图 3.8 所示。

微分电路中，当输入信号频率较高时，电容的容抗减小，放大倍数增大，因而对输入信号中的高频干扰非常敏感。

由理想运放的“虚断”和“虚短”条件可得

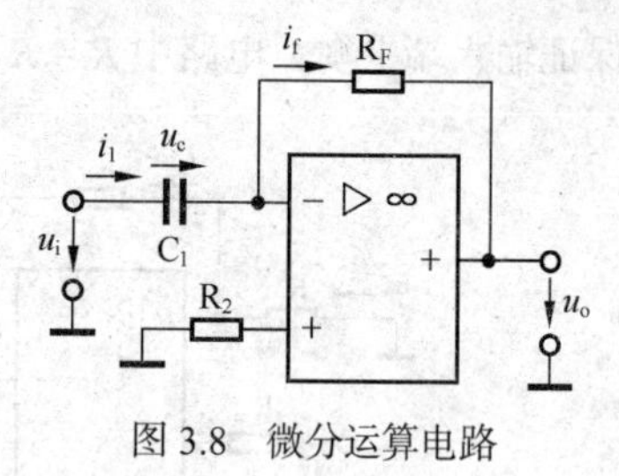

图3.8　微分运算电路

$$i_1 = C_1 \frac{du_c}{dt} = C_1 \frac{du_i}{dt}$$

和

$$u_o = -i_f R_F = -i_1 R_F$$

可得：

$$u_o = -R_F C_1 \frac{du_i}{dt} \tag{3.8}$$

可见，微分电路的输出电压正比于输入电压对时间的微分。电路中的比例常数取决于时间常数 $\tau = R_F C_1$。当输入信号为矩形波电压时，输出信号为尖脉冲电压，如图3.9所示。

（5）积分运算电路

只要把微分运算电路中的 R_F 和 C_1 的位置互换，就构成了积分电路，如图3.10所示。

由理想运放的“虚断”和“虚短”条件可得：

$$i_1 = i_f = \frac{u_i}{R_1}$$

$$\begin{aligned} u_o = -u_i &= -\frac{1}{C_F}\int i_f \mathrm{d}t \\ &= \int i_f \mathrm{d}t = -\frac{1}{R_1 C_F}\int u_i \mathrm{d}t \end{aligned} \tag{3.9}$$

可见，输出电压 u_o 正比于输入电压 u_i 对时间的积分，其比例常数取决于积分时间常数 $\tau = R_1 C_F$，式中的负号表示输出电压与输入电压反相。

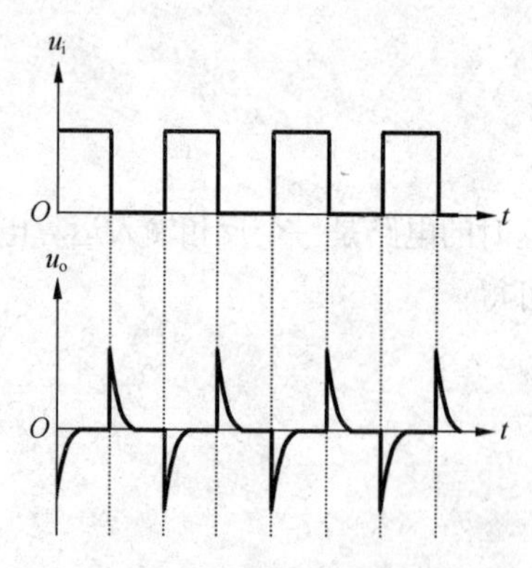

图3.9　微分电路的波形变换

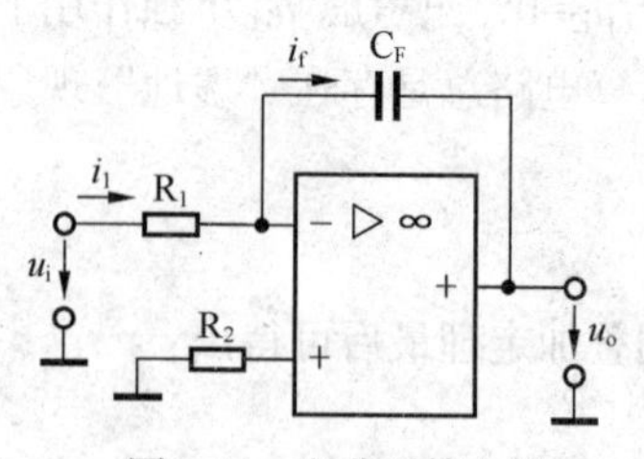

图3.10　积分运算电路

（6）集成运放线性应用实例

应用实例1——测振仪。测振仪的组成框图如图3.11所示。

测振仪用于测量物体振动时的位移、速度和加速度。设物体振动的位移为 x，振动的速度为 v，加速度为 a。则：

$$v = \frac{dx}{dt};\ a = \frac{dv}{dt} = \frac{d^2x}{dt^2};\ x = \int v dt$$

图中速度传感器产生的信号与速度成正比，开关在位置“1”时，它可直接放大测量速度；开

关在位置“2”时，速度信号经微分器进行微分运算再放大，可测量加速度 a；开关在位置“3”时，速度信号经积分器进行积分运算再一次放大，又可测量位移 x。在放大器的输出端，可接测量仪表或示波器进行观察和记录。

应用实例 2——光电转换电路，如图 3.12 所示。

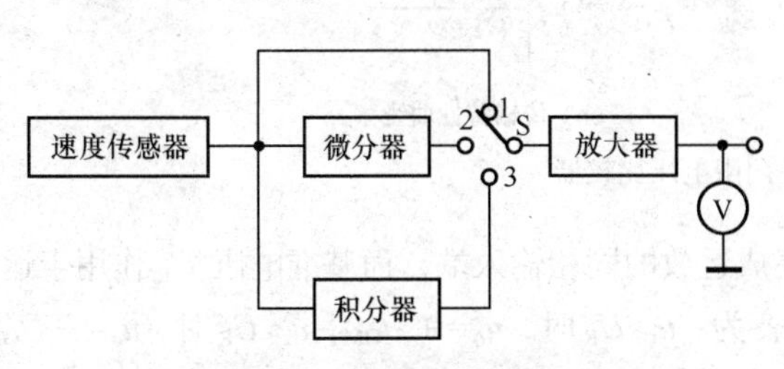

图 3.11　测振仪组成框图

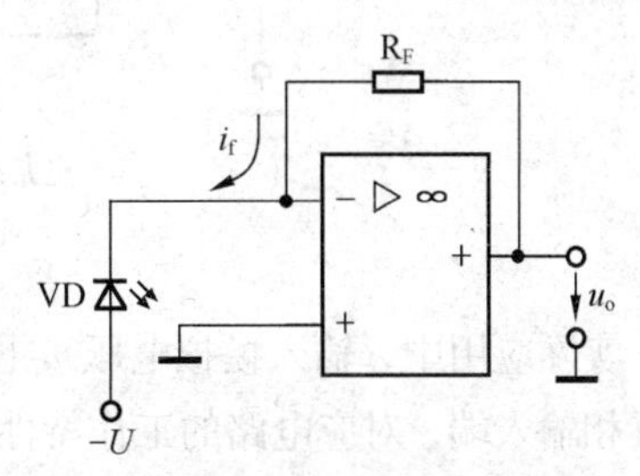

图 3.12　光电转换电路

光电传感器有光电二极管、光敏电阻、光电三极管和光电池等，它们都是电流器件。在光照作用下产生电流，将光信号转换成电信号，经放大后即可进行检测与控制。

光电二极管的结构在前面讲过，也是由一个 PN 结构成的，只是其 PN 结面积较大，以增加受光的面积；PN 结的结深很浅（小于 10^{-6}m），可提高光电转换效率。

光电二极管工作在反向状态。无光照时，其反向电流一般小于 0.1μA，常称为暗电流。光电二极管的反向电阻很大，高达几个兆欧。有光照时，在光激发下，反向电流随光照强度而增大，称为光电流，这时的反向电阻可降至几十欧以下。图示电路中，有光照时产生的光电流 i_f，由 $u_o \to R_F \to D \to -U$，这时集成运放的输出电压为 $u_o = i_f R_F$。

2. 集成运放的非线性应用

（1）集成运放应用在非线性区的特点

① 集成运放应用在非线性电路时，处于开环或正反馈状态下。非线性应用中的运放本身不带负反馈，这一点与运放的线性应用有着明显的不同。

② 运放在非线性运用状态下，同相输入端和反相输入端上的信号电压大小不等，因此“虚短”的概念不再成立。当同相输入端信号电压 U_+ 大于反相输入端信号电压 U_- 时，输出端电压 U_O 等于 $+U_{OM}$，当同相输入端信号电压 U_+ 小于反相输入端信号电压 U_- 时，输出端电压 U_O 等于 $-U_{OM}$。

③ 非线性应用下的运放，虽然同相输入端和反相输入端信号电压不等，但由于其输入电阻很大，所以输入端的信号电流仍可视为零值。因此，非线性应用下的运放仍然具有“虚断”的特点。

④ 非线性区的运放，输出电阻仍可以认为是零值。此时运放的输出量与输入量之间为非线性关系，输出端信号电压或为正饱和值，或为负饱和值。

（2）集成运放的非线性应用

集成运放工作在非线性区可构成各种电压比较器和矩形波发生器等。其中电压比较器的功能主要是对送到运放输入端的两个信号（模拟输入信号和基准电压信号）进行比较，并在输出端以高低电平的形式给出比较结果。

① 单门限比较器。图 3.13（a）所示为单门限电压比较器。把输入信号电压 u_i 接入反相输入端、基准电压 U_R 接在同相输入端，当 $u_i < U_R$ 时，$u_o = +U_{OM}$，当 $u_i > U_R$ 时，$u_o = -U_{OM}$。由图 3.13（b）所示传输特性还可看出，$u_i = U_R$ 是电路的状态转换点，此时输出电压 u_o 产生跃变（实际情况如图中虚线所示）。

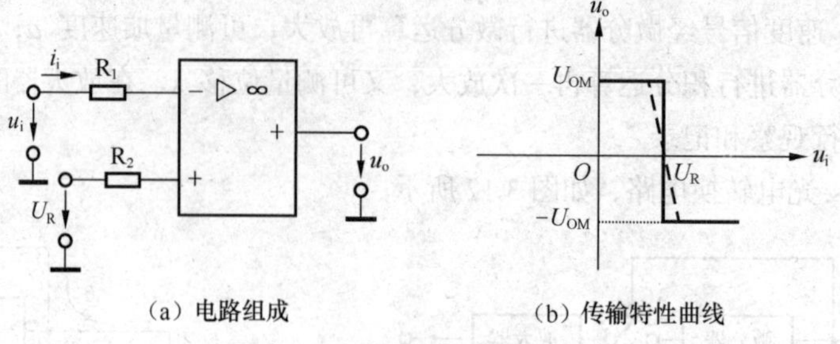

（a）电路组成　　（b）传输特性曲线

图 3.13　单门限电压比较器

实际应用中，输入模拟电压 u_i 也可接在集成运放的同相输入端，而基准电压 U_R 作用于运放的反相输入端，对应电路的工作特性也随之改变为：$u_i>U_R$ 时，$u_o=+U_{OM}$，$u_i<U_R$ 时，$u_o=-U_{OM}$。由于这种电路只有一个门限电压值 U_R，故称为单门限电压比较器。

单门限电压比较器的基准电压 $U_R=0$ 时，输入电压每经过一次零值，输出电压就要产生一次跃变，这时的单门限比较器称为过零比较器，过零比较器的电路图与传输特性如图 3.14 所示。

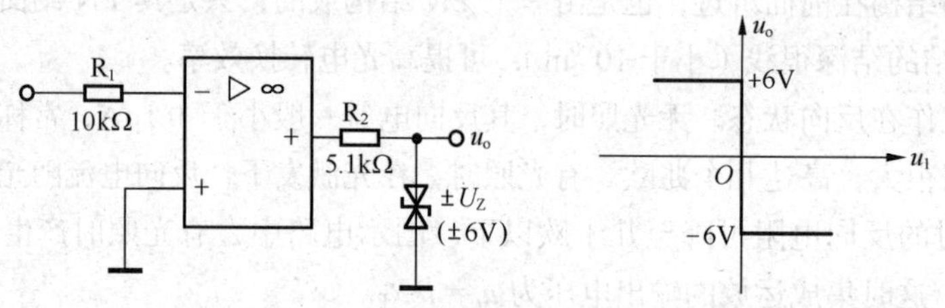

图 3.14　过零比较器电路图及传输特性

② 滞回比较器。滞回比较器是一种能判断出两种控制状态的开关电路，广泛应用于自动控制电路中。在单门限电压比较器的基础上，通过反馈网络 R_1 和 R_2 将输出电压的一部分回送到运放的同相输入端，就构成了如图 3.15（a）所示的、具有正反馈特性的滞回电压比较器，图 3.15（b）所示为它的传输特性曲线。

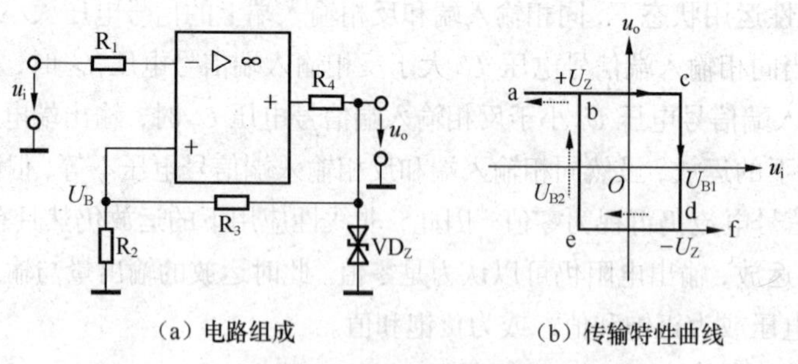

（a）电路组成　　（b）传输特性曲线

图 3.15　滞回电压比较器

开环电压比较器的缺点是抗干扰能力较差。由于集成运放的开环电压放大倍数 A_{uo} 很大，如果输入电压 u_i 在转换点附近有微小的波动，输出电压 u_o 就会在$\pm U_Z$（或$\pm U_{OM}$）之间上下跃变。如有干扰信号进入，比较器也极易误翻转。解决的办法是适当引入正反馈，即采用滞回比较器。图 3.15 中的输出电压 u_o 经电阻 R_2、R_3 分压得到 U_B，接到同相输入端，作为基准电压。当 $u_o=+U_Z$ 时，$U_B=U_{B1}=+U_ZR_2/(R_2+R_3)$；当 $u_o=-U_Z$ 时，$U_B=U_{B2}=-U_ZR_2/(R_2+R_3)$。图中 R_2 和 R_3 组成正反馈电路，可加速集成运放在高、低输出电压之间的转换，使传输特性跃变陡度加大，使之接近垂

直的理想状态。正反馈的作用过程：当 $u_i=U_{B1}$ 时，$u_o\downarrow\rightarrow U_B\downarrow\rightarrow(u_i-U_B)\uparrow\rightarrow u_o\downarrow$。

观察图 3.15（b），当输入信号电压由 a 点负值开始增大时，输出 $u_o=+U_Z$，直到输入电压 $u_i=U_{B1}$ 时，u_o 由 $+U_Z$ 跃变到 $-U_Z$，电压传输特性由 a→b→c→d→f；若输入信号电压 u_i 由 f 点正值开始逐渐减小时，输出信号电压 u_o 原来等于 $-U_Z$，当输入电压 $u_i=U_{B2}$ 时，u_o 由 $-U_Z$ 跃变为 $+U_Z$，电压传输特性 f→d→e→b→a，图 3.15（b）所示传输特性曲线中的 U_{B1}、U_{B2} 称为状态转换点，又称为上、下门限电压，$\Delta U=U_{B1}-U_{B2}$ 称为回差电压。由于此电压比较器在电压传输过程中具有滞回特性，因此称为滞回电压比较器。滞回电压比较器存在回差电压，使电路的抗干扰能力大大增强。

③ 方波发生器。图 3.16 所示为方波信号发生器的电路图及波形图。

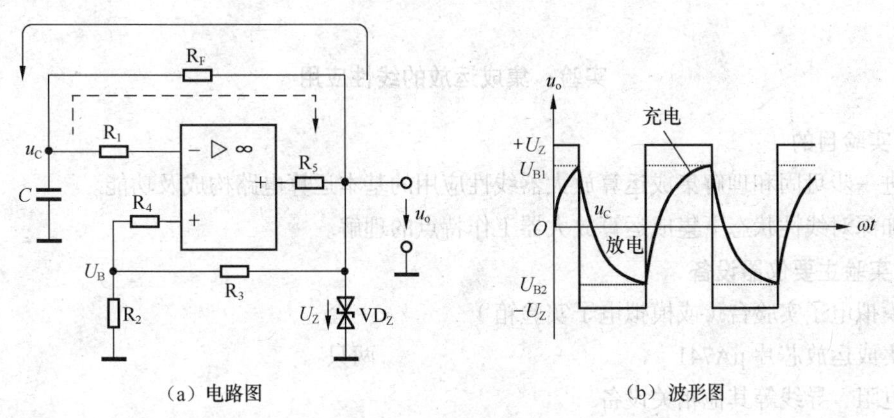

（a）电路图　　　　　　（b）波形图

图 3.16　方波信号发生器

由图可看出，方波发生器就是在滞回比较器电路的基础上，增加一条 RC 反馈支路构成的。工作原理如下所述。

输出端的两只稳压管反向串联、双向限幅，使 $u_o=\pm U_Z$。R_2 和 R_3 组成的正反馈电路为同相输入端提供基准电压 U_B；R_1 和 C 构成反馈电路，为反相输入端提供电压 u_C。集成运放接成电压比较器，将反馈电路 u_C 与 U_B 进行比较，根据比较结果来决定输出电压 u_o 的状态，当 $u_C>U_B$ 时，$u_o=-U_Z$，当 $u_C<U_B$ 时，$u_o=+U_Z$。

接通电源的瞬间，电路中的电流突变，由于电路中任一种电干扰，都能通过正反馈的积累，使输出电压达到 $+U_Z$ 或 $-U_Z$。因此，假设开始时 $u_o=+U_Z$，有

$$U_B=U_{B1}=+\frac{R_2}{R_2+R_3}U_Z$$

u_o 通过 R_F 向 C 充电，充电电流如图（a）中实线箭头所示，u_C 按指数规律增大。当

$$U_B=U_{B1}=-\frac{R_2}{R_2+R_3}U_Z$$

电容器 C 经 R_1 放电，如图（a）中虚线箭头所示，u_C 按指数规律衰减。当 u_C 按指数规律减到等于 U_{B2} 时，u_o 又再一次翻转，跃变为 $+U_Z$。如此周而复始，便得到一串方波电压，其波形图如图 3.16（b）所示。

思考与问题

1. 集成运放的线性应用主要有哪些特点？

2. “虚地”现象只存在于线性应用运放的哪种运算电路中?

3. 集成运放的非线性应用主要有哪些特点?

4. 画出滞回比较器的电压传输特性，说明其工作原理。

5. 举例说明理想集成运放两条重要结论在运放电路分析中的作用。

6. 工作在线性区的集成运放，为什么要引入深度电压负反馈？而且反馈电路为什么要接到反相输入端?

应用实践 1

实验：集成运放的线性应用

一、实验目的

1. 进一步巩固和理解集成运算放大器线性应用的基本运算电路构成及功能。

2. 加深对线性状态下集成运算放大器工作特点的理解。

二、实验主要仪器设备

1. 模拟电子实验台（或模拟电子实验箱）　　一套

2. 集成运放芯片 μA741　　两只

3. 电阻、导线等其他相关设备

三、实验电路原理图（见图 3.17）

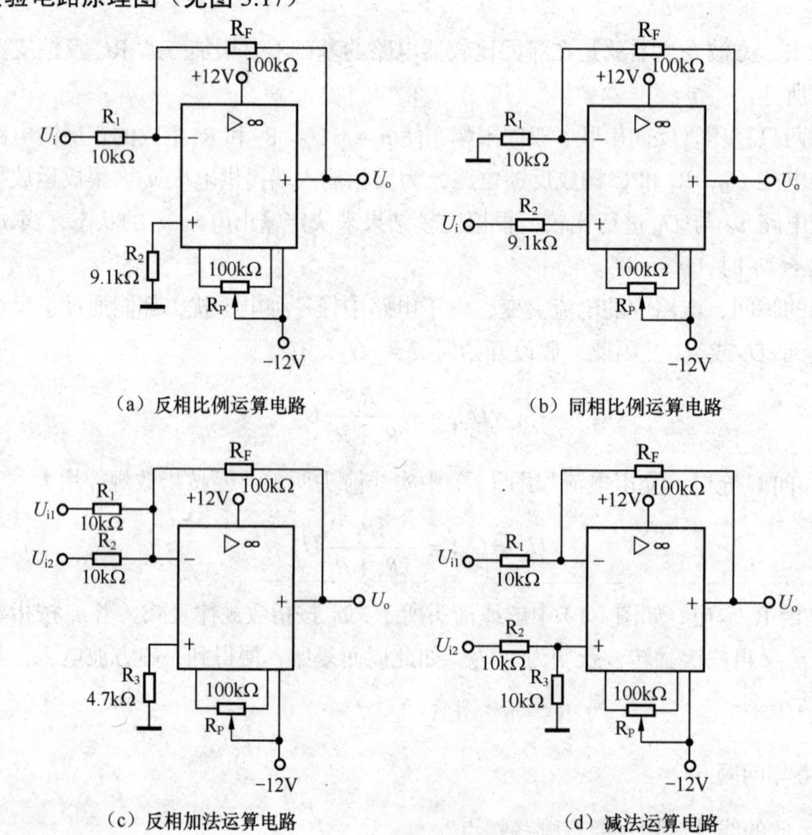

图 3.17　集成运放的线性应用电路

四、实验原理

1. 集成运放管脚排列图的认识

集成运放 μA741 除了有同相、反相两个输入端，还有两个±12V 的电源端，一个输出端，另外还留出外接大电阻调零的两个端口，是多脚元件，如图 3.18 所示。

管脚 2 为运放的反相输入端，管脚 3 为同相输入端，这两个输入端对于运放的应用极为重要，实用中和实验时注意绝对不能接错。

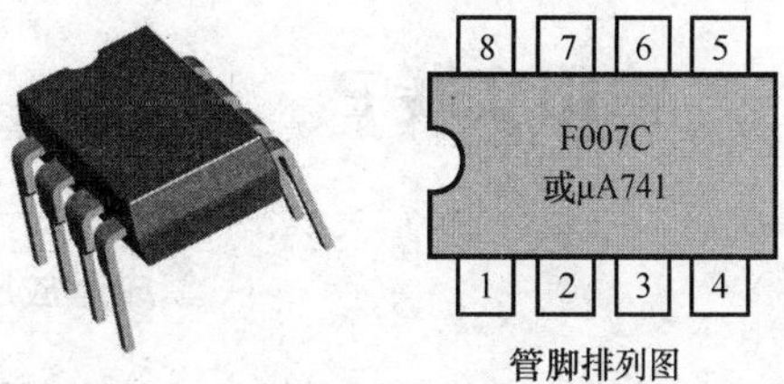

图 3.18　集成运放实物图及引脚排列

管脚 6 为集成运放的输出端，实用中与外接负载相连；实验时接示波器探针。

管脚 1 和管脚 5 是外接调零补偿电位器端，集成运放的电路参数和晶体管特性不可能完全对称，因此，在实际应用当中，若输入信号为零而输出信号不为零时，就需调节管脚 1 和管脚 5 之间电位器 R_W 的数值，调至输入信号为零、输出信号也为零时方可。

管脚 4 为负电源端，接–12V 电位；管脚 7 为正电源端，接+12V 电位，这两个管脚都是集成运放的外接直流电源引入端，使用时不能接错。

管脚 8 是空脚，使用时可以悬空处理。

2. 运算公式

实验中各运算电路在图 3.17 参数设置下，相应运用公式如下。

图（a）：$U_o = -\frac{R_f}{R_1}U_i$　　　平衡电阻 $R_2 = R_1 // R_F$

图（b）：$U_o = (1+\frac{R_f}{R_1})U_i$　　　平衡电阻 $R_2 = R_1 // R_F$

图（c）：$U_o = -(\frac{R_f}{R_1}U_{i1} + \frac{R_f}{R_2}U_{i2})$　　　$R_3 = R_1 // R_2 // R_F$

若有 $R_1 = R_2 = R_F$ 时，有：$U_o = -(U_{i1} + U_{i2})$

图（d）当 $R_1 = R_2$，$R_3 = R_F$ 时，有：$U_o = \frac{R_f}{R_1}(U_{i2} - U_{i1})$

若再有 $R_1 = R_2 = R_3 = R_F$ 时，有：$U_o = (U_{i2} - U_{i1})$

五、实验步骤

1. 认识集成运放各管脚的位置，小心把集成运放芯片插放在芯片座中，使之插入牢固。管脚位置不能插错，正、负电源极性不能接反，否则将会损坏集成块。

2. 在实验台（或实验箱）直流稳压电源处调出+12V 和–12V 两个电压接入实验电路的芯片管脚 7 和管脚 4，除固定电阻外，可变电阻用万用表欧姆挡调出电路所需数值，与对应位置相连。

3. 按照图 3.17(a)电路连线。连接完毕首先调零和消振：使输入信号为零，然后调节调零电位器 R_W，用万用表直流电压挡监测输出，使输出电压也为零。

4. 输入 $U_i = 0.5V$ 的直流信号或 $f = 100Hz$，$U_i = 0.5V$ 的正弦交流信号，连接与固定电阻 R_1 的一个引出端，R_1 的另一个引出端与反相端相连。

5. 观测相应电路输出 U_o 的输出及示波器波形，验证输出是否对输入实现了比例运算，记录下来。

6. 分别按照图3.17（b）、（c）和（d）各实验电路连接观测，认真分析电路输出和输入之间的关系是否满足各种运算，逐一记录在自制的表格中。

六、实验分析思考题

1. 实验中为何要对电路预先调零？不调零对电路有什么影响？

2. 在比例运算电路中，R_F和R_1的大小对电路输出有何影响？

应用实践2

集成运放应用电路的识图、读图方法

在无线电设备中，集成电路的应用越来越广泛，对集成电路应用电路的识图是电路分析中的一个重点，也是难点之一。

1. 集成电路应用电路图功能

集成电路应用电路图具有以下功能：

（1）它表达了集成电路各引脚外电路结构、元器件参数等，从而表示了整个集成电路的完整工作情况。

（2）有些集成芯片的应用电路中，画出了集成芯片的内电路方框图，这时对分析集成芯片应用电路相当方便，但是这种表示方式不多。

（3）集成芯片应用电路有典型应用电路和实用电路两种，前者在集成电路手册中可以查到，后者出现在实用电路中，这两种应用电路相差不大，根据这一特点，在没有实际应用电路图时，可以用典型应用电路图作为参考，这一方法在集成电路维修中经常采用。

（4）一般情况下，集成芯片应用电路表达了一个完整的单元电路或一个电路系统，但实用中，一个完整的电路系统常常要用到两个或更多的集成芯片。

2. 集成芯片应用电路图的特点

集成芯片应用电路图具有下列特点：

（1）大部分应用电路不画出内电路方框图，这对识图不利，尤其对初学者进行电路原理的分析时更为不利。

（2）对初学者而言，分析集成芯片的应用电路，要比分析分立元器件的电路更为困难，原因是初学者对集成芯片内部电路不太了解。实际上，识图也好、修理也好，集成电路比分立元器件的电路更为方便。

（3）对集成芯片应用电路而言，大致了解集成芯片的内部电路和详细了解各引脚作用的情况下，再进行识图比较方便。因为，同类型集成电路具有一定的规律性，在掌握了它们的共性后，可以比较方便地分析许多同功能、不同型号的集成芯片应用电路。

3. 集成芯片应用电路识图方法和注意事项

分析集成电路的方法和注意事项主要有下列几点：

（1）了解各引脚的作用是识图的关键

了解各引脚的作用可以查阅有关集成电路应用手册。知道了各引脚作用之后，分析各引脚外电路工作原理和元器件的作用就方便了。例如，知道①脚是输入引脚，那么与①脚所串联的电容是输入端耦合电路，与①脚相连的电路是输入电路。

（2）了解集成电路各引脚作用的 3 种方法

了解集成电路各引脚作用有 3 种方法：一是查阅有关资料；二是根据集成电路的内电路方框图分析；三是根据集成电路的应用电路中各引脚外电路特征进行分析。第三种方法要求有比较好的电路分析基础。

（3）电路分析步骤

集成芯片应用电路分析步骤如下所述。

① 直流电路分析。这一步主要是进行电源和接地引脚外电路的分析。

注意

电源引脚有多个时，要分清这几个电源之间的关系，对多个接地引脚也要这样分清。分清多个电源引脚和接地引脚，对修理是有用的。

② 信号传输分析。这一步主要分析信号输入引脚和输出引脚外电路。当集成电路有多个输入、输出引脚时，要搞清楚是前级还是后级电路的输出引脚；对于双声道电路还要分清左、右声道的输入和输出引脚。

③ 其他引脚外电路分析。例如，找出负反馈引脚、消振引脚等，这一步的分析是最困难的，对初学者而言要借助于引脚作用资料或内电路方框图。

④ 有了一定的识图能力后，要学会总结各种功能集成电路的引脚外电路规律，并要掌握这种规律，这对提高识图速度是有用的。例如，输入引脚外电路的规律是：通过一个耦合电容或一个耦合电路与前级电路的输出端相连；输出引脚外电路的规律是：通过一个耦合电路与后级电路的输入端相连。

⑤ 分析集成电路的内电路对信号放大、处理过程时，最好是查阅该集成电路的内电路方框图。分析内电路方框图时，可以通过信号传输线路中的箭头指示，知道信号经过了哪些电路的放大或处理，最后信号是从哪个引脚输出。

⑥ 了解集成电路的一些关键测试点、引脚直流电压规律对检修电路十分有用。OTL 电路输出端的直流电压等于集成电路直流工作电压的一半；OCL 电路输出端的直流电压等于 0V；BTL 电路两个输出端的直流电压相等；单电源供电时等于直流工作电压的一半，双电源供电时等于 0V 等。当集成电路两个引脚之间接有电阻时，该电阻将影响这两个引脚上的直流电压；当两个引脚之间接有线圈时，这两个引脚的直流电压是相等的，不等时必定是线圈出现开路故障；当两个引脚之间接有电容或接 RC 串联电路时，这两个引脚的直流电压肯定不相等，若相等则说明该电容已经被击穿。

⑦ 一般情况下不要去分析集成电路的内电路工作原理，这是相当复杂的。

4. 读图训练

（1）自动选曲电路

图 3.19 所示为高档磁带机自动选曲电路，电路中输入电压是交流选曲信号，K_1 是插棒式继电器，VT_6 是 K_1 的驱动管，在 VT_6 线圈 K_1 才有电流流过。

仔细阅读图示电路后回答下列问题。

① 三极管 VT_1 构成什么组态的电路？

② 电阻 R_4 是三极管 VT_2 的基极偏置电阻吗？

③ 二极管 VD_1 有什么作用？

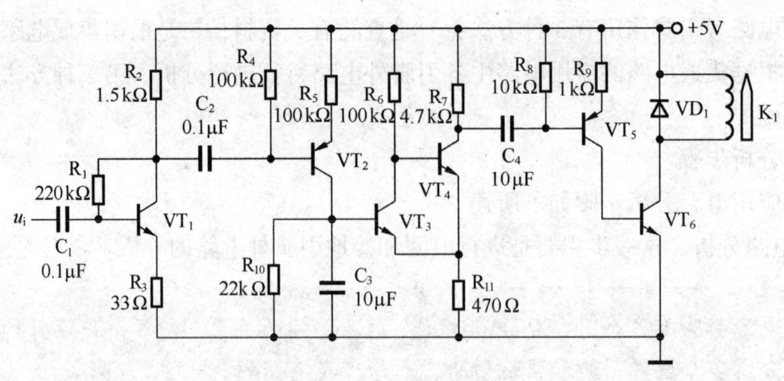

图3.19　自动选曲电路

④ 如果 VT_5 截止，VT_6 会导通吗?

⑤ 电路进入选曲状态时，磁头快速搜索在有节目的磁带上，选曲信号 u_i 幅度足够大，电路中 VT_5 和 VT_6 截止，K_1 不动作，机器处于选曲时的快速搜索状态；当磁头搜索到无节目的空白段磁带时，u_i 幅度减小，VT_6 导通，K_1 线圈中有电流流过而动作，释放快进或快退键，终止选曲状态，机器进入自动放音状态，完成自动选曲功能。

（2）具有增益的有源天线

具有增益的有源天线电路如图3.20所示。电路的频率范围为100kHz～30MHz，电路的电压增益是12～18dB。

仔细阅读图3.20电路后回答下列问题。

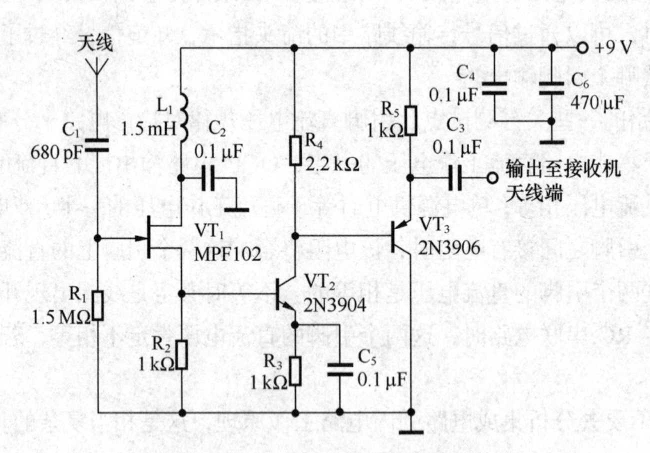

图3.20 具有增益的有源天线电路

① 电路采用怎样的耦合方式?

② 输入级 VT_1 为什么采用场效应管电路?

③ VT_3 构成什么组态的电路? 用此种电路的优点是什么?

④ VT_2 有什么作用?

⑤ 12～18dB 的电压增益主要由哪一级电路提供?

（3）数字式温度计电路

图3.21所示电路为采用PN结温度传感器的数字式温度计电路，测量范围为−50℃～+150℃，

分辨率为 0.1℃。电路由 3 部分组成，如图 3.21 所示。请认真阅读电路，回答下列问题。

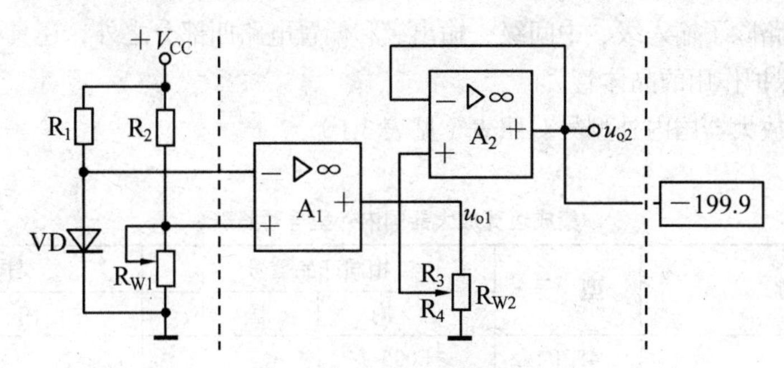

图 3.21 数字式温度计电路

① 图中二极管 VD 为温度测试元件，即温度传感器，R_1、R_1、VD 和 R_{W1} 构成的电路具有什么样的特点？

② A_2 构成什么形式的电路？作用是什么？

③ 试分析 A_1、A_2 输出电压的表达式。

（4）运算放大器 μA741 型运放的内部原理图

图 3.22 所示为第二代双极型通用运算放大器 μA741 型运放的内部原理图。图中用虚线标出了电路的输入级、中间级、输出级和偏置电路 4 个主要组成部分。仔细阅读电路后，应能回答下列问题。

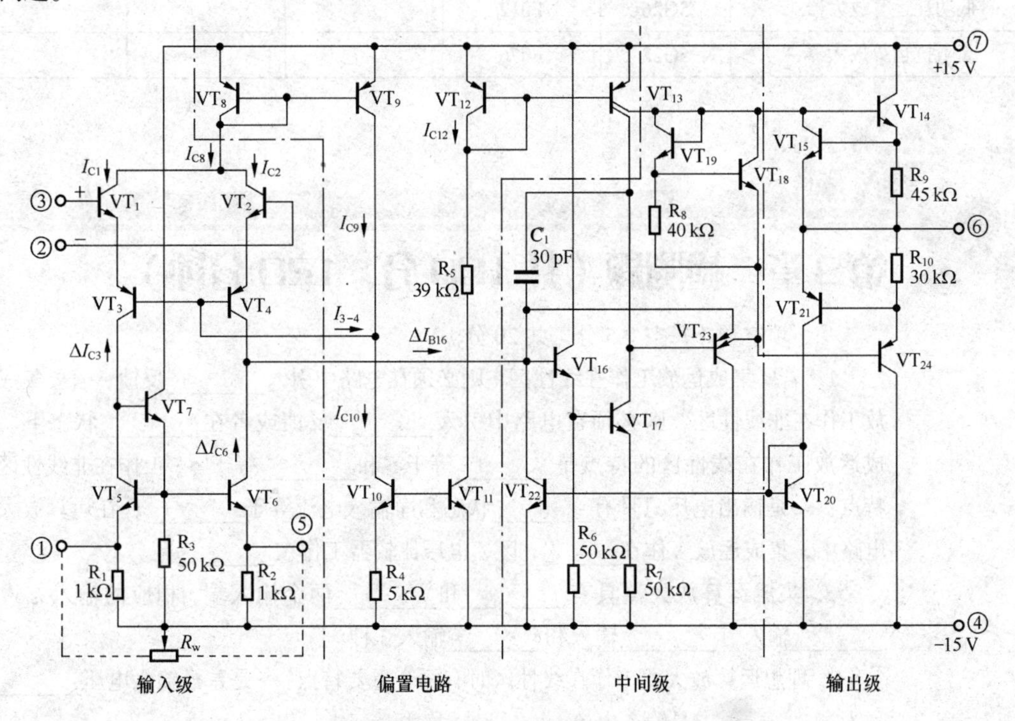

图 3.22 μA741 内部原理电路图

① 输入级电路主要由哪些晶体管组成？何种形式？说明输入级电路具有哪些特点。

② 中间级电路主要由哪些晶体管组成？有何特点？为什么采用这种特点的电路？

③ 输出级主要由哪些晶体管组成？电路有何特点？在 VT_{23} 的射极回路接入 VT_{18}、VT_{19} 和 R_8 的作用是什么？

④ 偏置电路主要由哪些晶体管组成？

⑤ 该集成电路除了输入级、中间级、输出级和偏置电路四部分之外，还具有保护电路部分，试找出电路中起保护作用的晶体管。

5. 集成运算放大器国内外型号对照表（见表 3.1）

表 3.1　　集成运算放大器国内外型号对照表

名　称	型　号	相同产品型号		类同产品型号	
		国　内	国　外	国　内	国　外
通用Ⅱ型运算放大器	4E304	F005			
	5G23	F004			
		DL792			
高速运算放大器	4E321			F054	
	4E502			F050	μA722
通用Ⅲ型运算放大器	5G24	F007	μA741		
	4E322			F006	
高精度运算放大器	4E325	FC72		F030	AD508
通用Ⅰ型运算放大器	5G922	BG301		F001	μA70
		8FC1		7XC1	
低功耗运算放大器	5G26	F012			
高阻抗运算放大器	5G28	F076			

第 3 章　检测题（共 100 分，120 分钟）

一、填空题（每空 0.5 分，共 20 分）

1. 若要集成运放工作在线性区，则必须在电路中引入________反馈；若要集成运放工作在非线性区，则必须在电路中引入________反馈或者在________状态下。集成运放工作在线性区的特点是________等于零和________等于零；工作在非线性区的特点：一是输出电压只具有________状态和净输入电流等于________；在运算放大器电路中，集成运放工作在________区，电压比较器工作在________区。

2. 集成运算放大器具有________和________两个输入端，相应的输入方式有________输入、________输入和________输入 3 种。

3. 理想运算放大器工作在线性区时有两个重要特点：一是差模输入电压________，称为________；二是输入电流________，称为________。

4. 理想集成运放的 A_{u0} =________，r_{i} =________，r_{o} =________，K_{CMR} =________。

5. ________比例运算电路中反相输入端为虚地，________比例运算电路中的两个输入端电位等于输入电压。________比例运算电路的输入电阻大，________比例运算电路的输入电阻小。

6. ________比例运算电路的输入电流等于零，________比例运算电路的输入电流等于流过反馈电阻中的电流。________比例运算电路的比例系数大于 1，而________比例运算电路的比例系数小于零。

7. ________运算电路可实现 $A_u>1$ 的放大器，________运算电路可实现 $A_u<0$ 的放大器，________运算电路可将三角波电压转换成方波电压。

8. ________电压比较器的基准电压 $U_R=0$ 时，输入电压每经过一次零值，输出电压就要产生一次________，这时的比较器称为________比较器。

9. 集成运放的非线性应用常见的有________、________和________发生器。

10. ________比较器的电压传输过程中具有回差特性。

二、判断题（每小题 1 分，共 10 分）

1. 电压比较器的输出电压只有两种数值。（　　）
2. 集成运放使用时不接负反馈，电路中的电压增益称为开环电压增益。（　　）
3. “虚短”就是两点并不真正短接，但具有相等的电位。（　　）
4. “虚地”是指该点与“地”点相接后，具有“地”点的电位。（　　）
5. 集成运放不但能处理交流信号，也能处理直流信号。（　　）
6. 集成运放在开环状态下，输入与输出之间存在线性关系。（　　）
7. 同相输入和反相输入的运放电路都存在“虚地”现象。（　　）
8. 理想运放构成的线性应用电路，电压增益与运放本身的参数无关。（　　）
9. 各种比较器的输出只有两种状态。（　　）
10. 微分运算电路中的电容器接在电路的反相输入端。（　　）

三、选择题（每小题 2 分，共 20 分）

1. 理想运放的开环放大倍数 A_{u0} 为（　　），输入电阻为（　　），输出电阻为（　　）。

A. ∞　　B. 0　　C. 不定

2. 国产集成运放有三种封闭形式，目前国内应用最多的是（　　）。

A. 扁平式　　B. 圆壳式　　C. 双列直插式

3. 由运放组成的电路中，工作在非线性状态的电路是（　　）。

A. 反相放大器　　B. 差分放大器　　C. 电压比较器

4. 理想运放的两个重要结论是（　　）。

A. 虚短与虚地　　B. 虚断与虚短　　C. 断路与短路

5. 集成运放一般分为两个工作区，它们分别是（　　）。

A. 正反馈与负反馈　　B. 线性与非线性　　C. 虚断和虚短

6. （　　）输入比例运算电路的反相输入端为虚地点。

A. 同相　　B. 反相　　C. 双端

7. 集成运放的线性应用存在（　　）现象，非线性应用存在（　　）现象。

A. 虚地　　B. 虚断　　C. 虚断和虚短

8. 各种电压比较器的输出状态只有（　　）。

A. 一种　　B. 两种　　C. 3 种

9. 基本积分电路中的电容器接在电路的（　　）。

A. 反相输入端　　B. 同相输入端　　C. 反相端与输出端之间

10. 分析集成运放的非线性应用电路时，不能使用的概念是（　　）。

A. 虚地　　B. 虚短　　C. 虚断

四、简答题（共20分）

1. 集成运放一般由哪几部分组成？各部分的作用如何？（4分）

2. 何为“虚地”？何为“虚短”？在什么输入方式下才有“虚地”？若把“虚地”真正接“地”，集成运放能否正常工作？（4分）

3. 集成运放的理想化条件主要有哪些？（3分）

4. 在输入电压从足够低逐渐增大到足够高的过程中，单门限电压比较器和滞回比较器的输出电压各变化几次？（3分）

5. 集成运放的反相输入端为虚地时，同相端所接的电阻起什么作用？（3分）

6. 应用集成运放芯片连成各种运算电路时，为什么首先要对电路进行调零？（3分）

五、计算题（共30分）

1. 图3.23所示电路为应用集成运放组成的测量电阻的原理电路，试写出被测电阻 R_x 与电压表电压 U_o 的关系。（10分）

2. 图3.24所示电路中，已知 $R_1 = 2k\Omega$，$R_f = 5k\Omega$，$R_2 = 2k\Omega$，$R_3 = 18k\Omega$，$U_i = 1V$，求输出电压 U_o。（10分）

3. 图3.25所示电路中，已知电阻 $R_f = 5R_1$，输入电压 $U_i = 5mV$，求输出电压 U_o。（10分）

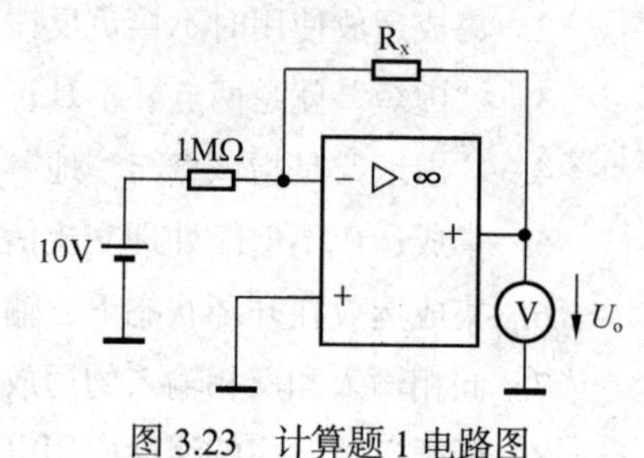

图3.23　计算题1电路图

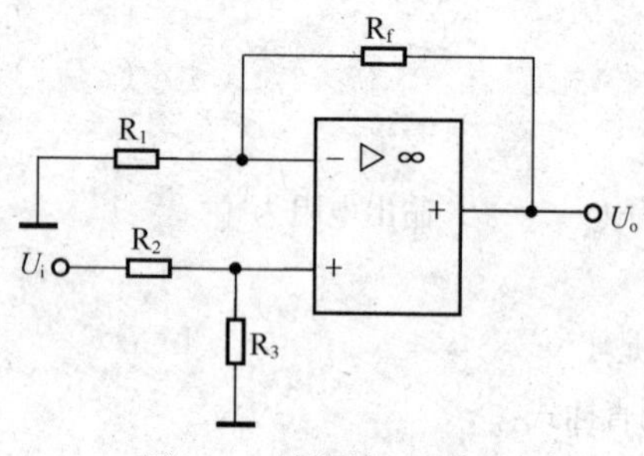

图3.24　计算题2电路图

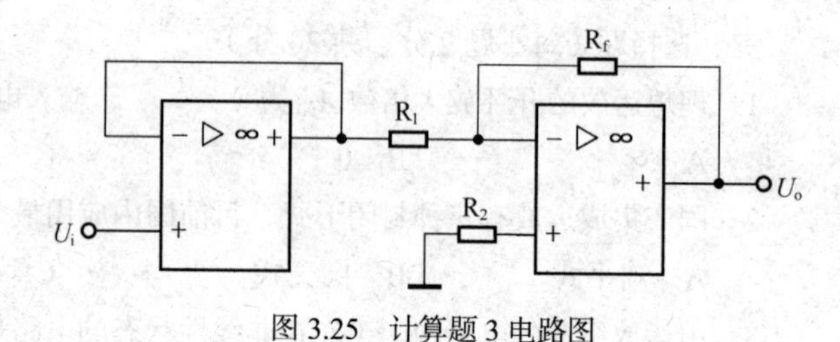

图3.25　计算题3电路图

第4章 逻辑代数基础

逻辑代数是分析和设计逻辑电路的数学基础，是英国数学家George Boole在19世纪中叶创立的，故又称之为布尔代数。和普通代数相比，逻辑代数的情况要简单得多，逻辑代数的变量取值只有0和1，而这里的0和1并不表示数值的大小，它们代表的是两种不同的逻辑状态，如事物的是与非、真与假、电平的高与低、开关的通与断、灯的亮与灭等。

学习目的和要求

了解数制与码制的相关基本概念，熟悉各种数制之间的相互转换及各种码制的特点；熟悉逻辑代数的各种定律、定理及逻辑函数的正确表示方法；掌握运用逻辑定律和定理化简逻辑函数式，熟练掌握逻辑函数的卡诺图化简法；理解数字逻辑的基本概念，重点理解与、或、非3个基本逻辑关系。

4.1 计数制和码制

学习目标

掌握二进制、十进制、八进制和十六进制之间的相互转换方法；熟悉和掌握常用的几种码制。

1. 计数制

表示数时，仅用一位数码往往不够，必须用进位计数的方法组成多位数码。多位数码每一位的构成以及从低位到高位的进位规则称为进位计数制，简称计数制。日常生活中，人们常用的计数制是十进制，而在数字电路中通常采用的是二进制，有时也采用八进制和十六进制。

（1）计数制中的两个重要概念

① 基数：各种计数进位制中数码的集合称为基，该计数制中用到的数码个数称为基数。

如二进制数中只有0和1两个数码，因此二进制的基数是2；十进制数中有0～9十个数码，所以十进制的基数是10；八进制数有0～7八个数码，所以八进制的基数是8；十六进制有0～15共计十六个数码，所以十六进制的基数是16。

② 位权：数制中，数码所表示的数值等于该数码本身乘一个与它所在数位有关的常数，这个常数称为“位权”，简称“权”。权数是该计数制基数的幂。

例如，十进制数：$2368=2\times10^3+3\times10^2+6\times10^1+8\times10^0$

其中各位“10”的幂代表该位上十进制数码的位权。如10^3代表1000，10^2代表100，10^1代表10，10^0代表1。

又如二进制数：$11011=1\times2^4+1\times2^3+0\times2^2+1\times2^1+1\times2^0$

其中各位“2”的幂代表该位上二进制数码的位权。如2^4代表十进制数16，2^3代表十进制数8，2^2代表十进制数4，2^1代表十进制数2，2^0代表十进制数1。

显然，各种计数制中的任意数，均可以用上述按位权展开求和的方法得到它所对应的、人们最熟悉的十进制数。

（2）几种常用计数制的特点

① 十进制。十进制是人们最熟悉的一种计数制。十进制计数的特点。

- 十进制的基数是10。
- 十进制数的每一位必定是0、1、2、3、4、5、6、7、8、9十个数码中的一个。
- 低位数和相邻高位数之间的进位关系是“逢十进一”。
- 同一个数字符号在不同数位上代表的位权各不相同，位权是“10”的幂。

② 二进制。

二进制是数字电路中应用最广泛的一种数值表示方法，在逻辑代数中也经常使用。二进制计数的特点如下所述。

- 二进制的基数是2。
- 二进制数的每一位必定是0或1两个数码中的一个。
- 低位数和相邻高位数之间的进位关系是“逢二进一”。
- 同一个数字符号在不同数位上代表的位权各不相同，位权是“2”的幂。

③ 八进制和十六进制。二进制数的运算规则和实现电路比较简单、方便，但一个较大的十进制数，用二进制数表示时由于位数较多易对计算机的读和写带来麻烦，且容易出错。所以，人们常用八进制或十六进制来读、写二进制数。

a. 八进制的特点。

- 八进制的基数是8。
- 八进制数的每一位必定是0、1、2、3、4、5、6、7八个数码中的一个。
- 低位数和相邻高位数之间的进位关系是“逢八进一”。
- 同一个数字符号在不同数位上代表的位权各不相同，位权是“8”的幂。

b. 十六进制的特点。

- 十六进制的基数是16。
- 十六进制数的每一位必定是0、1、2、3、4、5、6、7、8、9、A、B、C、D、E、F十六个数码中的一个。

• 低位数和相邻高位数之间的进位关系是“逢十六进一”。

• 同一个数字符号在不同的数位上代表的位权各不相同，位权是“16”的幂。

（3）各种计数制之间的转换

各种计数制转换为十进制时均可采用按位权和的方法，而十进制数转换为二进制数或是其他进制数则较为麻烦，其中十进制数转换为二进制数是各种数制之间转换的关键。

① 十进制转换为二进制。

• 十进制整数部分的转换用除 2 取余法。

【例 4.1】 求十进制数$[47]_{10}$转换的二进制数。

【解】

2 | 47 ……………………余 1……k_0

2 | 23 ……………………余 1……k_1

2 | 11 ……………………余 1……k_2

2 | 5 ……………………余 1……k_3

2 | 2 ……………………余 0……k_4

1 ………………………………k_5

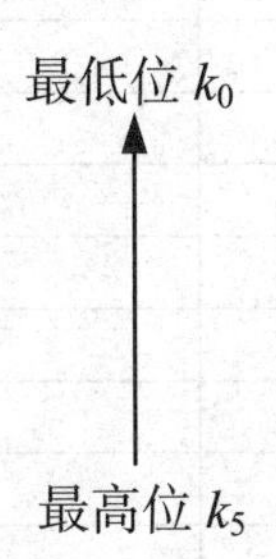

即：$[47]_{10}=[k_5\,k_4\,k_3\,k_2\,k_1\,k_0]_2=[101111]_2$

• 十进制小数部分的转换用乘 2 取整法。

【例 4.2】 求十进制小数$[0.125]_{10}$转换的二进制小数。

【解】 利用乘 2 取整法：0.125×2=0.25…………取整数部分 0

0.25×2=0.5……………取整数部分 0

0.5×2=1…………………取整数部分 1

因此，$[0.125]_{10}=[0.001]_2$

即首先让十进制数中的小数乘 2，所得积的整数为小数点后第一位，保留积的小数部分继续乘 2，所得的积的整数为小数点后第二位，保留各小数部分再继续乘 2……依此类推，直到小数部分等于 0 或达到所需精度为止。

对上述结果用按位权展开求和方法进行验证：$[0.001]_2=1\times2^{-3}=[0.125]_{10}$

② 二进制转换成十进制。

二进制正确转换为十进制的关键，是先把二进制转换成八进制和十六进制。

【例 4.3】 把二进制数$[101111]_2$转换成八进制数和十六进制数。

【解】 二进制数转换成八进制数的方法：整数部分从小数点向左数，每三位二进制数码分为一组，最后不足三位的补 0，读出三位二进制数对应的十进制数值，就是二进制转换为八进制的数的整数值；小数部分从小数点向右数，也是每三位二进制数码分为一组，最后不足三位的补 0，读出的三位二进制数对应的十进制数值，就是二进制转换为八进制的小数部分数值。即：

$$[101,\ 111]_2=[57]_8$$

再根据按位权展开求和的方法可得出八进制对应的十进制为：

$$[57]_8=5\times8^1+7\times8^0=40+7=[47]_{10}$$

二进制数转换成十六进制数的方法：整数部分从小数点向左数，每四位二进制数码分为一组，最后不足四位的补 0,读出四位二进制数对应的十进制数值，就是二进制转换为十六进制的整数部分；小数部分从小数点向右数，也是每四位二进制数码分为一组，最后不足四位的补 0，读出四位二进制数对应的十进制数值，就是二进制转换为十六进制时的小数部分。即：

$$[0010，1111]_2=[2F]_{16}$$

再根据按位权展开求和的方法可得出十六进制对应的十进制为：

$$[2F]_{16}=2\times16^1+15\times16^0=32+15=[47]_{10}$$

各种计数制之间的对照表见表4.1。

表4.1 几种计数进制对照表

十进制	二进制	八进制	十六进制
0	0000	0	0
1	0001	1	1
2	0010	2	2
3	0011	3	3
4	0100	4	4
5	0101	5	5
6	0110	6	6
7	0111	7	7
8	1000	10	8
9	1001	11	9
10	1010	12	A
11	1011	13	B
12	1100	14	C
13	1101	15	D
14	1110	16	E
15	1111	17	F

2. 码制

当我们用计算机解决实际问题时，由键盘敲入的通常是某个特定信息，但计算机识别的却是二进制数码，这就有一个特定信息向二进制转换的过程。也就是说，在使用计算机进行某事件的处理时，首先必须把输入的特定信息转换成计算机所能接受的二进制数码，由此出现了编码、代码、码制等一系列需要学习的知识。

不同数码不仅可以表示不同数量的大小，而且还能用来表示不同的事物。用数码表示不同事物时，数码本身没有数量大小的含义，只是表示不同事物的代号而已，这时我们把这些数码称之为代码。

例如，运动员在参加比赛时，身上往往带有一个表明身份的编码，这些编码显然没有数量的含义，仅仅表示不同的运动员。

数字系统中为了便于记忆和处理，在编制代码时总要遵循一定的规则，这些规则就叫作码制。数字系统是一种处理离散信息的系统。这些离散的信息可能是十进制数、字符或其他特定信息，如电压、压力、温度及其他物理量。但是，数字系统只能识别和处理二进制数码，因此，各种数据要转换为二进制代码才能进行处理。

（1）二—十进制BCD码

在数字系统的输入输出中普遍采用十进制数，这样就产生了用四位二进制数表示一位十进制

数的方法，这种用于表示十进制数的二进制代码称为二－十进制代码（Binary Coded Decimal），简称为 BCD 码。

BCD 码具有二进制数的形式以满足数字系统的要求，又具有十进制的特点：只有 10 种有效状态。在某些情况下，计算机也可以对这种形式的数直接进行运算。用 4 位二进制表示一位十进制数时，所编成的代码有 2^4=16 种组合状态，而一位十进制数只有 0～9 的十个数码，因此，从十六个数码中任选出 10 个组成表示十进制的代码，方案显然有很多种。实用中，我们按照使用的方便与否，选择出其中真正有价值的、为数不多的几种，表 4.2 即为常用的几种二—十进制 BCD 代码。

表 4.2　　常用的几种二—十进制 BCD 码

十进制数 \ 代码种类	**8421 码**	**2421 码**	余 3 码
0	0000	0000	0011
1	0001	0001	0100
2	0010	0010	0101
3	0011	0011	0110
4	0100	0100	0111
5	0101	1011	1000
6	0110	1100	1001
7	0111	1101	1010
8	1000	1110	1011
9	1001	1111	1100
10	1010 非法	冗余码	冗余码
11	1011 非法		
12	1100 非法		
13	1101 非法		
14	1110 非法		
15	1111 非法		
权	$2^3 2^2 2^1 2^0$	$2^1 2^2 2^1 2^0$	无权

从表 4.2 中可看出，8421BCD 码的位权从高位到低位分别为 8、4、2、1 固定不变，故称为 8421BCD 码，也称为恒权代码，是有权码中用得最多的一种。

2421 码也是有权码中的一种恒权码。2421 码的特点是码中的 0 和 9、1 和 8、2 和 7、3 和 6、4 和 5 的编码互为反码（即各位取反所得为反码）。

余 3 码是一种无权码。由于每一个余 3 码所表示的二进制数正好比对应的 8421BCD 码所表示的二进制数多余 3，故而称为余 3 码。由表中还可看出，余 3 码中的 0 和 9、1 和 8、2 和 7、3 和 6、4 和 5 的编码也互为反码。

以上 3 种 BCD 码的代码只对应十进制的 0～9 的数值，剩余编码为无效码，无效码也叫做冗余码。

（2）格雷码

格雷码属于无权码，格雷码有多种代码形式，最常用的四位循环格雷码特点是：相邻两个代码之间仅有一位不同，其余各位均相同。当电路按格雷码计数时，每次状态更新仅有一位代码发生变化，从而减少了出错的可能性。格雷码不仅相邻两个代码之间仅有一位的取值不同，而且首、

尾两个代码也仅有一位不同，构成一个“循环”，故而也称为循环码。此外，格雷码还具有“反射性”，如0和15、1和14、2和13…7和8都只有一位不同，故而格雷码又称为反射码。表4.3为典型四位格雷码与十进制、二进制数码的比较。

表4.3　典型格雷码与十进制、二进制数码的比较

十进制数码	二进制码	格雷码
0	0000	0000
1	0001	0001
2	0010	0011
3	0011	0010
4	0100	0110
5	0101	0111
6	0110	0101
7	0111	0100
8	1000	1100
9	1001	1101
10	1010	1111
11	1011	1110
12	1100	1010
13	1101	1011
14	1110	1001
15	1111	1000

3. 数的原码、反码和补码

实际生活中表示数的时候，一般都把正数前面加一个“+”号，负数前面加一个“−”号，但是在数字设备中，机器是不认识这些的，我们就把“+”号用“0”表示，“−”号用“1”表示，即把符号数字化。

在计算机中，数据是以补码的形式存储的，所以补码在计算机语言的教学中有比较重要的地位，而讲解补码必须涉及原码、反码。原码、反码和补码是把符号位和数值位一起编码的表示方法，也是机器中数的表示方法，这样表示的“数”便于机器的识别和运算。

（1）原码

原码的最高位是符号位，数值部分为原数的绝对值，一般机器码的后面加字母B。

例如，十进制数$(+7)_{10}$用原码表示时，可写作：$[+7]$原=0 0000111 B，其中左起第一个“0”表示符号位“+”，字母B表示机器码，中间7位二进制数码表示机器数的数值。

又如：$[+0]_{原}$=0 0000000 B　　　　$[-0]_{原}$=1 0000000B

　　　$[+127]_{原}$=0 1111111 B　　　$[-127]_{原}$=1 1111111 B

显然，8位二进制原码的表示范围为−127～+127。

（2）反码

正数的反码与其原码相同，负数的反码是对其原码逐位取反所得，在取反时注意符号位不能变。

例如，十进制数$(+7)_{10}$用反码表示时，可写作：$[+7]_{反}$=0 0000111 B，$(-7)_{10}$用反码表示时，除符号位外各位取反得：$[-7]_{反}$=1 1111000 B，反码的数0和原码一样，也有两种形

式，即：

[+0]$_{反}$=0 0000000 B　　[−0]$_{反}$=1 1111111 B

反码的最大数值和最小数值分别为：

[+127]$_{反}$=0 1111111 B　　[−127]$_{反}$=1 0000000 B

显然，8 位二进制反码的表示范围也是−127 ~ +127。

（3）补码

正数的补码与其原码相同，负数的补码是在其反码的末位加 1。符号位不变。

例如，十进制数（+7）$_{10}$用补码表示时，可写作：[+7]$_{补}$=0 0000111 B，（−7）$_{10}$用补码表示时，除符号位外各位取反最后加 1 得：[−7]$_{补}$=1 1111001 B，补码的数 0 只有一种形式，即：[0]$_{补}$=0 0000000 B

补码的最大数值和最小数值分别为：

[+127]$_{补}$=0 1111111 B　　[−128]$_{补}$=1 0000000 B

即：补码用[−128]代替了[−0]。所以，8 位二进制的表示范围是−128 ~ +127。

（4）原码、反码和补码之间的相互转换

由于正数的原码、反码和补码表示方法相同，因此不需要转换，只有负数之间存在转换的问题，所以我们仅以负数情况进行分析。

【例 4.4】 求原码[X]$_{原}$=1 1011010 B 的反码和补码。

【解】 反码在其原码的基础上取反，即[X]$_{反}$=1 0100101 B

补码则在反码基础上末位加 1，即[X]$_{补}$=1 0100110 B

【例 4.5】 已知补码[X]$_{补}$=1 1101110 B，求其原码。

【解】 按照求负数补码的逆过程，数值部分应是最低位减 1，然后取反。但是对二进制数来说，先减 1 后取反和先取反后加 1 得到的结果是一样的，因此我们仍可采用取反加 1 的方法求其补码的原码，即[X]$_{原}$=1 0010010 B。

思考与问题

1. 完成下列数制的转换

（1）(256)$_{10}$=(　　　　　　)$_{2}$=(　　　　)$_{16}$

（2）(B7)$_{16}$=(　　　　　　)$_{2}$=(　　　　)$_{10}$

（3）(10110001)$_{2}$=(　　　)$_{16}$=(　　　)$_{8}$

2. 将下列十进制数转换为等值的 8421BCD 码。

（1）256　　（2）4096　　（3）100.25　　（4）0.024

3. 写出下列各数的原码、反码和补码。

（1）[+32]　　（2）[−48]　　（3）[+100]　　（4）[−86]

4.2 数字逻辑的基本概念及其基本逻辑关系

学习目标

了解数字电路的基本概念，熟悉数字传输信号与模拟电路传输信号的区别及各自的特点；理解数字逻辑的基本概念；重点掌握与逻辑、或逻辑和非逻辑。

数字电路和模拟电路的分析方法不同，模拟电路分析时主要考虑输出信号与输入信号在振幅的大小、频率等方面的变化等基本关系。数字电路由于信号电平通常只有高、低两种，因此主要考虑输出、输入信号之间电平变化的规律、电平变化所需的条件等。

1. 数字电路的基本概念

（1）模拟信号与数字信号的区别

模拟电子电路中处理的对象是模拟信号。模拟信号的特点是：时间上和数值上均连续变化。例如，通信中的音频信号、射频信号等，这一类电信号在正常情况下不会发生跳变，模拟信号的典型波形如图4.1所示。

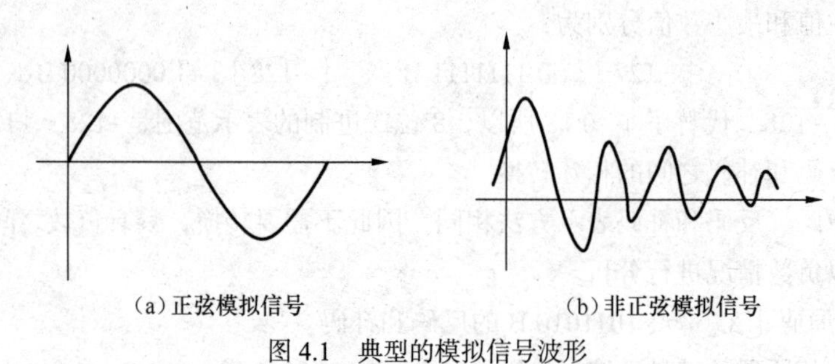

图4.1　典型的模拟信号波形

模拟电路是实现模拟信号的产生、放大、处理、控制等功能的电路。

数字电路中处理的对象是数字信号，数字信号是在两个稳定状态之间做阶跃式变化的信号，数字信号在时间上和数值上都是离散的。用来实现数字信号的产生、变换、运算、控制等功能的电路称为数字电路。图4.2所示是典型的数字信号波形。实用当中，计算机键盘输入的信号就是典型的数字信号。

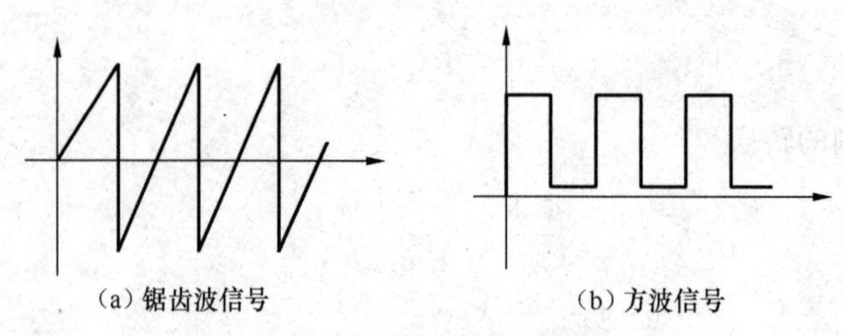

图4.2　典型的数字信号波形

（2）数字电路的优点

数字逻辑器件与模拟器件相比较，具有以下优点。

① 便于集成和系列化生产，设计容易，成本低廉，使用方便。

② 工作准确可靠，稳定性好、精度高、速度快，抗干扰能力强。

③ 不仅能完成数值计算，还能完成逻辑运算和判断，功能灵活可编程，保密性强。

④ 维修方便，故障的识别和判断较为容易。

（3）数字电路的分类

数字电路的种类很多，常用的一般按下列几种方法来分类。

① 按电路组成有无集成元器件来分，可分为分立元件数字电路和集成数字电路。

② 按集成电路的集成度来分，可分为小规模集成电路（SSI）、中规模集成电路（MSI）、大规模集成电路（LSI）和超大规模集成电路（VLSI）。

③ 按构成电路的半导体器件来分，可分为双极型电路和单极型电路。

④ 按电路有无记忆功能可分为组合逻辑电路和时序逻辑电路。

2. 基本逻辑关系

（1）正逻辑与负逻辑

日常生活中我们会遇到很多结果完全对立而又互相依存的事件，如开关的“通”和“断”，电位的“高”和“低”，信号的“有”和“无”，“工作”和“休息”等，它们都可以用逻辑的“真”和“假”来表示。所谓逻辑，就是事件的发生条件与结果之间所要遵循的规律。一般说来，事件的发生条件与产生的结果均为有限个状态，每一个和结果有关的条件都有满足或者不满足的可能，在逻辑中可以用“1”和“0”来表示。逻辑关系中的“1”和“0”不表示数字，仅表示状态。

在分析模拟电路的功能时，我们总是要找出输出信号和输入信号之间的关系，从而了解一个电路的特性及信号在传输时可能出现的情况。同样，在数字电路中，我们也要找出输出信号和输入信号之间的关系，即逻辑关系，所以数字电路也称为逻辑电路。在数字电路中，每一个端口的信号只允许有两种状态：高电平和低电平。因此，数字电路的分析方法和模拟电路完全不同。当用“1”表示高电平，“0”表示低电平时，称为正逻辑关系，反之称为负逻辑。在本书中，如无特别说明，均采用正逻辑。

在基本逻辑关系中，最基本的逻辑关系有 3 种：“与”逻辑关系，“或”逻辑关系和“非”逻辑关系。

（2）“与”逻辑

当某一事件发生的所有条件都满足时，事件必然发生，至少有一个条件不满足时，事件决不会发生。这种因果关系在逻辑代数中称为“与”逻辑。

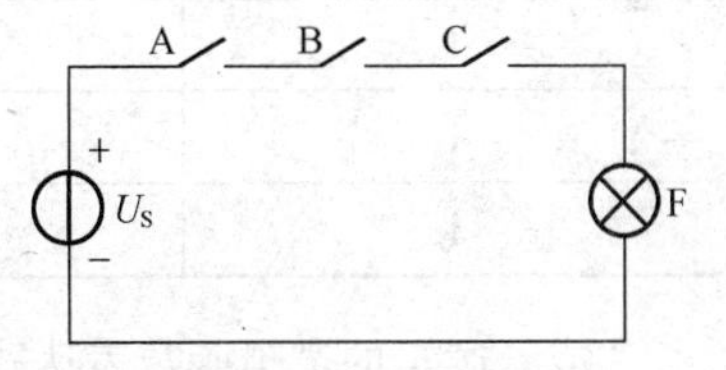

图 4.3　“与”逻辑关系举例

图 4.3 中，当以灯亮作为事件发生的结果，以开关是否闭合作为事件发生的条件时，可得到如下结论：当有一个或一个以上的开关处于“断开”状态时，灯 F 决不会亮；当所有开关都处于“闭合”状态时，灯 F 才会亮。若将开关“闭合”定义为逻辑 1，开关“断开”定义为逻辑 0；灯“亮”定义为逻辑 1，灯“灭”定义为逻辑 0，就可得到表 4.4 所示的开关和灯之间的逻辑关系真值表。

表 4.4　“与”逻辑关系真值表

A	B	C	F
0	0	0	0
0	0	1	0
0	1	0	0
0	1	1	0
1	0	0	0
1	0	1	0
1	1	0	0
1	1	1	1

逻辑关系表中的A、B、C是输入变量，F是输出变量，“与”逻辑函数式可表示为：

$$F=A\cdot B\cdot C \tag{4.1}$$

式中的“与”逻辑运算符与普通代数中的乘号类似，因此又把与逻辑称为逻辑乘。在不发生逻辑混淆的条件下，“与”逻辑符号可以略写。

（3）“或”逻辑

当某一事件发生的所有条件中至少有一个条件满足时，事件必然发生，当全部条件都不满足时，事件决不会发生。这种因果关系在逻辑代数中称为“或”逻辑。

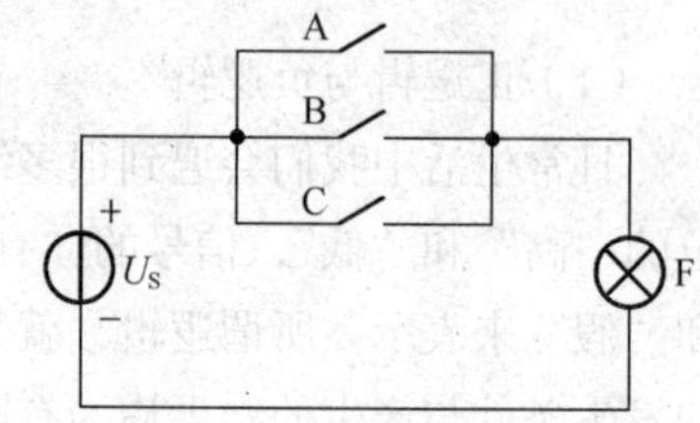

图4.4 “或”逻辑关系举例

图4.4中，当以灯亮作为事件的结果，以开关是否闭合作为事件发生的条件时，可得到如下结论：当有一个或一个以上的开关处于“闭合”状态时，灯F就会亮；当所有开关都处于“断开”状态时，灯F不会亮。

定义开关“闭合”为逻辑1，开关“断开”为逻辑0；灯“亮”为逻辑1，灯“灭”为逻辑0时，开关和灯之间的因果关系见表4.5。

表4.5 “或”逻辑关系真值表

A	B	C	F
0	0	0	0
0	0	1	1
0	1	0	1
0	1	1	1
1	0	0	1
1	0	1	1
1	1	0	1
1	1	1	1

“或”逻辑的逻辑函数表达式为：

$$F=A+B+C \tag{4.2}$$

式中，F是输出变量，A、B、C是输入变量。式中的+是逻辑代数中的“或”逻辑运算符，因此“或”逻辑也常称为逻辑加，或逻辑的优先级别低于“与”逻辑。

（4）“非”逻辑

当某一事件相关的条件不满足时，事件必然发生，当条件满足时，事件决不会发生。这种因果关系在逻辑代数中称为“非”逻辑。

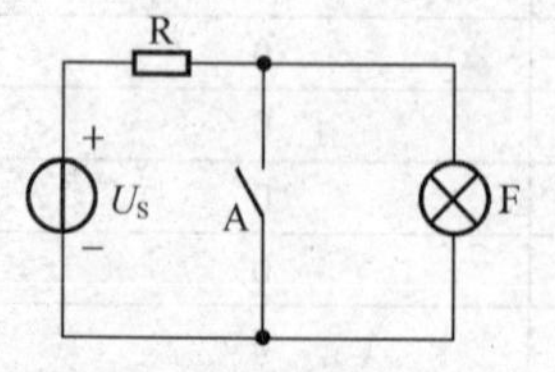

图4.5 “非”逻辑关系举例

仍以灯亮作为事件结果，以开关是否闭合作为事件发生的条件，“非”逻辑可用图4.5所示电路体现：当开关处于“断开”状态时，灯F就会亮；当开关处于“闭合”状态时，灯F不会亮。将开关“闭合”定义为逻辑1，开关“断开”定义为逻辑0；灯“亮”定义为逻辑1，灯“灭”定义为逻辑0，可得到开关和灯状态之间的逻辑对应关系见表4.6。

表 4.6　　　　"非"逻辑关系真值表

A	F
1	0
0	1

"非"逻辑关系的逻辑函数表达式为：

$$F=\overline{A} \tag{4.3}$$

上式中输入变量 A 头顶上的"－"表示逻辑非运算符，理解为"取反"。

思考与问题

1. 数字信号和模拟信号的典型特征是什么？你能否说出实际当中数字信号和模拟信号的典型实例？

2. 何为正逻辑、负逻辑？你能举例说明正逻辑吗？

3. 最基本的逻辑关系有哪些？你能举例说明实际生活中的一个"或"逻辑吗？

4.3 逻辑代数及其化简

学习目标

了解逻辑函数的表示方法；熟悉布尔代数的基本公式和常用定律、定理；掌握逻辑函数的代数化简化，熟练掌握逻辑代数的卡诺图化简法。

1. 布尔代数的公式、定律和逻辑运算规则

（1）逻辑代数的基本公式

$$A\cdot 0=0 \qquad A\cdot 1=A \qquad A\cdot\overline{A}=0 \qquad A\cdot A=A$$

$$A+0=A \qquad A+1=1 \qquad A+\overline{A}=1 \qquad A+A=A$$

（2）逻辑代数的基本定律

交换律：A+B=B+A　　　　AB=BA

结合律：（A+B）+C=A+（B+C）　　　（AB）C=A（BC）

分配律：A（B+C）=AB+AC　　　A+BC=（A+B）（A+C）

反演律：$\overline{AB}=\overline{A}+\overline{B}$　　　$\overline{A+B}=\overline{A}\cdot\overline{B}$

非非律　$\overline{\overline{A}}=A$

（3）逻辑代数的常用公式

$$A+AB=A \qquad A(A+B)=A$$

$$A+\overline{A}B=A+B \qquad A(\overline{A}+B)=AB$$

$$AB+A\overline{B}=A \qquad (A+B)(A+\overline{B})=A$$

（4）逻辑代数的运算规则

逻辑代数在运算时应先扩号内后扩号外，也可利用分配律将扩号去掉；"非"号内的逻辑式可以先进行运算，也可以利用反演律进行变换；先"与"运算后"或"运算。

2. 逻辑函数的代数化简法

代数化简法就是应用逻辑代数的公理、定理及规则对已有逻辑表达式进行逻辑化简的工作。逻辑函数在化简过程中，通常化简为最简“与”“或”式。最简“与”“或”式的一般标准是：表达式中的“与”项最少，每个与项中的变量个数最少。代数化简法最常用的方法有：

（1）并项法

利用公式 $AB+A\overline{B}=A$ 将两项合并为一项，消去一个变量。

【例 4.6】试化简逻辑函数 $F=AB+AC+A\overline{B}\overline{C}$

【解】
$$F=AB+AC+A\overline{B}\overline{C}=A(B+C)+A\overline{B+C}=A$$

（2）吸收法

利用公式 A+AB=A，将多余项 AB 吸收掉。

【例 4.7】 化简逻辑函数 $F=AB+A\overline{C}+A\overline{B}\overline{C}$

【解】
$$F=AB+A\overline{C}+A\overline{B}\overline{C}=AB+A\overline{C}$$

（3）消去法

利用公式 $A+\overline{A}B=A+B$，消去与项 $\overline{A}B$ 中的多余因子 $\overline{A}$。

【例 4.8】 化简逻辑函数 $F=AB+\overline{A}C+\overline{B}C$

【解】
$$F=AB+\overline{A}C+\overline{B}C=AB+C\overline{A}\,\overline{B}=AB+C$$

（4）配项法

利用公式 $A+\overline{A}=1$，将某一项配因子 $A+\overline{A}$，然后将一项拆为两项，再与其他项合并化简。

【例 4.9】 化简逻辑函数 $F=AB+\overline{A}C+BC$

【解】
$$\begin{aligned}F&=AB+\overline{A}C+BC\\&=AB+\overline{A}C+ABC+\overline{A}BC\\&=AB(1+C)+\overline{A}C(1+B)\\&=AB+\overline{A}C\end{aligned}$$

采用代数法化简逻辑函数时，所用的具体方法不是唯一的，最后的表示形式也可能稍有不同，但各种最简结果的“与”“或”式乘积项数相同，乘积项中变量的个数对应相等。

3. 逻辑函数的卡诺图化简法

采用公式法化简时，需熟练掌握逻辑代数化简公式，并具备一定的技巧。下面介绍的卡诺图化简法，对于通常不多于 4 个逻辑变量的逻辑函数，化简时比较直观、简洁，也较容易掌握。

（1）最小项的概念

一个具有 n 个逻辑变量的“与”“或”表达式中，若每个变量以原变量或反变量形式仅出现一次，就可组成 2^n 个“与”项，我们把这些“与”项称为 n 个变量的最小项，分别记为 m_n。

例如，两个变量 A、B，它们最多能构成 2^2 个最小项：$\overline{A}\overline{B}$、$A\overline{B}$、$\overline{A}B$、AB；三变量 A、B、C 最多能构成 2^3 个最小项：$\overline{A}\,\overline{B}\overline{C}$、$\overline{A}\,\overline{B}C$、$\overline{A}B\overline{C}$、$\overline{A}BC$、$A\overline{B}\overline{C}$、$A\overline{B}C$、$AB\overline{C}$、$ABC$；四变量最多能构成 2^4 个最小项……显然，对 n 个变量，最多可构成 2^n 个最小项。

（2）卡诺图表示法

卡诺图是一种平面方格阵列图，它将最小项按相邻原则排列到小方格内。卡诺图的画图规则：

任意两个几何位置相邻的最小项之间，只允许有一个变量的取值不同。

根据画图规则，图 4.6 中分别画出了二、三、四变量的卡诺图。卡诺图中的“0”表示对应逻辑变量的反变量（带有非号的逻辑变量），“1”表示原变量。

由图 4.6 中不难看出，相邻行（列）之间的变量组合中，仅有一个变量不同，同一行（列）两端的小方格中，也是仅有一个变量不同，即同一行（列）两端的小方格具有几何位置相邻的特点。同一行（列）变量组合的排列顺序为 00→01→11→10。

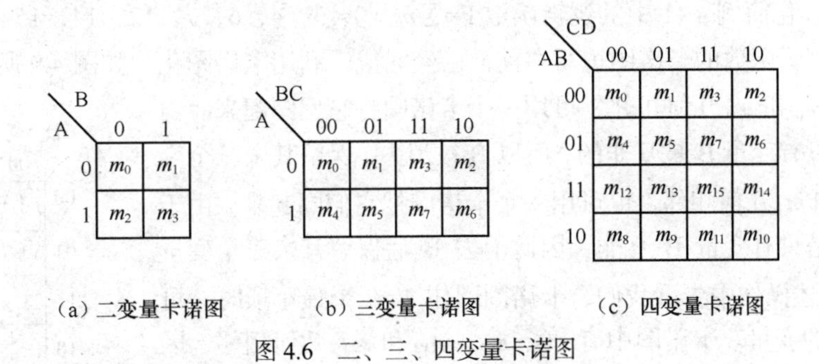

（a）二变量卡诺图　（b）三变量卡诺图　（c）四变量卡诺图

图 4.6　二、三、四变量卡诺图

（3）用卡诺图表示逻辑函数

用卡诺图表示逻辑函数时，将函数中出现的最小项，在对应卡诺图方格中填入 1，没有的项填 0(或不填)，所得图形即为该函数的卡诺图。

【例 4.10】 画出逻辑函数 $F = AB + A\overline{C} + A\overline{BC}$ 的卡诺图。

【解】 此三变量逻辑函数的卡诺图如图 4.7 所示。

【例 4.11】 画出逻辑函数 $F=\sum m$（0，3，4，6，7，12，14，15）的卡诺图。

【解】 该逻辑函数式已直接给出包含的所有最小项，因此直接按照各最小项的位置在方格内填写“1”即可，如图 4.8 所示。

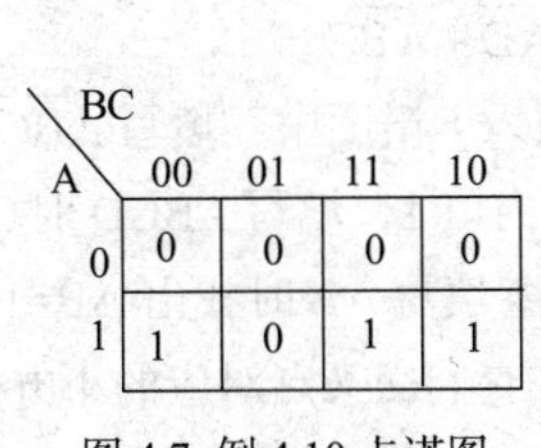

图 4.7 例 4.10 卡诺图

AB \ CD	00	01	11	10
00	1		1	
01	1		1	1
11	1		1	1
10				

图 4.8 例 4.11 卡诺图

（4）用卡诺图化简逻辑函数

由于卡诺图的画法满足几何相邻原则，因此相邻小方格中的最小项仅有一个变量不同。根据公式 $AB + A\overline{B} = A$，可将两项合并为一项，同时消去一个互非的变量。

合并最小项的规律：处于同一行或同一列两端的两个相邻小方格，同时为“1”时可合并为一项，同时消去一个互非的变量；4 个小方格组成一个大方块，或组成一行（列），或在相邻两行（列）的两端，或处于四角时，可以合并为一项，同时消去两个互非的变量；8 个小方格组成一个长方形，或处于两边的两行（列），可合并为一项，同时消去 3 个互非的变量；如果逻辑变量数为 5 个或 5 个以上时，在用卡诺图化简时，合并的小方格应组成正方形或长方形，同时满足相邻原则。

利用卡诺图化简逻辑函数式的步骤如下所述

① 根据变量的数目，画出相应方格数的卡诺图。

② 根据逻辑函数式，把所有为“1”的项画入卡诺图中。

③ 用卡诺圈把相邻最小项进行合并，合并时就遵照卡诺圈最大化原则。

④ 根据所圈的卡诺圈，消除圈内全部互非的变量，每一个圈作为一个“与”项，将各“与”项相或，即为化简后的最简与或表达式。

【例 4.12】 化简例 4.11 中的逻辑函数 $F=\sum m$（0，3，4，6，7，12，14，15）。

【解】 此逻辑函数的卡诺图填写在前面已经完成，利用卡诺图化简如图 4.9 所示。

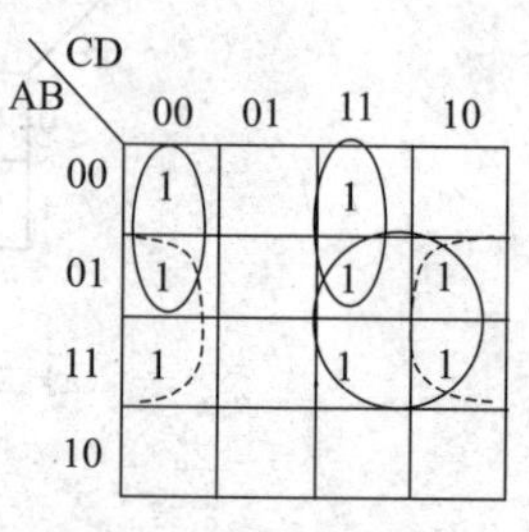

图 4.9　例 4.12 卡诺图

卡诺图中 m_0 和 m_4 几何相邻，可用一个卡诺圈将它们圈起来。由于此卡诺圈中只有变量 B 是互非的，所以 B 被消去，保留其余三个变量 $\overline{ACD}$；m_3 和 m_7 几何相邻，也可用一个卡诺圈把它们圈起来。由于此卡诺圈中也是只有变量 B 互非，因此消去 B 后保留其余三个变量 $\overline{A}CD$。显然上述操作中告诉我们，卡诺圈圈住 2^1=2 个最小项时，可消去 1 个互非的变量。卡诺图中有 m_6、m_7、m_{14} 和 m_{15} 几何相邻，因此可用一个卡诺圈把它们圈起来。此卡诺圈中变量 A 和 D 互非，因此消去 A 和 D 后保留其余两个变量 BC；卡诺图中还有 m_4、m_{12}、m_6 和 m_{15} 几何相邻，可用两个半圈构成一个卡诺圈将它们圈起来（卡诺图可视为球状的）。由于此卡诺圈中变量 A 和 C 是互非的，所以 A 和 C 被消去，保留其余两个变量 $B\overline{D}$。上述操作过程告诉我们，卡诺圈圈住 2^2=4 个最小项时，可消去 2 个互非的变量。以此类推，卡诺圈若圈住 2^3=8 个最小项时，可消去 3 个互非的变量……若圈住 2^n 个最小项时，就可消去 n 个互非的变量。

例 4.12 的化简结果为：$F=\overline{ACD}+\overline{A}CD+BC+B\overline{D}$

由于卡诺图化简法对变量在 4 个以下的逻辑函数式效果较好，变量太多时由于卡诺图的方格数太多，因此卡诺图化简的优越性也就体现不出了。因此，利用卡诺图化简逻辑函数，通常只用于不超过 4 个变量的逻辑函数式。

【例 4.13】 用卡诺图化简 $F=A\overline{BC}D+AB\overline{CD}+A\overline{B}+A\overline{D}+A\overline{B}C$。

【解】 将函数 $F=A\overline{BC}D+AB\overline{CD}+A\overline{B}+A\overline{D}+A\overline{B}C$ 填入卡诺图中：填写 $A\overline{BC}D$ 时，找出 AB 为 10 的行和 CD 为 01 的列，在它们交叉点对应的小方格内填 1，填写 $AB\overline{CD}$ 时，找出 AB 为 11 的行和 CD 为 00 的列，在它们交叉点对应的小方格内填 1，填写 $A\overline{B}$ 时找出 AB=10 的行，每个小方格内填入 1；填写 $A\overline{D}$ 时找出 A=1 的行和 D=0 的列，在它们交叉点对应的小方格内填入 1；填写 $A\overline{B}C$ 时找出 AB=10 的行，再找出 C=1 的列，在它们交叉点对应的小方格内填入 1；然后按合并原则用卡诺圈圈项化简，如图 4.10 所示。化简后得：$F=A\overline{B}+A\overline{D}$。

（5）带有约束项的逻辑函数的化简

如果一个有 n 个变量的逻辑函数，它的最小项数为 2^n 个，但在实际应用中可能仅用一部分，另外一部分禁止出现或者出现后对电路的逻辑状态无影响时，称这部分最小项为无关最小项，也叫作约束项，用 d 表示。

由于无关最小项对最终的逻辑结果不产生影响，因此在化简的过程中，可以根据化简的需要将这些约束项看作 1 或者 0。约束项在卡诺图中填写时一般用 × 表示。

【例 4.14】 用卡诺图化简 $F=\sum m$（1，3，5，7，9）$+\sum d$（10，11，12，13，14，15），其中 $\sum d$（10，11，12，13，14，15）表示约束项。

【解】先做出此函数的卡诺图 4.11。利用约束项化简时，根据需要将 m_{11}、m_{13}、m_{15} 对应的方格看作 1，m_{10}、m_{12}、m_{14} 看作 0 时，只需圈一个卡诺圈即可。

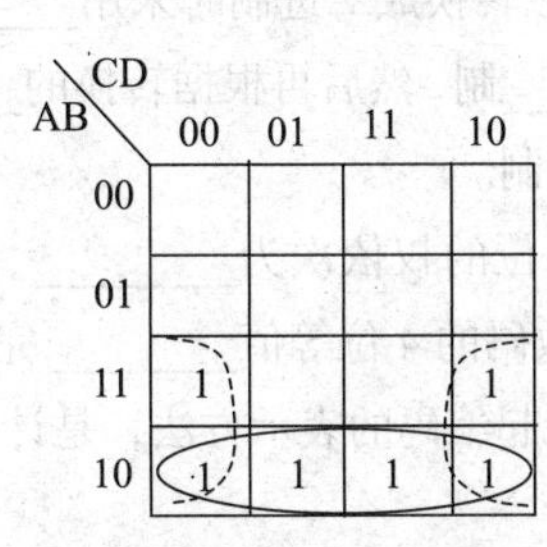

图 4.10 例 4.13 卡诺图

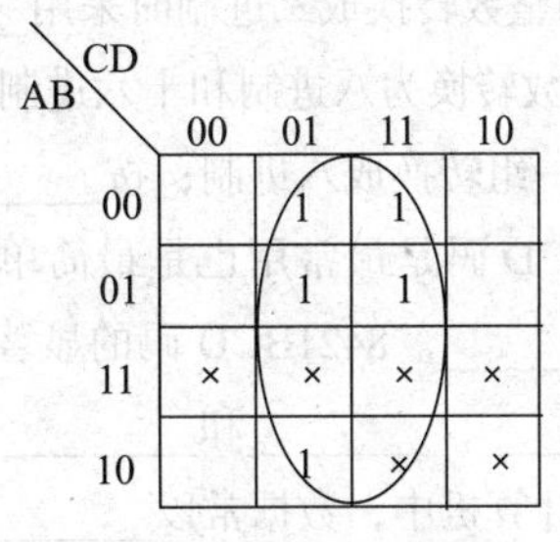

图 4.11 例 4.14 卡诺图

合并后得最简函数 F =D。

利用约束项化简的过程中，应注意尽量不要将不需要的约束项也画入圈内，否则得不到函数的最简形式。

思考与问题

1. 用真值表证明 $\overline{A\cdot B}=\overline{A}+\overline{B}$。
2. 将 $F=A\overline{B}+\overline{A}(B\overline{C}+\overline{B}C)$ 写成为最小项表达式。
3. 将 $F=AB\overline{C}+\overline{A}BC+AC$ 化为最简与或式。
4. 用卡诺图化简下列逻辑函数

（1）$F=A\overline{B}C+ABC\overline{D}+A(B+\overline{C})+BC$

（2）$F(A、B、C、D)=\sum m(0, 1, 4, 5, 6, 12, 13)$

第 4 章 检测题（共 100 分，120 分钟）

一、填空题（每空 0.5 分，共 25 分）

1. 在时间上和数值上均连续变化的电信号称为________信号；在时间上和数值上离散的信号叫作________信号。

2. 在正逻辑的约定下，“1”表示________电平，“0”表示________电平。

3. 数字电路中，输入信号和输出信号之间的关系是________关系，所以数字电路也称为________电路。在________关系中，最基本的关系是________、________和________。

4. 用来表示各种计数制数码个数的数称为________，同一数码在不同数位所代表的________不同。十进制计数各位的________是 10，________是 10 的幂。

5. ________BCD 码和________码是有权码；________码和________码是无权码。

6. ________是表示数值大小的各种方法的统称。一般都是按照进位方式来实现计数的，简称为________制。任意进制数转换为十进制数时，均采用________的方法。

7. 十进制整数转换成二进制时采用________法；十进制小数转换成二进制时采用________法。

8. 十进制数转换为八进制和十六进制时，应先转换成________制，然后再根据转换的________数，按照________一组转换成八进制；按________一组转换成十六进制。

9. 8421BCD码是最常用也是最简单的一种BCD代码，各位的权依次为________、________、________、________。8421BCD码的显著特点是它与________数码的4位等值________完全相同。

10. ________、________和________是把符号位和数值位一起编码的表示方法，是计算机中数的表示方法。在计算机中，数据常以________的形式进行存储。

11. 逻辑代数的基本定律有________律、________律、________律、________律和________律。

12. 最简“与”“或”表达式是指在表达式中________最少，且________也最少。

13. 卡诺图是将代表________的小方格按________原则排列而构成的方块图。卡诺图的画图规则：任意两个几何位置相邻的________之间，只允许________的取值不同。

14. 在化简的过程中，约束项可以根据需要看作________或________。

二、判断题（每小题1分，共8分）

1. 输入全为低电平“0”，输出也为“0”时，必为“与”逻辑关系。（　　）

2. “或”逻辑关系是“有0出0，见1出1”。（　　）

3. 8421BCD码、2421BCD码和余3码都属于有权码。（　　）

4. 二进制计数中各位的基是2，不同数位的权是2的幂。（　　）

5. 格雷码相邻两个代码之间至少有一位不同。（　　）

6. $\overline{A+B}=\overline{A}\cdot\overline{B}$是逻辑代数的非非定律。（　　）

7. 卡诺图中为1的方格均表示一个逻辑函数的最小项。（　　）

8. 原码转换成补码的规则就是各位取反、末位再加1。（　　）

三、选择题（每小题2分，共12分）

1. 逻辑函数中的逻辑“与”和它对应的逻辑代数运算关系为（　　）。

A. 逻辑加　　B. 逻辑乘　　C. 逻辑非

2. 十进制数100对应的二进制数为（　　）。

A. 1011110　　B. 1100010　　C. 1100100　　D. 11000100

3. 和逻辑式$\overline{AB}$表示不同逻辑关系的逻辑式是（　　）。

A. $\overline{A}+\overline{B}$　　B. $\overline{A}\cdot B$　　C. $\overline{A}\cdot B+\overline{B}$　　D. $A\overline{B}+\overline{A}$

4. 数字电路中机器识别和常用的数制是（　　）。

A. 二进　　B. 八进制　　C. 十进制　　D. 十六进制

5. [+56]的补码是（　　）。

A. 00111000B　　B. 11000111B　　C. 01000111B　　D. 01001000B

6. 所谓机器码是指（　　）。

A. 计算机内采用的十六进制码　　B. 符号位数码化了的二进制数码

C. 带有正负号的二进制数码　　D. 八进制数

四、简述题（每小题3分，共12分）

1. 数字信号和模拟信号的最大区别是什么？数字电路和模拟电路中，哪一种抗干扰能力较强？

2. 何为数制？何为码制？在我们所介绍范围内，哪些属于有权码？哪些属于无权码？

3. 试述补码转换为原码应遵循的原则及转换步骤。

4. 试述卡诺图化简逻辑函数的原则和步骤。

五、计算题（共 43 分）

1. 用代数法化简下列逻辑函数（12 分）

① $F=(A+\bar{B})C+\bar{A}B$

② $F=A\bar{C}+\bar{A}B+BC$

③ $F=\bar{A}\bar{B}C+\bar{A}BC+AB\bar{C}+\overline{ABC}+ABC$

④ $F=A\bar{B}+B\bar{C}D+\bar{C}\,\bar{D}+AB\bar{C}+A\bar{C}D$

2. 用卡诺图化简下列逻辑函数（12 分）

① $F=\sum m(3,4,5,10,11,12)+\sum d(1,2,13)$

② $F(ABCD)=\sum m(1,2,3,5,6,7,8,9,12,13)$

③ F＝(A、B、C、D)$=\sum m(0, 1, 6, 7, 8, 12, 14, 15)$

④ F＝(A、B、C、D)$=\sum m(0, 1, 5, 7, 8, 14, 15)$ $+\sum d(3, 9, 12)$

3. 完成下列数制之间的转换（8 分）

①（365）$_{10}$=（　　　　　　　）$_2$=（　　　　）$_8$=（　　　）$_{16}$

②（11101.1）$_2$=（　　　）$_{10}$=（　　　　）$_8$=（　　　）$_{16}$

③（57.625）$_{10}$=（　　　　）$_8$=（　　　）$_{16}$

4. 完成下列数制与码制之间的转换（5 分）

①（47）$_{10}$=（　　　　　　　）$_{余3码}$=（　　　　　　　）$_{8421码}$

②（3D）$_{16}$=（　　　　　　　）$_{格雷码}$

5. 写出下列真值的原码、反码和补码（6 分）

① [+36] = [　　　　　　]$_原$= [　　　　　　]$_反$= [　　　　　　]$_补$

② [−49] = [　　　　　　]$_原$= [　　　　　　]$_反$= [　　　　　　]$_补$

第5章

逻辑门与组合逻辑电路

用来实现基本逻辑关系的电子电路称为基本逻辑门电路。实际电子线路中，为了完成较为复杂的逻辑运算，往往需要把这些基本逻辑门按照一定方式组合起来。这些以基本逻辑门作为基本单元的数字电路称之为组合逻辑电路。

学习目的和要求

门电路是构成组合逻辑电路的基本单元，学习中注意理解各种基本逻辑门的工作原理和逻辑功能；熟悉组合逻辑电路的几种描述方法；掌握组合逻辑电路的分析步骤和方法；了解各类常用的中规模集成逻辑部件的功能、工作原理及应用。

5.1 基本逻辑门电路

学习目标

了解各种基本逻辑门的电路组成，熟悉它们的逻辑功能；理解复合逻辑门电路的构成，熟记其逻辑功能。

在数字电路中，门电路是最基本的逻辑单元，当电路输入信号满足某种条件时，门电路就会打开，于是电路中就有信号输出；若电路不能满足门电路的打开条件，则门电路就关闭，电路中就不会有信号输出。门电路的输入和输出之间的关系属于逻辑关系，因此又把门电路称为逻辑门。显然，逻辑门是一种开关电路，门开——相当开关闭合，传输信号可以通过；门关——相当开关断开，传输信号被阻断。

1. 基本逻辑门

在二进制逻辑中，逻辑变量的取值是二进制数 0 和 1。数字电路与二进制数的结合点，则是具有开和闭两种状态的电子开关。构成电子开关的基本元件是半导体二极管、晶体管和 MOS 管。

（1）半导体二极管、晶体管和 MOS 管的开关特性

① 二极管的开关特性。半导体二极管最显著的特性是单向导电性，当二极管正向偏置导通时，相当于一个闭合的开关，信号可以通过；当二极管反向偏置截止时，相当于一个断开的开关，信号不能通过。这种受电压控制的开关称作电子开关。

当二极管的导通电压和外加电源电压相比不能忽略时，其开关“通”态如图 5.1（a）所示。在此基础上，若二极管的正向导通电压与外加电源电压相比可以忽略时，可得到理想二极管开关“通”态的电路模型如图 5.1（b）所示。

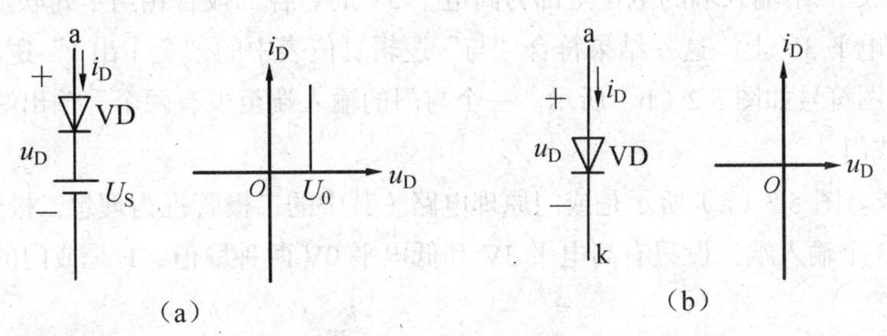

图 5.1　二极管开关模型

理想二极管的开关特性是：开关接通时，电阻为零；开关断开时，电阻为无穷大。

实际开关二极管在数字电路中，导通和截止总是需要时间的，开关二极管的开关时间一般为几十到几百纳秒。工程中常在一定条件下把二极管理想化，所得分析结果的精度仍能满足实际要求。但对于变化极迅速的外部信号来说，开关时间不能忽视，则必须考虑二极管开关时间对电路带来的影响。

② 晶体管的开关特性。晶体管按两个 PN 结偏置电压极性的不同，分别具有放大、饱和和截止 3 种工作状态。模拟电子电路中晶体管的主要作用是放大，因此工作在输出特性的放大区；数字电路中，晶体管和二极管一样起电子开关的作用，通常工作区域是在饱和区或截止区。

数字电路中，晶体管工作在饱和区时，相当一个闭合的开关；晶体管工作在截止区时，相当一个断开的开关。晶体管和二极管一样，开关状态转换时也是需要时间的，但在分析数字电路问题时，若满足一定条件，就可把晶体管作为理想电子开关。

③ MOS 管的开关特性。当 MOS 管栅源间电压小于其开启电压时，不能形成导电沟道，处于截止状态，相当一个断开的电子开关；当 MOS 管栅源间电压大于其开启电压时，导电沟道形成，数字电路中 MOS 管导通时，一般工作在可变电阻区，由于其导通电阻很小，可看作是一个闭合的电子开关。

二极管、晶体管和 MOS 管在数字电路中均作为电子开关使用，虽然其实际动态特性都存在时间滞后问题，但研究时只要满足一定条件，通常可按理想电子开关讨论。

（2）分立元件门电路

由二极管、晶体管和 MOS 管这些开关元件构成的逻辑电路，工作时的状态像门一样按照一定的条件和规律打开或关闭：门开——电路接通，信号可通过；门关——电路断开，信号被阻断。因此，把它们构成的逻辑电路称为门电路。基本的逻辑门电路是与门、或门和非门。

① 二极管与门。

a. 电路组成。图 5.2（a）所示是与门原理电路（其中的二极管视为理想二极管）。原理电路中的 A、B、C 是与门的 3 个输入端，设输入信号只有高电平 3V 和低电平 0V 两种取值，F 是与门的输出端，图中电源 U_{CC}=+5V。

b. 工作原理。

• A、B、C 三个输入端中，至少有一个为低电平时，对于同阳极接法的二极管，由于 U_{CC} 高于输入端电位，必然有二极管导通。设 A 端为 0V 时，二极管 VD_a 阴极电位最低，因此 VD_a 首先快速导通，理想二极管导通时管压降视为 0，则输出端 F 点钳位至 0V，其他二极管被反偏处于截止状态。这一结果显然符合“有 0 出 0”的“与”逻辑关系。

• 当 A、B、C 三个输入端的电位全部为高电平 3V 时，各二极管相当于并联全部导通，使输出电位钳位在高电平 3V 上。这一结果符合“与”逻辑真值表中的“全 1 出 1”逻辑功能。

与门的逻辑图符号如图 5.2（b）所示。一个与门的输入端至少有两个，输出端为一个。

② 二极管或门。

a. 电路组成。图 5.3（a）所示是或门原理电路（其中的二极管视为理想二极管）。其中 A、B、C 是或门的 3 个输入端，设只有高电平 3V 和低电平 0V 两种取值，F 是或门的输出端，图中电源 $-U_{CC}= -5V$。

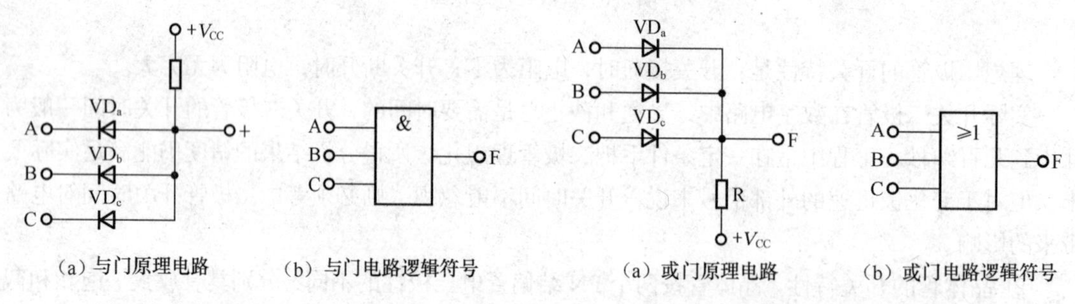

（a）与门原理电路　（b）与门电路逻辑符号

图 5.2　与门原理电路及逻辑图符号

（a）或门原理电路　（b）或门电路逻辑符号

图 5.3　或门原理电路及其逻辑图符号

b. 工作原理。

• 当输入端中至少有一个为高电平时，对于共阴极接法的二极管，由于电源电位低于输入端电位，必然有二极管导通。当任一输入端为 3V 时，该端子上连接的二极管就会因其阳极电位最高而迅速导通，致使输出端 F 被钳位至高电平 3V，其他二极管由于反偏而处于截止状态，从而实现了“或”逻辑的“有 1 出 1”逻辑功能。

• 当输入端均为低电平 0V 时，电路中的所有二极管相当于并联而全部导通，输出端 F 被钳位至低电平 0V，实现了或逻辑的“全 0 出 0”逻辑功能。

或门电路的逻辑图符号如图 5.3（b）所示。一个或门的输入端至少有两个，输出端为一个。

③ 晶体管非门（反相器）。

a. 电路组成。如图 5.4（a）所示，非门电路实际上就是一个反相放大电路。非门原理电路中的输入端是 A，输出端是 F，设输入、输出信号的取值分别是低电平 0V 和高电平 3V，U_{CC}= +5V。

b. 工作原理。

• 当输入端 A 为高电平 3V 时，三极管饱和导通，$i_C R_C \approx +U_{CC}$，输出端 F 点的电位约等于 0V，实现了“非”逻辑的“有 1 出 0”逻辑功能。

• 当输入端为低电平 0V 时，三极管截止，输出端 F 点的电位约等于 + U_{CC} ，实现了非逻辑的“有 0 出 1”逻辑功能。

非门的逻辑图符号如图 5.4（b），逻辑方框图右边的小圆圈表示“非”逻辑运算符。一个非门只有一个输入端和一个输出端。

2. 复合门电路

数字电路中基本的逻辑门电路是与门、或门和非门。除此之外，为扩大二极管和晶体管的应用范围，一般常在二极管门电路后接入晶体管非门电路，从而组成各种形式的复合门电路。

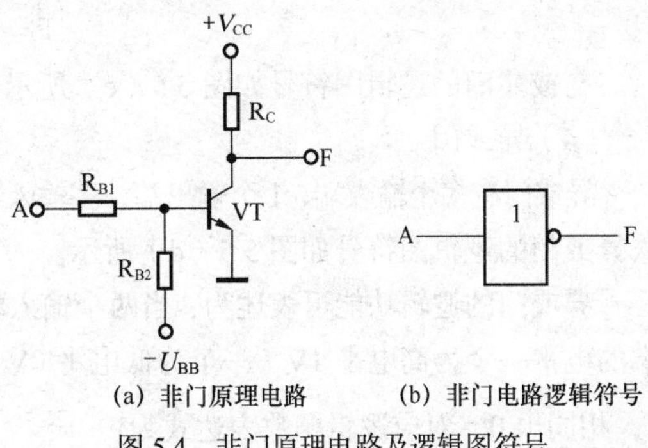

(a) 非门原理电路　　(b) 非门电路逻辑符号

图 5.4　非门原理电路及逻辑图符号

（1）与非门

与非门是与门和非门的结合。与非门的逻辑电路图符号如图 5.5（a）所示。

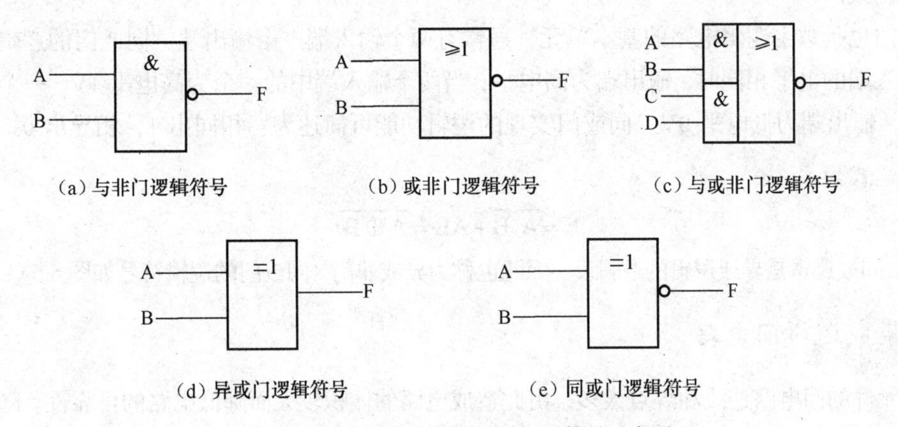

(a) 与非门逻辑符号　　(b) 或非门逻辑符号　　(c) 与或非门逻辑符号

(d) 异或门逻辑符号　　(e) 同或门逻辑符号

图 5.5　复合逻辑门电路的逻辑图符号示意图

与非门在数字电路中应用较为普遍，与非门的逻辑功能可描述为：当输入端中有一个或一个以上为低电平 0V 时，输出为高电平 1V；当输入端全部为高电平 1V 时，输出端为低电平 0V。显然，与非门是与门的非运算，与非逻辑功能可概括为“有 0 出 1，全 1 出 0”。

与非逻辑运算表达式为：

$$F = \overline{ABC} \tag{5.1}$$

（2）或非门

或非门是或门和非门的结合。或非门的逻辑电路图符号如图 5.5（b）所示。

或非门的逻辑功能可描述为：当输入端中有一个或一个以上是高电平 1V 时，输出端为低电平 0V；当输入端全部为低电平 0V 时，输出端为高电平 1V。或非门的逻辑功能可概括为“有 1 出 0，全 0 出 1”。或非门的逻辑运算表达式为：

$$F = \overline{A + B + C} \tag{5.2}$$

（3）与或非门

两个或两个以上与门和一个或门及一个非门的结合，可构成一个与或非门。

与或非门能够实现的逻辑功能可表述为：当各与门的输入端中都有一个或者一个以上输入为低电平 0V 时，与或非门的输出端为高电平 1V；当至少有一个与门的输入端全部为高电平 1V 时，与或非门的输出端为低电平0V。与或非门的逻辑运算函数表达式为：

$$F = \overline{AB + CD} \tag{5.3}$$

与或非门的逻辑图符号如图5.5（c）所示。

（4）异或门

异或门有多个输入端、1个输出端，多输入异或门通常是由多个两输入的基本异或门构成。两输入异或门的逻辑图符号如图5.5（d）所示。

异或门的逻辑功能可表述为：当两个输入端的电平相同时，输出端为低电平0V；当两个输入端的电平一个为高电平1V、一个为低电平0V时，输出为高电平。这种逻辑功能简述为：相异出1，相同出0。对应逻辑函数表达式为：

$$F = \overline{A}B + A\overline{B} = A \oplus B \tag{5.4}$$

（5）同或门

同或门也是数字逻辑电路的基本单元，通常有两个输入端一个输出端。同或门的逻辑功能：当两个输入端的电平相同时，输出端为高电平；当两个输入端中的一个为高电平1V、一个为低电平0V时，输出端为低电平0V。同或门实现的逻辑功能可简述为：相同出1，相异出0。对应逻辑运算表达式为：

$$F = \overline{A}\ \overline{B} + AB = \overline{A \oplus B} \tag{5.5}$$

显然，同或逻辑是异或逻辑的逻辑反，因此也称为异或非门。同或门的逻辑符号如图5.5（e）所示。

3. 集成逻辑门电路

分立元件的门电路连线和焊点太多，由此造成电路的体积较大而降低电路的可靠性。随着电子技术的飞速发展和集成工艺的规模化生产，集成电路得到了广泛的应用。集成电路就是把电路中的半导体器件、电阻、电容及导线制作在一块半导体基片上，然后封闭在一个壳体内，使之具有一个完整电路所能实现的功能。与分立电路相比，数字集成电路成本低、可靠性高且便于安装调试。

集成逻辑门电路是最基本的数字集成电路，是组成数字逻辑的基础。数字集成逻辑门大多采用双列直插式封装，按元件类型的不同可分为双极型集成逻辑门（TTL集成逻辑门）和单极型逻辑门（CMOS集成逻辑门）两大类。

（1）TTL集成逻辑门电路

TTL是“晶体管—晶体管—逻辑电路”的简称。TTL集成电路相继生产的产品有74（标准）、74H（高速）、74S（肖特基）和74LS（低功耗肖特基）4个系列。其中74LS系列产品具有最佳的综合性能，是TTL集成电路的主流，也是应用最广泛的系列。

① TTL与非门。

a. 电路组成。

典型的TTL与非门基本单元电路如图5.6（a）所示。

由图可以看出，TTL与非门由以下3部分组成。

• 输入级由多发射极晶体管VT_1和电阻R_1组成。所谓多发射极晶体管，可看作由多个晶体管的集电极和基极分别并接在一起，其发射极作为逻辑门的输入端。多个发射极的发射结可看作是多个钳位二极管，其作用是限制输入端可能出现的负极性干扰脉冲。VT_1的引入，不但加快了晶

体管 VT_2 储存电荷的消散，提高了 TTL 与非门的工作速度，而且实现了“与”逻辑的作用。

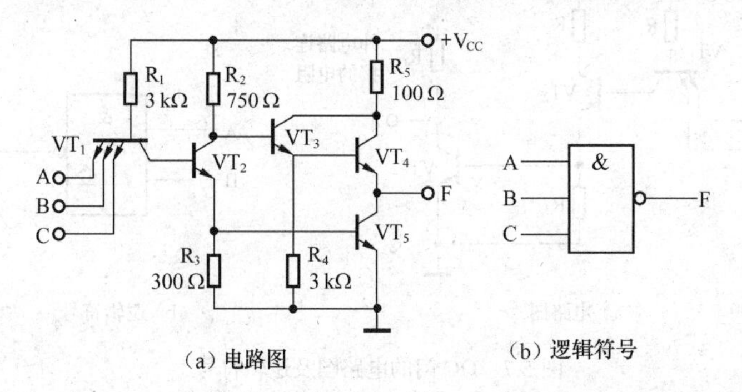

图 5.6　TTL 与非门基本单元电路

• 中间级由电阻 R_2、R_3 和三极管 VT_2 组成。中间级又称为倒相极，倒相极的作用是在 VT_2 的集电极和发射极同时输出两个相位相反的信号时，作为输出级三极管 VT_3 和 VT_5 的驱动信号，同时控制输出级的 VT_4、VT_5 工作在截然相反的两个状态，以满足输出级互补工作的要求。三极管 VT_2 还可将前级电流放大以供给 VT_5 足够的基极电流。

• 输出级由晶体三极管 VT_3、VT_4、VT_5 和电阻 R_4、R_5 组成推拉式互补输出电路。VT_5 导通时 VT_4 截止，VT_4 导通时 VT_5 截止。由于采用了这种推挽输出（又称图腾输出），与非门不仅增强了负载能力，又能改善输出波形，从而大大提高了工作速度。

b. 工作原理。

• 当输入信号中至少有一个为低电平（0.3V）时，U_{CC} 通过 R_1 向 VT_1 注入基极电流，低电平所对应的发射结导通，VT_1 的基极电位被钳制在 1V（0.3V+0.7V）上。这一电位并不足以使 VT_1 的集电结和 VT_2 导通，故 VT_2 截止，其集电结电位 V_{C2} 约等于集电极电源 U_{CC}，这一高电平电压使 VT_3 和 VT_4 导通并处于深度饱和状态，同时 VT_2 的截止，使得 VT_5 也截止，且 $I_{B3}R_2$ 很小，可忽略不计，此时输出电平 F 的值为：

$$V_F = U_{CC} - I_{B3}R_2 - U_{BE3} - U_{BE4} \approx 5-0-0.7-0.7 \approx 3.6\text{V}$$

这一结果符合“有 0 出 1”的“与非”逻辑。

• 当输入信号全部为高电平（3.6V）时，由地端经 VT_5 的发射结、VT_2 的发射结使 VT_1 的集电极电位为 1.4V，而 VT_1 的基极电位被钳制在 2.1V。显然，VT_1 处于“倒置”工作状态，此时 VT_1 的集电结作为发射结使用。倒置情况下，VT_1 可向 VT_2 基极提供较大的电流，使得 VT_2 和 VT_5 均处于深度饱和状态，使与非门输出 F 点的电位等于 VT_5 的饱和输出低电平值。即：F=0.3V。这一结果符合“全 1 出 0”的“与非”逻辑。

值得注意的是，当 TTL 逻辑电路的输入端悬空时，悬空端相当于输入高电平 1V 状态。因为 U_{CC} 通过 R_1 和 VT_1 的集电结可使 VT_2 和 VT_5 导通。

TTL 集成电路中采用多发射极晶体管来完成“与”逻辑功能，不仅便于制造，还有利于提高电路的开关速度。上述 TTL 与非门的输出部分 VT_4 和 VT_5 轮流导通，使输出 F 有时为低电平 0V，有时为高电平 1V，称之为推挽式输出级，推挽式输出级为图腾结构，可使输出阻抗很低，提高其负载能力。TTL 与非门的电路图符号如图 5.6（b）所示。

② 集成 OC 门。图 5.7 所示的为集成逻辑门和普通的 TTL 集成与非门相比，省去了 VT_3 和 VT_4，且输出集电极开路，这种逻辑门简称 OC 门。

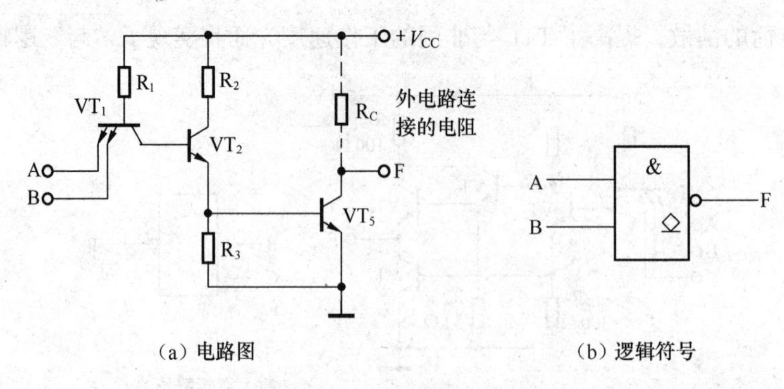

（a）电路图　　　（b）逻辑符号

图 5.7　OC 门的电路图及逻辑符号

前面讲到的具有图腾结构的 TTL 与非门，使用时输出端不能长久接“地”或与电源短接。若输出端接地，则在门电路输出高电平时，流过有源负载 VT_3、VT_4 的电流很大，时间稍长就会被烧毁；若输出端接电源，则在门电路输出低电平时，VT_5 处于饱和状态，这时也会有很大的电流流过 VT_5，使它烧毁。因此，多个普通 TTL 门电路的输出端不能连接在一起，否则就会有一个很大的电流由输出为逻辑高电平的门流向输出为逻辑低电平的门,从而将门电路烧毁,即普通的 TTL 与非门无法实现“线与”的逻辑功能。

为解决 TTL 与非门电路的“线与”问题，人们研制出了 OC 门。OC 门与普通 TTL 与非门的主要区别有以下两点。

• 没有 VT_3 和 VT_4 组成的射极跟随器，VT_5 的集电极是开路的。应用时将 VT_5 的集电极经外接电阻 R_C 接到电源口 U_{CC} 和输出端之间，这时才能实现与非逻辑功能。

• 普通 TTL 与非门的输出是推挽输出，输出电阻都很小，不允许将两个普遍 TTL 门的输出端直接连接在一起。但是 OC 门和输出端可以直接并接在一起，从而可实现“线与”的逻辑功能。如图 5.8 所示。

使用时，只要将 OC 门的外接电阻 R_C 接到另一电源 U_{CC2} 上，则输出高电平 $V_{OH} = U_{CC2}$，输出低电平仍等于 TTL 电平，从而可以很方便地实现 TTL 逻辑电平到其他电平的转换，这是 OC 门的另一优点。

OC 门不仅可以实现线与逻辑及逻辑电平转换，还可以用来作为接口电路。所谓的接口电路，就是将一种逻辑电路和其他不同特性的逻辑电路或其他外部电路相连的电路。

图 5.9 所示是 OC 门直接驱动发光二极管的接口电路。

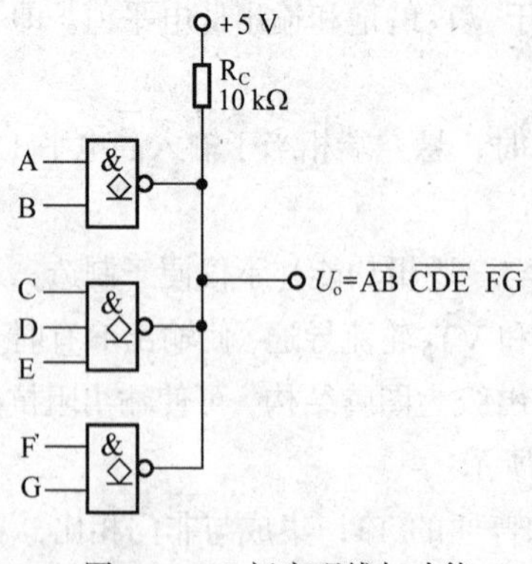

图 5.8　OC 门实现线与功能

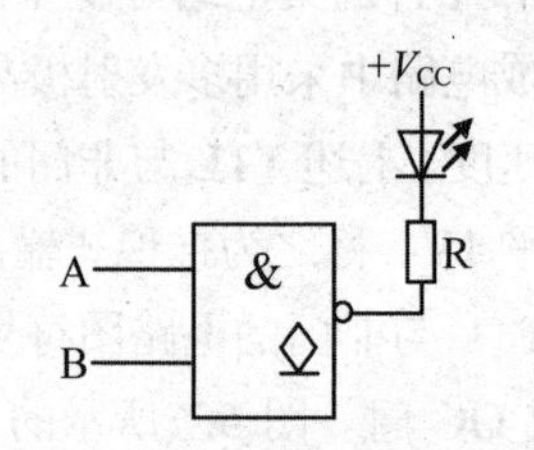

图 5.9　用 OC 门驱动发光二极管

③ 三态门（TSL 门）。普通的 TTL 与非门有两个输出状态，即逻辑 0 或逻辑 1。三态门除具有这两个状态外，还有一种高阻输出的第三态。高阻态下三态门的输出端相当于和其他电路断开。

图 5.10（a）所示为三态输出的 TTL 与非门电路，逻辑符号如图 5.10（b）所示，显然，三态门是在普通的 TTL 与非门电路的基础上增加一个控制端 EN 及其控制电路，控制电路由两级反相器和一个钳位二极管构成。当 EN = 1 时，二极管 VD 截止，电路输出端 F 完全取决于输入端 A、B，此时三态门就是普通的 TTL 与非门；当 EN = 0 时，二极管 VD 导通，同时，EN 控制了 VT_1 基极、VT_3 基极均为低电平，致使 VT_2、VT_3、VT_4 和 VT_5 都截止，从输出端 F 看进去，电路呈现高阻状态。

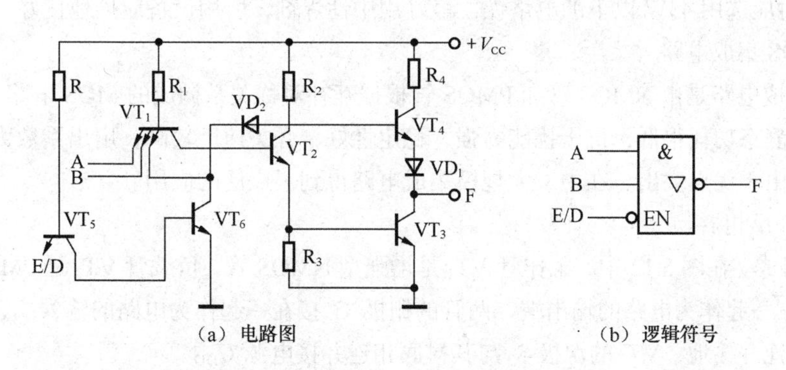

（a）电路图　　（b）逻辑符号

图 5.10　三态门电路图与逻辑图符号

三态门的逻辑功能真值表见表 5.1。

表 5.1　三态门真值表

使能端 EN	数据输入端 A	 B	输出端 F
1	0	0	1
1	0	1	1
1	1	0	1
1	1	1	0
0	×	×	高阻态

三态门在计算机系统中得到了广泛的应用，其中一个重要用途是构成数据总线。当三态门处于禁止状态时，其输出呈现高阻态，可视为与总线脱离。利用分时传送原理，可以实现多组三态门挂在同一条数据线上进行数据传送。而某一时刻只允许一组三态门的输出在数据线上发送数据，从而实现了用一根导线轮流传送多路数据。通常把用于传输多个门输出信号的数据线叫作总线（母线），如图 5.11 所示。

只要各控制端轮流出现高电平（每一时刻只允许一个门正常工作），则总线上就轮流送出各个与非门的输出信号。由此可省去大量的机内连线。

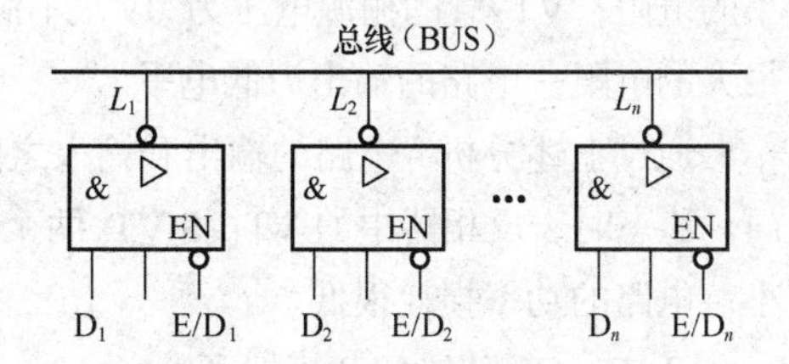

图 5.11　三态门应用举例

④ TTL 集成门电路使用时需注意的事项。

• TTL 集成逻辑门输入端口为"与"逻辑关系时，多余的输入端可以悬空（但不能带开路长线）、接高电平、并接到一个已被使用的输入端上等。TTL 集成逻辑门输入端口为"或"逻辑关

系时，多余的输入端可以接低电平、接地、并接到一个已被使用的输入端上等。不用的管脚可以悬空，不可以接地。

• 电源电压应根据集成逻辑门对参数的要求选定。一般 TTL 集成逻辑门的电源电压应满足 5V ± 0.5V 的要求；几个输入端引脚可以并联连接。

• 具有图腾结构的几个 TTL 与非门输出端不能并联。

• 集成电路的输出端接容性负载时，应在电容之前接限流大电阻（≥2.7kΩ），避免在开机瞬间出现较大的冲击电流致使集成芯片烧坏。

⑤ TTL 集成逻辑门电路的电源电压应满足 ± 5V 要求，输入信号电平应在 0~5V 之间；

⑥ 焊接时应选用 45W 以下的电烙铁，最好用中性焊剂，所用设备应接地良好。

（2）CMOS 集成电路

CMOS 集成电路是由 NMOS 管和 PMOS 管根据互补对称关系构成的 MOS 电路。CMOS 集成电路的优点是静态功耗很低，抗干扰能力强，稳定性好，开关速度较高，扇出系数大。虽然制造工艺复杂，但由于优点突出，在中、大规模集成电路得到了广泛的应用。

① CMOS 反相器。

a. 电路组成。在图 5.12 中，工作管 VT_1 是增强型 NMOS 管，负载管 VT_2 是 PMOS 管，两管的漏极 D 接在一起作为电路的输出端，两管的栅极 G 接在一起作为电路的输入端，VT_1 的源极 S_1 与其衬底相连并接地，VT_2 的源极 S_2 与其衬底相连并接电源 U_{DD}。

b. 工作原理。

• 如果要使电路中的绝缘栅型场效应管形成导电沟道，VT_1 的栅源电压必须大于开启电压的值，VT_2 的栅源电压必须低于开启电压的值，所以，为使电路正常工作，电源电压 U_{DD} 必须大于两管开启电压的绝对值之和。

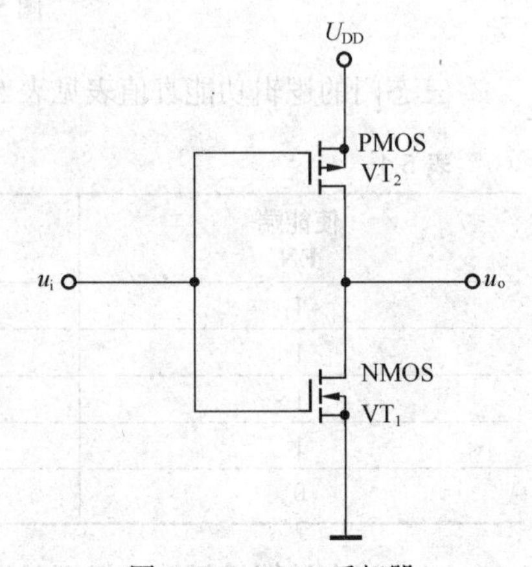

图 5.12 CMOS 反相器

• 当输入电压 u_i 为低电平时，VT_1 管的栅源电压小于开启电压，不能形成导电沟道，VT_1 截止，S_1 和 D_1 之间呈现很大的电阻；VT_2 管的栅源电压大于开启电压，能够形成导电沟道，VT_2 导通，S_2 和 D_2 之间呈现较小的电阻。电路的输出约为高电平 U_{DD}。

• 当输入电压 u_i 为高电平 U_{DD} 时，VT_1 管的栅源电压大于开启电压，形成导电沟道，VT_1 导通，S_1 和 D_1 之间呈现较小的电阻；VT_2 管的栅源电压为 0V，不满足形成导电沟道的条件，VT_2 截止，S_2 和 D_2 之间呈现很大的电阻。电路的输出为低电平。

通过上述分析，电路的输出和输入之间满足“非”逻辑关系，所以 CMOS 反相器就是一种非门。稳态时，反相器中的 VT_1 和 VT_2 两个管子中必然有一个截止，所以电源向电路提供的电流极小，电路的功率损耗很低。

② CMOS 传输门和模拟开关。

a. 电路组成。当一个 PMOS 管和一个 NMOS 管并联时就构成一个传输门，如图 5.13 所示。其中两管源极相接，作为输入端，两管漏极相连作为输出端。两管的栅极作为控制端，加互为相反的控制电压 CP 和 $\overline{CP}$ 。PMOS 管的衬底接 U_{DD}，NMOS 管的衬底接地。由于 MOS 管的结构对称，源极、漏极可以互换，所以输入、输出端可以对换。传输门因此也称之为双向开关。

b. 工作原理。当控制端 CP 为高电平 1V，$\overline{\text{CP}}$ 为低电平 0V 时，传输门导通，数据可以从输入传输到输出端，也可以从输出传输到输入端。即传输门可以实现数据的双向传输。当控制端 CP 为低电平 0V，$\overline{\text{CP}}$ 为高电平 1V 时，传输门截止，不能传输数据。

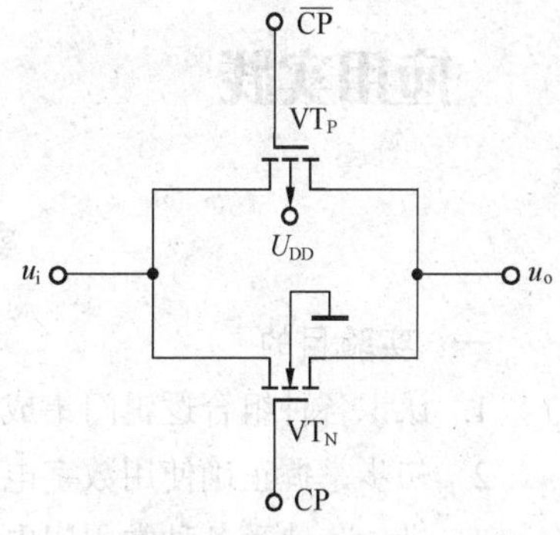

图 5.13　CMOS 传输门

传输门不但可以实现数据的双向传输，经改进后也可以组成单向传输数据的传输门，利用单向传输门还可以构成传送数据的总线，当传输门的控制信号由一个非门的输入和输出来提供时，又可构成一个模拟开关，其电路和原理在此不加论述。

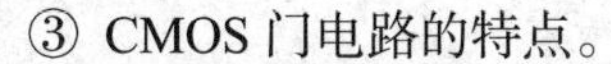

③ CMOS 门电路的特点。

• CMOS 电路的工作速度比 TTL 电路低。

• CMOS 电路的带负载能力比 TTL 电路差。

• CMOS 电路的集成度比 TTL 电路的集成度高。

• CMOS 电路的抗干扰能力比 TTL 电路强。

• CMOS 电路的功耗比 TTL 电路小得多。门电路的功耗只有几个微瓦，中规模集成电路的功耗也不会超过 100μW。

• CMOS 电路的电源电压允许范围较大，为 3~18V。

• CMOS 电路适合于特殊环境下工作。

④ CMOS 集成电路使用时应注意的事项

• CMOS 集成电路容易受静电感应而击穿，在使用和存放时应注意静电屏蔽，焊接时电烙铁应接地良好，尤其是 CMOS 集成电路多余不用的输入端不能悬空，其与门多余输入端应接高电平；或门的多余输入端应接地。

• CMOS 集成电路的电源电压应在规定的电压范围（3 ~ 15）V 内选定。电源电压的极性不能接反。为防止通过电源引入干扰信号，应根据具体情况对电源进行去耦和滤波。

• 同一芯片上的 CMOS 门，在输入相同时，输出端可以并联使用（目的是增大驱动能力），否则，输出端不许并联使用。

• CMOS 集成电路应在静电屏蔽下运输和存放。调试电路时，开机先接通电路板电源，后开信号源电源；关机时先关信号源电源，后断开电路板电源。严禁带电从插座上插拔器件。

CMOS 集成电路虽然出现较晚，但发展很快，更便于向大规模集成电路发展。其主要缺点是工作速度较低。

思考与问题

1. 基本逻辑门有哪些？同或门和异或门的功能是什么？两者有联系吗？
2. 你能说出常用复合门电路的种类吗？它们的功能如何？
3. 通常集成电路可分为哪两大类？这两大类芯片在使用时注意的事项相同吗？
4. 试述图腾结构的 TTL 与非门和 OC 门的主要区别是什么？
5. 三态门和普通 TTL 与非门有什么不同？主要应用在什么场合？
6. CMOS 传输门具有哪些用途？
7. TTL 与非门多余的输入端能否悬空处理？CMOS 门呢？

8. 普通 TTL 门的输出端能否并联连接？CMOS 门呢？

应用实践

实验一：基本逻辑门的功能测试

一、实验目的

1. 认识各种组合逻辑门集成芯片及其各管脚功能的排列情况。
2. 初步掌握正确使用数字电路实验系统。
3. 进一步熟悉各种常用门电路的逻辑符号及逻辑功能。
4. 了解 TTL、CMOS 两种集成电路外引线排列的差别及标示识别。

二、实验设备

1. 数字逻辑电路实验装置　　一套
2. 直流稳压电源　　一台
3. 各种基本逻辑门电路集成芯片　　若干
4. 数字万用表　　一只
5. 连接导线若干

三、实验原理

集成逻辑门电路是最简单、最基本的数字集成元件。任何复杂的组合电路和时序电路都可以用这些基本的逻辑门通过适当组合连接而成。虽然中、大规模集成电路相继问世，但组成某一系统时仍少不了各种门电路。因此，掌握逻辑门的工作原理，熟练、灵活地使用逻辑门是数字电子技术工作者所必备的基本功之一。

数字集成电路按照分立元件的不同分为 TTL 集成门电路和 CMOS 集成门电路两大类。其中 TTL 集成电路由于工作速度高、输出幅度较大、种类多、不易损坏而使用较多，特别对学生进行实验论证时选用 TTL 电路比较合适。74LS（或 74）系列集成电路均属于 TTL 集成电路，其工作电源电压为 5V，逻辑高电平 1≥2.4V，逻辑低电平 0≤0.4V。

74LS08 芯片上集成了 4 个 2 输入的与门，其引脚排列参看附录。

与门电路的功能：输入只要有一个为低电平，输出即为低电平；输入全部为高电平时，输出才为高电平。可简称为“有 0 出 0，全 1 出 1”。

74LS32 芯片上集成了四个 2 输入的或门，其引脚排列参看附录。

或门电路的功能：输入只要有一个为高电平，输出即为高电平；输入全部为低电平时，输出才为低电平。简称为“有 1 出 1，全 0 出 0”。

74LS00 芯片上集成了 4 个 2 输入的与非门，其引脚排列参看附录。

与非门实际上是与门的非。其电路功能：输入只要有一个为低电平，输出即为高电平；输入全部为高电平时，输出才为低电平。简称为“有 0 出 1，全 1 出 0”。

74LS20 芯片集成了 6 个反相器——非门，其引脚排列参看附录。

非门电路的功能：输入为低电平时，输出为高电平；输入为高电平时，输出为低电平。简称为“见 0 出 1，见 1 出 0”。

74LS86 芯片集成了 4 个 2 输入的异或门，其引脚排列参看附录。

异或门的电路功能：两输入相同时，输出为低电平；两输入不同时，输出才为高电平。我们简称其功能为“相异出 1，相同出 0”。

TTL 集成芯片管脚的识别方法：将集成芯片正面（有字的一面）对着使用者，以左边凹口或“·”标志点为起始引脚，从下往上按逆时针方向数引脚 1，引脚 2，引脚 3，……，引脚 n。使用时，查找电子手册可得到各管脚功能。

对于 74LS 系列 TTL 集成逻辑门，通常在集成芯片的左上端，即最后一个管脚+5V 电源端，右下角管脚通常是接“地”端 GND，其余管脚为输入和输出。

四、实验内容和步骤

1. 与门功能测试

将 74LS08 集成芯片插入 14 脚的 IC 空插座中，只用芯片中的一个与门作功能测试即可。注意输入、输出必须是同一个与门的引脚。连线注意把引脚 14 与+5V 直流电源相连；把管脚 7 与 GND 接地端相连。两个输入端分别用导线与数字电子实验装置上的两个逻辑电平开关相连，注意逻辑电平开关的高电平位置和低电平位置；输出端需与数字电子实验装置中的 LED 发光二极管相连。导线连接完毕后把电源打开对与门进行功能测试，并将实验结果用逻辑“0”或“1”来表示并填入表 5.2 中。

表 5.2

输　入		输　出				
		与门	或门	与非门	非门	异或门
A	B	$F_1 = AB$	$F_2 = A + B$	$F_3 = \overline{AB}$	$F_4 = \overline{A}$	$F_5 = A \oplus B$
0	0					
0	1					
1	0					
1	1					

输入按照附表中两输入 A、B 取值，观察输出情况，当 LED 发光二极管亮时，输出为高电平 1V，LED 发光二极管不亮时，输出为低电平 0V。把每一组输入所对应的输出真值填写在附表中。

2. 或门功能测试

将 74LS32 或门集成芯片插入 14 脚的 IC 空插座中，对四个门中的输入、输出引脚注脚相同的一个门做测试即可。实验连线时应把管脚 14 与+5V 直流电源相连；把管脚 7 与电源地端 GND 相连；或门的两个输入端分别用导线与数字电子实验装置上的两个逻辑电平开关相连，注意按照表 5.2 设置逻辑电平开关的高、低电平；或门输出端与数字电子实验装置中的 LED 发光二极管相连。导线连接完毕后把电源打开即可测试，当某输入情况下使 LED 发光二极管亮，则输出 F 为高电平 1V，否则为低电平 0V。将实验结果用逻辑 0 或逻辑 1 表示并填入表 5.2 中。

3. 与非门功能测试

将 74LS00 集成芯片插入 IC 空插座中，选择同一个门的输入端接逻辑电平开关，输出端接 LED 发光二极管，管脚 14 接+5V 电源，管脚 7 接地。将测试功能的结果填入附表中。

4. 非门功能测试

将 74LS04 集成芯片插入 IC 空插座中，选择一个非门的输入端接逻辑开关，同一非门输出端接 LED 发光二极管，管脚 14 接+5V 电源，管脚 7 接地。将功能测试结果填入附表中。

5. 异或门功能测试

将 74LS86 集成芯片插入 IC 空插座中，选择其中一个异或门的输入端接逻辑电平开关，其输

出端接 LED 发光二极管，管脚 14 接+5V 电源，管脚 7 接地。将功能测试结果填入附表中。

五、实验注意事项

1. TTL 门电路的输入端若不接信号，则应视为高电平。在插拔集成芯片时，必须注意首先切断电源。

2. 实验时，当输入端需要改接连线时，也必须在断电情况下进行操作。

3. 插拔集成芯片时，必须用双手按规范操作，注意不要把集成芯片管脚折断。

5.2 组合逻辑电路的分析和设计

学习目标

了解组合逻辑电路的分析步骤，掌握组合逻辑的分析方法；了解组合逻辑电路的设计步骤，初步掌握较为简单的三变量组合逻辑电路的设计方法。

1. 组合逻辑电路的分析

根据给定的逻辑电路，找出其输出信号和输入信号之间的逻辑关系，确定电路逻辑功能的过程叫作组合逻辑电路的分析。组合逻辑电路的一般分析步骤如下。

① 根据已知逻辑电路图用逐级递推法写出对应的逻辑函数表达式。

② 用公式法或卡诺图法对写出的逻辑函数式进行化简，得到最简逻辑表达式。

③ 根据最简逻辑表达式，列出相应的逻辑电路真值表。

④ 根据真值表找出电路可实现的逻辑功能并加以说明，以理解电路的作用。

【例 5.1】 分析图 5.14 所示的逻辑电路的功能。

【解】 ①对图 5.14 用逐级递推法写出输出 F 和 G 的逻辑函数表达式。

$$Z_1 = A \oplus B$$

$$Z_2 = \overline{(A \oplus B)C}$$

$$Z_3 = \overline{AB}$$

$$F = C \oplus (A \oplus B)$$

$$G = \overline{\overline{(A \oplus B)C} \cdot \overline{AB}} = (A \oplus B)C + AB$$

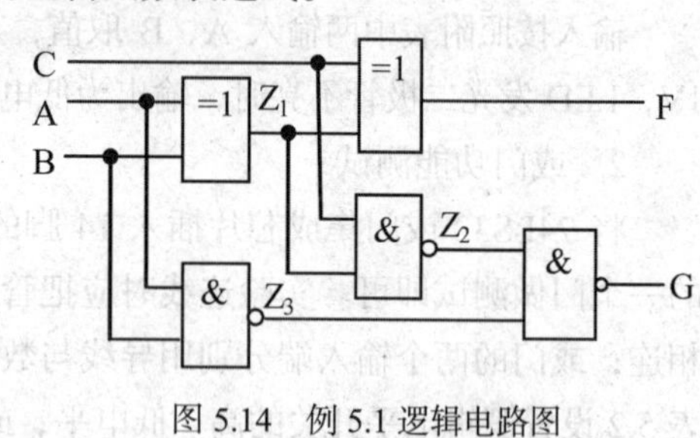

图 5.14 例 5.1 逻辑电路图

② 用代数法化简逻辑函数。

$$\begin{aligned} F &= C \oplus (A \oplus B) \\ &= C\overline{A\overline{B} + \overline{A}B} + \overline{C}(A\overline{B} + \overline{A}B) \\ &= C[(\overline{A} + B)(A + \overline{B})] + A\overline{B}\overline{C} + \overline{A}B\overline{C} \\ &= \overline{A}\overline{B}C + ABC + A\overline{B}\overline{C} + \overline{A}B\overline{C} \end{aligned}$$

$$\begin{aligned} G &= (A \oplus B)C + AB \\ &= C(A\overline{B} + \overline{A}B) + AB \\ &= A\overline{B}C + \overline{A}BC) + AB \\ &= AC + BC + AB \end{aligned}$$

③ 列出真值表见表 5.3。

表 5.3　　例 5.1 电路真值表

输入			输出	
A	B	C	F	G
0	0	0	0	0
0	0	1	1	0
0	1	0	1	0
0	1	1	0	1
1	0	0	1	0
1	0	1	0	1
1	1	0	0	1
1	1	1	1	1

④ 逻辑功能分析：观察真值表可得出电路的特点是：当输入信号中有两个或两个以上“1”时，输出 G 为“1”，其他为“0”；当输入信号中“1”的个数为奇数个时，输出 F 为“1”，其他为“0”。如果我们认为 A 和 B 分别是被加数和加数，C 是低位的进位数，则 F 是按二进制数计算时本位的和，G 是向高位的进位数。由此说明该电路是一个一位全加器。

【例 5.2】 分析图 5.15 所示的逻辑电路的功能。

【解】 ①对图用逐级递推法写出输出 F 的逻辑函数表达式。

$$P_1 = \overline{A}$$
$$P_2 = B + C$$
$$P_3 = \overline{BC}$$
$$P_4 = \overline{P_1 P_2} = \overline{\overline{A}(B+C)}$$
$$P_5 = \overline{AP_3} = \overline{A\overline{BC}}$$
$$F = \overline{P_4 P_5} = \overline{\overline{\overline{A}(B+C)}\,\overline{A\overline{BC}}}$$

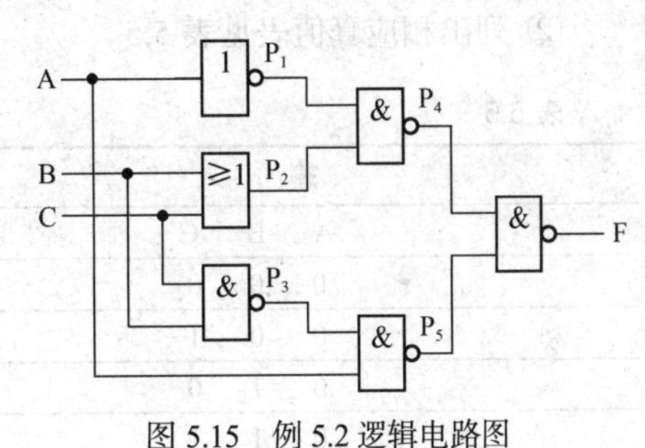

图 5.15　例 5.2 逻辑电路图

② 用代数法化简逻辑函数。

$$F = \overline{\overline{\overline{A}(B+C)}\,\overline{A\overline{BC}}} = \overline{A}(B+C) + A\overline{BC} = \overline{A}B + \overline{A}C + A\overline{B} + A\overline{C}$$

③ 列出真值表见表 5.4。

表 5.4　　例 5.2 电路真值表

输入			输出
A	B	C	F
0	0	0	0
0	0	1	1
0	1	0	1
0	1	1	1
1	0	0	1
1	0	1	1
1	1	0	1
1	1	1	0

④ 逻辑功能分析：观察真值表可得出电路的特点是：当输入信号中 3 个完全相同时输出为“0”，若 3 个输入中至少有一个不相同时输出即为“1”。由于三变量不一致时输出 F 为“1”，因此，这

是一个三变量不一致电路。

2. 组合逻辑电路设计

根据给定的逻辑功能，写出最简的逻辑函数式，并根据逻辑函数式构成相应组合逻辑电路的过程称为组合逻辑电路的设计。显然，设计与分析互为逆过程。

组合逻辑电路设计的一般步骤如下。

① 根据给出的条件和最终实现的功能，首先定出逻辑变量和逻辑函数，并用相应字母表示出来，其次用0和1各表示一种状态，由此找出逻辑变量和逻辑函数之间的关系。

② 根据逻辑变量和逻辑函数之间的关系列出真值表，根据真值表写出逻辑表达式。

③ 化简逻辑函数。

④ 根据最简逻辑表达式画出相应逻辑电路。

【例5.3】 设计一个多数表决器，3人参加表决，多数通过，少数否决。

【解】 ①逻辑变量和逻辑函数及其状态的设置。根据题目的要求，表决人对应输入逻辑变量，设用A、B、C表示；表决结果对应输出逻辑函数，用字母F表示。

设输入为“1”时，表示同意，为“0”时表示否决；输出为“1”时为通过，为“0”时提案被否决。

② 列出相应真值表见表5.5。

表5.5　　例5.3电路真值表

输入	输出
A　B　C	F
0　0　0	0
0　0　1	0
0　1　0	0
0　1　1	1
1　0　0	0
1　0　1	1
1　1　0	1
1　1　1	1

③ 写出逻辑函数表达式并化简。由于真值表中的每一行对应一个最小项，所以将输出为“1”的最小项用“与”项表示后进行逻辑加，即可得到逻辑函数的最小项表达式。在写最小项时，逻辑变量为“0”时用反变量表示，为1时用原变量表示。

在真值表中输出逻辑函数共有4个1，所以最小项表达式共有4个，它们是：

$$011 \to \overline{A}BC;\ 101 \to A\overline{B}C;\ 110 \to AB\overline{C};\ 111 \to ABC\ 。$$

即：$F = \overline{A}BC + A\overline{B}C + AB\overline{C} + ABC$

用卡诺图化简，如图5.16所示。

化简结果得：　　$F = AB + BC + CA$

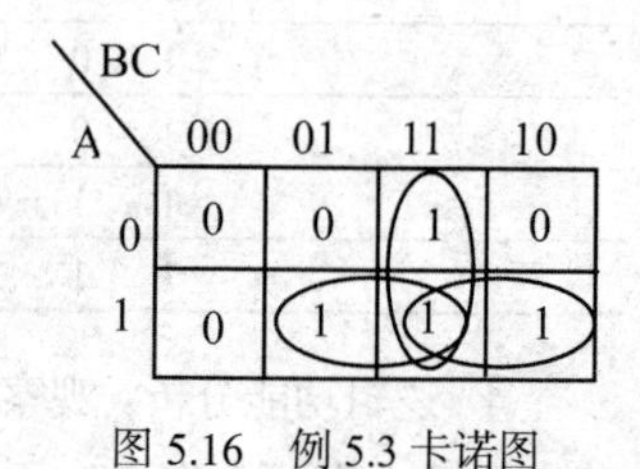

图5.16　例5.3卡诺图

④根据逻辑函数式可画出逻辑电路图。由于实际制作逻辑电路的过程中，一块集成芯片上往往有多个同类门电路，所以在构成具体逻辑电路时，通常只选用一种门电路，而且一般选用与非门的较

多。因此，此多数表决电路的逻辑函数式可利用反演率，很容易得到与非与非式。即：

$$F = \overline{\overline{AB + BC + CA}} = \overline{\overline{AB} \cdot \overline{BC} \cdot \overline{CA}}$$

这样，我们就得到了如图 5.17 所示的由 4 个与非门构成的多数表决器逻辑电路。

中、大规模集成电路的出现，使组合逻辑电路在设计概念上也随之发生了很大的变化，现在已经有了逻辑功能很强的组合逻辑器件，灵活地应用它们，将会使组合逻辑电路在设计时事半功倍。

思考与问题

1. 分析图 5.18 所示电路的逻辑功能。
2. 设计一个三变量判奇电路。

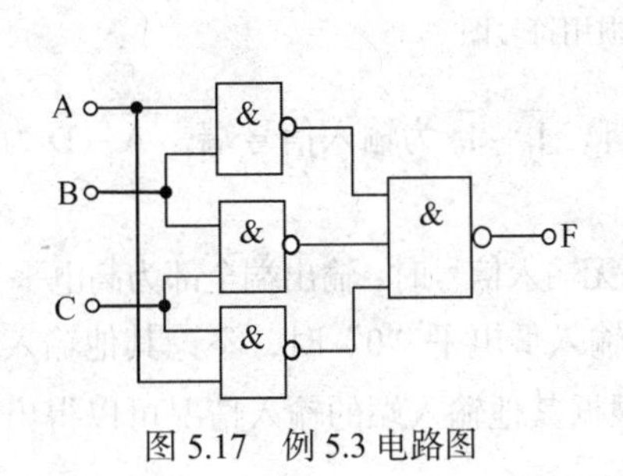

图 5.17　例 5.3 电路图

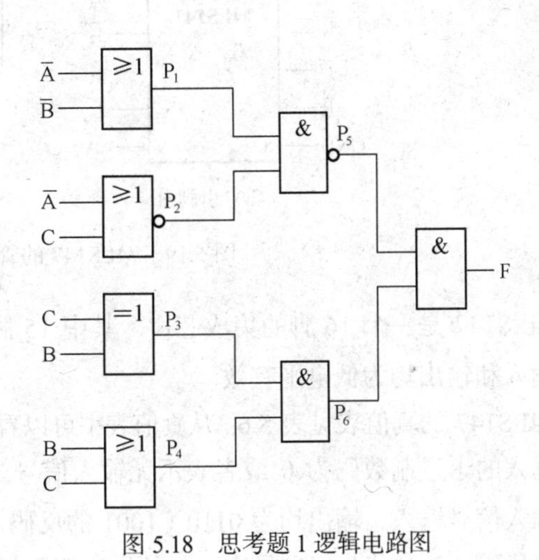

图 5.18　思考题 1 逻辑电路图

5.3 常用的组合逻辑电路器件

学习目标

了解编码器、译码器、数据选择器、数据比较器等典型中规模组合逻辑标准器件的逻辑功能与使用方法。

1. 编码器

把若干个 0 和 1 按一定规律编排起来的过程称为**编码**。通过编码获得的不同二进制数的组合称为**代码**。代码是计算机能够识别的、用来表示某一对象或特定信息的数字符号。

十进制编码或某种特定信息的编码难于用电路来实现，在数字电路中通常采用二进制编码或二—十进制编码。二进制编码是将某种特定信息编成二进制代码的电路；二—十进制编码是将十进制的十个数码编成二进制代码的电路。

在数字系统中，当编码器同时有多个输入为有效时，常要求输出不但有意义，而且应按事先编排好的优先顺序输出，即要求编码器只对其中优先权最高的一个输入信号进行编码，具有此功能的编码器称为优先编码器。

优先编码器电路中，允许同时输入两个以上的编码信号。只不过优先编码器在设计时已经将所有的输入信号按优先顺序排了队，当几个输入信号同时出现时，优先编码器只对其中优先权最高的一个输入信号实行编码。

（1）10线—4线优先编码器

10线—4线优先编码器是将十进制数码转换为二进制数码的组合逻辑电路。74LS147优先编码器的管脚排列图如图5.19所示。

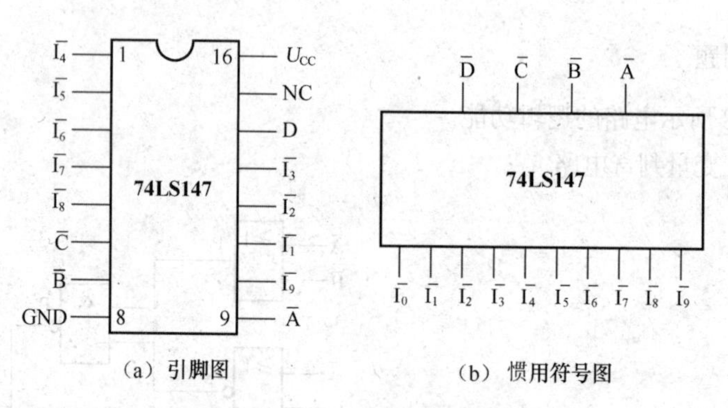

（a）引脚图　　（b）惯用符号图

图5.19　74LS147的管脚图和惯用符号图

74LS147是一个16脚的集成芯片，其中15脚为空脚，$\overline{I_1} \sim \overline{I_9}$ 为输入信号端，$\overline{A} \sim \overline{D}$ 为输出端。输入和输出均为低电平有效。

74LS147的真值表见表5.6。从真值表中可以看出，当无输入信号时，输出端全部为高电平“1”，表示输入的十进制数码为0或者表示无输入信号。当 $\overline{I_9}$ 输入低电平“0”时，不论其他输入端是否有输入信号输入，输出均为0110（1001的反码）。再根据其他输入端的输入情况可以得出相应的输出代码，$\overline{I_9}$ 的优先级别最高，$\overline{I_1}$ 的优先级别最低。

表5.6　74LS147编码器真值表

输入									输出			
$\overline{I_1}$	$\overline{I_2}$	$\overline{I_3}$	$\overline{I_4}$	$\overline{I_5}$	$\overline{I_6}$	$\overline{I_7}$	$\overline{I_8}$	$\overline{I_9}$	$\overline{D}$	$\overline{C}$	$\overline{B}$	$\overline{A}$
×	×	×	×	×	×	×	×	×	1	1	1	1
×	×	×	×	×	×	×	×	0	0	1	1	0
×	×	×	×	×	×	×	0	1	0	1	1	1
×	×	×	×	×	×	0	1	1	1	0	0	0
×	×	×	×	×	0	1	1	1	1	0	0	1
×	×	×	×	0	1	1	1	1	1	0	1	0
×	×	×	0	1	1	1	1	1	1	0	1	1
×	×	0	1	1	1	1	1	1	1	1	0	0
×	0	1	1	1	1	1	1	1	1	1	0	1
0	1	1	1	1	1	1	1	1	1	1	1	0

（2）8线—3线优先编码器74LS148

74LS148芯片是一种优先编码器。在优先编码器中优先级别高的信号排斥优先级别低的信号，具有单方面排斥的特性。74LS148的管脚排列图和惯用符号图如图5.20所示。图中 $\overline{I_0} \sim \overline{I_7}$ 为输入信号端，$\overline{Y_0} \sim \overline{Y_2}$ 为输出端，$\overline{S}$ 为使能输入端，$\overline{O_E}$ 为使能输出端，$\overline{G_S}$ 为片优先编码输出端。

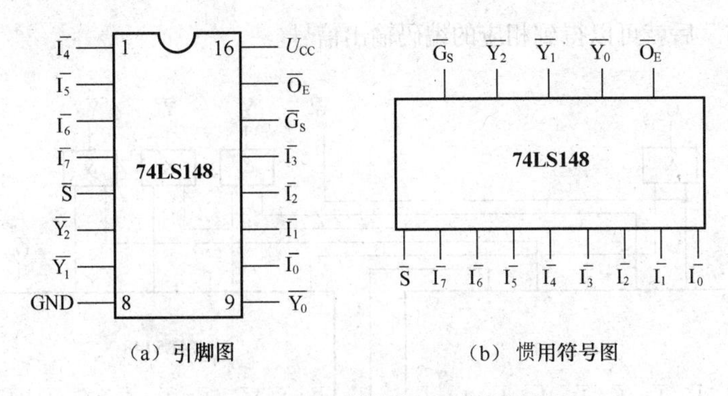

图 5.20　74LS148 的管脚图和惯用符号图

在表示输入、输出端的字母上，“非”号表示低电平有效。

当使能输入端$\overline{S}=1$时，电路处于禁止编码状态，所有的输出端全部输出高电平“1”；当使能输入端$\overline{S}=0$时，电路处于正常编码状态，输出端的电平由$\overline{I_0}\sim\overline{I_7}$的输入信号而定。$\overline{I_7}$的优先级别最高，$\overline{I_0}$的优先级别最低。

使能输出端$\overline{O_E}=0$时，表示电路处于正常编码同时又无输入编码信号的状态。

74LS148 集成芯片的真值表见表 5.7。

表 5.7　　74LS148 编码器真值表

输入		输出	
$\overline{S}$	$\overline{I_0}$ $\overline{I_1}$ $\overline{I_2}$ $\overline{I_3}$ $\overline{I_4}$ $\overline{I_5}$ $\overline{I_6}$ $\overline{I_7}$	$\overline{Y_2}$ $\overline{Y_1}$ $\overline{Y_0}$	$\overline{G_S}$ $\overline{O_E}$
1	× × × × × × × ×	1 1 1	1 1
0	1 1 1 1 1 1 1 1	1 1 1	1 0
0	× × × × × × × 0	0 0 0	0 1
0	× × × × × × 0 1	0 0 1	0 1
0	× × × × × 0 1 1	0 1 0	0 1
0	× × × × 0 1 1 1	0 1 1	0 1
0	× × × 0 1 1 1 1	1 0 0	0 1
0	× × 0 1 1 1 1 1	1 0 1	0 1
0	× 0 1 1 1 1 1 1	1 1 0	0 1
0	0 1 1 1 1 1 1 1	1 1 1	0 1

从真值表中可以解读出优先编码器 74LS148 输出和输入之间的关系。

74LS148 使能端的主要作用是本块编码器芯片工作状态的控制：当使能端$\overline{S}=0$时允许编码；当$\overline{S}=1$时各输出端及$\overline{O_E}$、$\overline{G_S}$均封锁，编码被禁止。使能端$\overline{O_E}$是选通输出端，级联应用时，高位片的$\overline{G_S}$端与低位片的$\overline{S}$端连接起来，可以扩展优先编码功能。$\overline{G_S}$为优先扩展输出端，级联应用时可作为输出位的扩展端。

利用使能端的作用，可以用两块 74LS148 扩展为 16 线—4 线优先编码器，如图 5.21 所示。

当高位芯片的使能输入端为“0”时，允许对$\overline{I_8}\sim\overline{I_{15}}$编码，当高位芯片有编码信号输入时，$\overline{O_E}$为 1，它控制低位芯片处于禁止状态；若当高位芯片无编码信号输入时，$\overline{O_E}$为 0，低位芯片处于编码状态。高位芯片的$\overline{G_S}$端作为输出信号的高位端，输出信号的低三位由两块芯片的输出端对应位相“与”后得到。在有编码信号输入时，两块芯片只能有一块工作于编码状态，输出也是低电平有效，相“与”后就可以得到相应的编码输出信号。

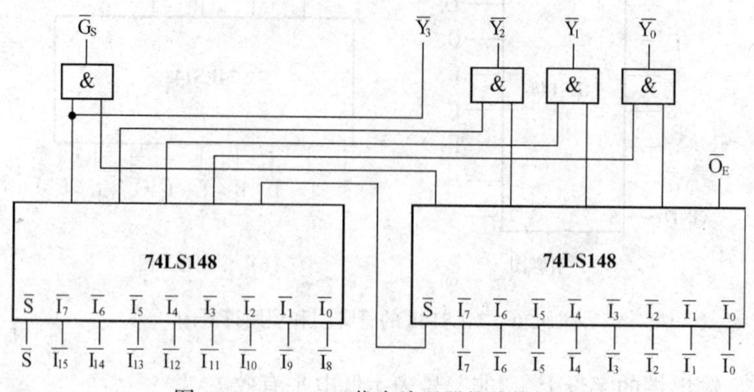

图 5.21　74LS148 优先编码器的功能扩展

2. 译码器

译码和编码的过程相反，译码器的作用是把给定的二进制代码“翻译”成对应的特定信息或十进制数码，输出人们熟悉的信号输出。译码器在数字系统中不仅用于代码的转换、终端的数字显示，还用于数据分配、存储器寻址和组合控制信号等。

译码器可分为变量译码器、代码变换译码器和显示译码器。我们主要介绍变量译码器和显示译码器的外部工作特性和应用。

（1）变量译码器

74LS138 是一个有 16 个管脚的变量译码器，具有电源端，“地”端，3 个输入端 A_2、A_1、A_0，8 个输出端 $\overline{Y_7} \sim \overline{Y_0}$，3 个使能端 G_1、$\overline{G_{2A}}$、$\overline{G_{2B}}$。其管脚图和惯用符号如图 5.22 所示。

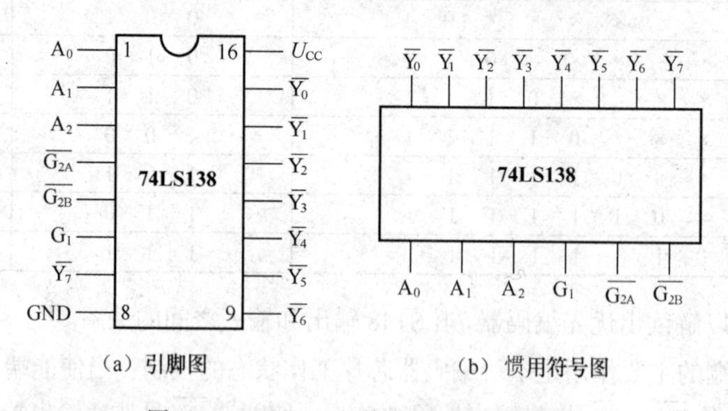

（a）引脚图　　　　（b）惯用符号图

图 5.22　74LS148 的管脚图和惯用符号图

输入和输出之间的关系见表 5.8。

表 5.8　　74LS138 译码器真值表

输入					输出							
G_1	$\overline{G_{2A}}$ $\overline{G_{2B}}$	A_2	A_1	A_0	$\overline{Y_0}$	$\overline{Y_1}$	$\overline{Y_2}$	$\overline{Y_3}$	$\overline{Y_4}$	$\overline{Y_5}$	$\overline{Y_6}$	$\overline{Y_7}$
×	1	×	×	×	1	1	1	1	1	1	1	1
0	×	×	×	×	1	1	1	1	1	1	1	1

续表

输　入					输　出							
G_1	$\overline{G_{2A}}$　$\overline{G_{2B}}$	A_2	A_1	A_0	$\overline{Y_0}$	$\overline{Y_1}$	$\overline{Y_2}$	$\overline{Y_3}$	$\overline{Y_4}$	$\overline{Y_5}$	$\overline{Y_6}$	$\overline{Y_7}$
1	0	0	0	0	0	1	1	1	1	1	1	1
1	0	0	0	1	1	0	1	1	1	1	1	1
1	0	0	1	0	1	1	0	1	1	1	1	1
1	0	0	1	1	1	1	1	0	1	1	1	1
1	0	1	0	0	1	1	1	1	0	1	1	1
1	0	1	0	1	1	1	1	1	1	0	1	1
1	0	1	1	0	1	1	1	1	1	1	0	1
1	0	1	1	1	1	1	1	1	1	1	1	0

从真值表中可看出，当输入使能端 G_1 为低电平“0”时，无论其他输入端为何值，输出全部为高电平“1”；当输入使能端 $\overline{G_{2A}}$ 和 $\overline{G_{2B}}$ 中至少有一个为高电平“1”时，无论其他输入端为何值，输出全部为高电平“1”；当 G_1 为高电平“1”、$\overline{G_{2A}}$ 和 $\overline{G_{2B}}$ 同时为低电平“0”时，由 A_2、A_1、A_0 决定输出端中输出低电平“0”的一个输出端，其他输出为高电平“1”。（将输入 A_2、A_1、A_0 看作二进制数，它所代表的十进制数，就是输出低电平输出端的下标。）两片 74LS138 可以构成 4 线—16 线译码器，连接方法如图 5.23 所示。

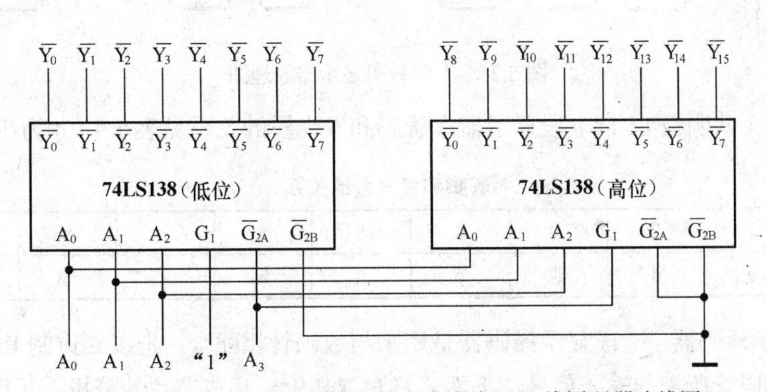

图 5.23　两片 74LS138 译码器扩展成 4 线—16 线译码器连线图

A_3、A_2、A_1、A_0 为扩展后电路的信号输入端，$\overline{Y_{15}}\sim\overline{Y_0}$ 为输出端。当输入信号最高位 $A_3=0$ 时，高位芯片被禁止，$\overline{Y_{15}}\sim\overline{Y_8}$ 输出全部为“1”，低位芯片被选中，低电平“0”输出端由 A_2、A_1、A_0 决定。$A_3=1$ 时，低位芯片被禁止，$\overline{Y_7}\sim\overline{Y_0}$ 输出全部为“1”，高位芯片被选中，低电平“0”输出端由 A_2、A_1、A_0 决定。

用 74LS138 还可以实现三变量或者二变量的逻辑函数。因为变量译码器的每一个输出端的低电平都与输入逻辑变量的一个最小项相对应，所以当我们将逻辑函数变换为最小项表达式时，只要从相应的输出端取出信号，送入与非门的输入端，与非门的输出信号就是要求的逻辑函数。

【例 5.4】 已知函数 $F=\overline{A}B+\overline{B}C+A\overline{C}$，试用译码器 74LS138 实现。

【解】 F 的最小项表达式为：

$$F=\overline{A}BC+\overline{A}B\overline{C}+A\overline{B}C+\overline{A}\overline{B}C+AB\overline{C}+A\overline{B}\overline{C}=\sum m(1,\ 2,\ 3,\ 4,\ 5,\ 6)$$

逻辑电路如图 5.24 所示。

（2）显示译码器

显示译码器是将二进制代码变换成显示器件所需特定状态的逻辑电路。

① 数码显示器。数码显示器是常用的显示器件之一。常用的数码显示器也叫作数码管，类型有半导体发光二极管（LED）数码显示器和液晶数码显示器（LCD）。用七段（或八段，含小数点）显示单元做成“日”字形，用来显示 0～9 十个数码，如图 5.25 所示。

数码显示器在结构上分为共阴极和共阳极两种，共阴极结构的数码显示器需要高电平驱动才能显示；共阳极结构的数码显示器需要低电平驱动才能显示。所以，驱动数码显示器的译码器，除逻辑关系和连接要正确外，电源电压和驱动电流应在显示器规定的范围内，不得超过显示器允许的功耗。

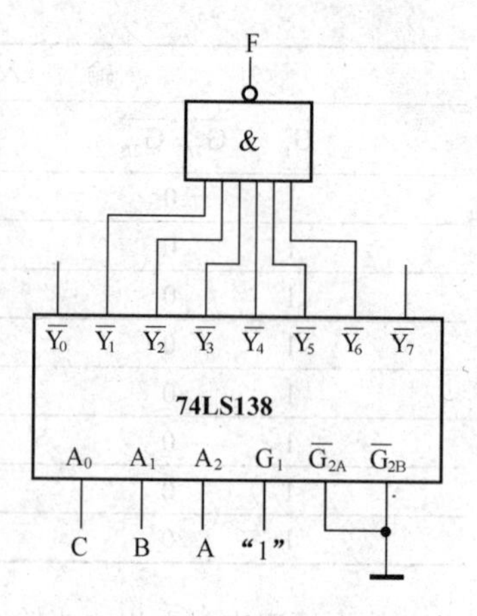

图 5.24 例 5.4 逻辑电路图

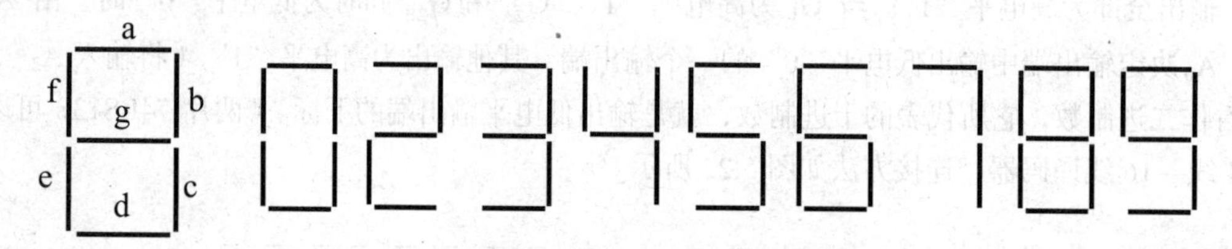

图 5.25 七段数码显示器原理图

TS547 是一个共阴极 LCD 七段显示器。管脚和发光段的关系见表 5.9（h 为小数点）。

表 5.9 管脚和发光段的关系

管 脚	1	2	3	4	5	6	7	8	9	10
功 能	e	d	地	c	h	b	a	地	f	g

② 七段显示译码器。七段显示译码器是用来与数码管相配合、把以二进制 BCD 码表示的数字信号转换为数码管所需的输入信号。下面通过对 74LS48 集成芯片的分析，了解这一类集成逻辑器件的功能和使用方法。

74LS48 是一个 16 脚的集成器件，除电源、接地端外，有 4 个输入端 A_3、A_2、A_1、A_0，输入四位二进制 BCD 码，高电平有效；7 个输出端 a～g，内部的输出电路有上拉电阻，可以直接驱动共阴极数码管；3 个使能端 $\overline{LT}$、$\overline{BI}/\overline{RBO}$ 和 $\overline{RBI}$。集成芯片引脚排列关系和常用符号见图 5.26 所示。

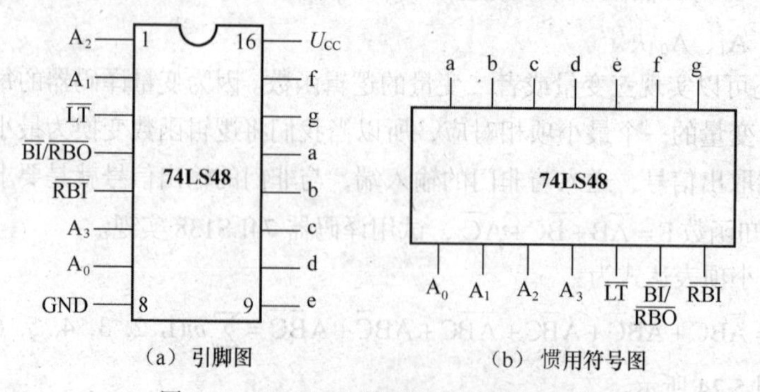

（a）引脚图 （b）惯用符号图

图 5.26 74LS48 的管脚排列图和惯用符号

74LS48 的逻辑功能如下所述。

① 灯测试端$\overline{LT}$：当$\overline{LT}=0$，$\overline{BI}=1$时，不论其他输入端为何种电平，所有的输出端全部输出“1”电平，驱动数码管显示数字 8。所以$\overline{LT}$端可以用来测试数码管是否发生故障、输出端和数码管之间的连接是否接触不良。正常使用时，$\overline{LT}$应处于高电平或者悬空。

② 灭灯输入端$\overline{BI}$：当$\overline{BI}=0$时，不论其他输入端为何种电平，所有的输出端全部输出为低电平“0”，数码管不显示。

③ 动态灭零输入端$\overline{RBI}$：当$\overline{LT}=\overline{BI}=1$，$\overline{RBI}=0$时，若 $A_3A_2A_1A_0=0000$，所有的输出端全部输出为“0”，数码管不显示；若 A_3、A_2、A_1、A_0 输入其他代码组合时，译码器正常输出。

④ 灭零输出端$\overline{RBO}$：$\overline{RBO}$和灭灯输入端$\overline{BI}$连在一起。$\overline{RBI}=0$ 且 $A_3A_2A_1A_0=0000$ 时，$\overline{RBO}$输出为 0，表明译码器处于灭零状态。在多位显示系统中，利用$\overline{RBO}$输出的信号，可以将整数前部（将高位的$\overline{RBO}$连接相邻低位的$\overline{RBI}$）和小数尾部（将低位的$\overline{RBO}$连接相邻高位的$\overline{RBI}$）多余的 0 灭掉，以便读取结果。

⑤ 正常工作状态下，$\overline{LT}$、$\overline{BI}/\overline{RBI}$、$\overline{RBI}$悬空或接高电平，在 A_3、A_2、A_1、A_0 端输入一组 8421BCD 码，在输出端可得到一组 7 位的二进制代码，代码组送入数码管，数码管就可以显示与输入相对应的十进制数。

74LS48 的功能真值表见表 5.10。

表 5.10　　　　74LS48 真值表

$\overline{LT}$	$\overline{RBI}$	$\overline{BI}/\overline{RBO}$	$A_3\ A_2\ A_1\ A_0$	a b c d e f g	功能显示
0	×	1	× × × ×	1 1 1 1 1 1 1	试灯
×	×	0	× × × ×	0 0 0 0 0 0 0	熄灭
1	0	0	0 0 0 0	0 0 0 0 0 0 0	灭 0
1	1	1	0 0 0 0	1 1 1 1 1 1 0	显示 0
1	×	1	0 0 0 1	0 1 1 0 0 0 0	显示 1
1	×	1	0 0 1 0	1 1 0 1 1 0 1	显示 2
1	×	1	0 0 1 1	1 1 1 1 0 0 1	显示 3
1	×	1	0 1 0 0	0 1 1 0 0 1 1	显示 4
1	×	1	0 1 0 1	1 0 1 1 0 1 1	显示 5
1	×	1	0 1 1 0	1 0 1 1 1 1 1	显示 6
1	×	1	0 1 1 1	1 1 1 0 0 0 0	显示 7
1	×	1	1 0 0 0	1 1 1 1 1 1 1	显示 8
1	×	1	1 0 0 1	1 1 1 1 0 1 1	显示 9
1	×	1	1 0 1 0	0 0 0 1 1 0 1	显示⊏
1	×	1	1 0 1 1	0 0 1 1 0 0 1	显示⊐
1	×	1	1 1 0 0	0 1 1 1 1 1 0	显示⊔
1	×	1	1 1 0 1	1 0 0 1 0 1 1	显示⊆
1	×	1	1 1 1 0	0 0 0 1 1 1 1	显示⊢
1	×	1	1 1 1 1	0 0 0 0 0 0 0	无显示

一般时间显示电路中的小时位连接方法如图 5.27 所示。在图中，当十位输入数码“0”时，

应灭零；而个位输入的数码“0”应显示。

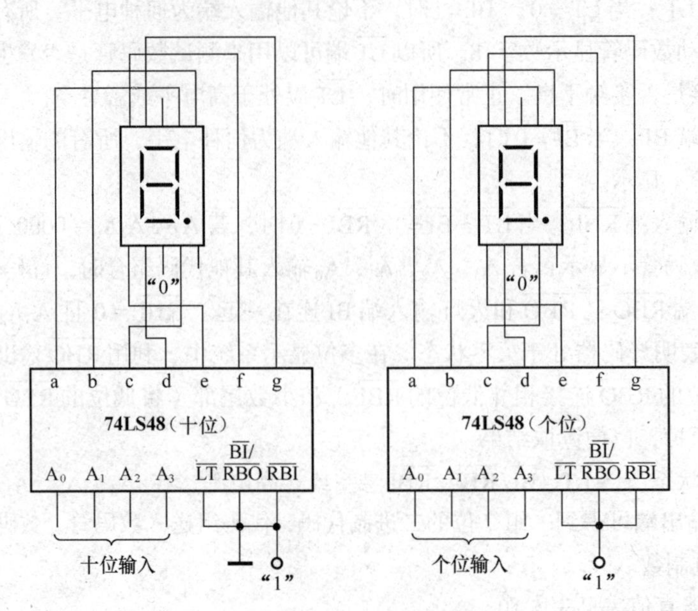

图 5.27　时间显示电路中的小时位连接方法

3. 数值比较器

在数字系统中，特别是在计算机中都需具有运算功能，一种简单的运算就是比较两个数 A 和 B 的大小。数值比较器就是对 A、B 两数进行比较，根据比较的结果决定下一步的操作。具有这种功能的电路，称为数值比较器。

（1）一位数值比较器

当对两个一位二进制数 A 和 B 进行比较时，数值比较器的比较结果有 3 种情况，A < B、A = B 和 A > B。其比较关系见表 5.11。

表 5.11　　一位数值比较器真值表

A	B	$Y_{A<B}$	$Y_{A=B}$	$Y_{A>B}$
0	0	0	1	0
0	1	1	0	0
1	0	0	0	1
1	1	0	1	0

由表中可以得到一位数值比较器输出和输入之间的关系如下：

$$Y_{A<B}=\overline{A}B$$

$$Y_{A=B}=\overline{A}\,\overline{B}+AB=\overline{\overline{A}B+A\overline{B}}$$

$$Y_{A>B}=A\overline{B}$$

由上式可画出逻辑电路图，如图 5.28 所示。

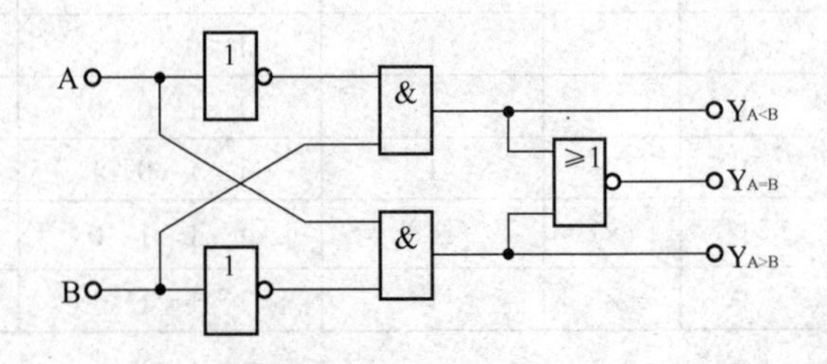

图 5.28　一位数值比较器逻辑电路图

（2）集成数值比较器

常用的集成比较器有 74LS85（四位数值比较器），74LS521（八位数值比较器）等。下面通过对 74LS85 的分析，了解这一类集成逻辑器件的使用方法。

74LS85 是一个 16 脚的集成逻辑器件，它的管脚排列如图 5.29 所示，其输入和输出均为高电平有效。除了两个四位二进制数的输入端和 3 个比较结果的输出端外，还增加了 3 个低位比较结果的输入端，用作比较器“扩展”比较位数。

采用两个 74LS85 芯片级联，可构成八位数值比较器。两片 74LS85 的位数扩展图如图 5.30 所示。

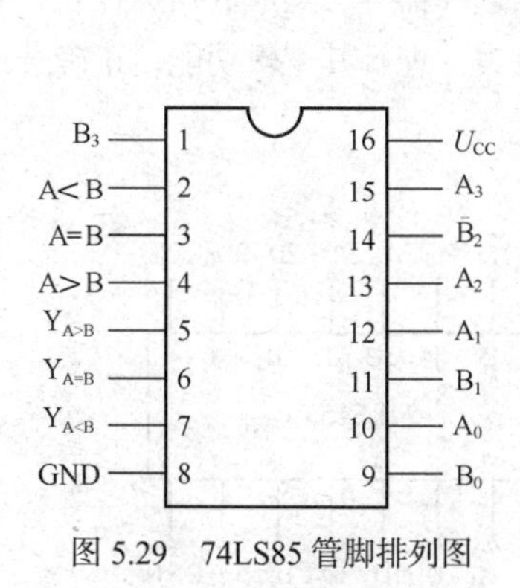

图 5.29　74LS85 管脚排列图

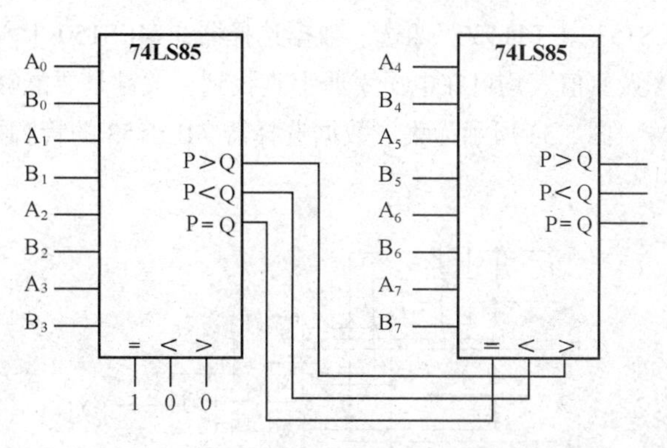

图 5.30　两片 74LS85 级联的位数扩展图

由图可看出，两块集成芯片采用串联连接形式，低四位的比较结果作为高四位的条件：将低位的输出端和高位的比较输入端对应相连，高位芯片的输出端作为整个八位比较器的比较结果输出端。这种串联连接的扩展方法结构简单，但运算速度低。

74LS85 的位数扩展也可采用并联扩展两级比较法。并联扩展各组的比较是并行进行的，因此运算速度比级联扩展快。

4. 数据选择器

在多路数据传送过程中，能够根据需要将其中任意一路挑选出来的电路，称为数据选择器，也叫作多路开关。

例如，4 选 1 数据选择器，示意框图如图 5.31 所示。

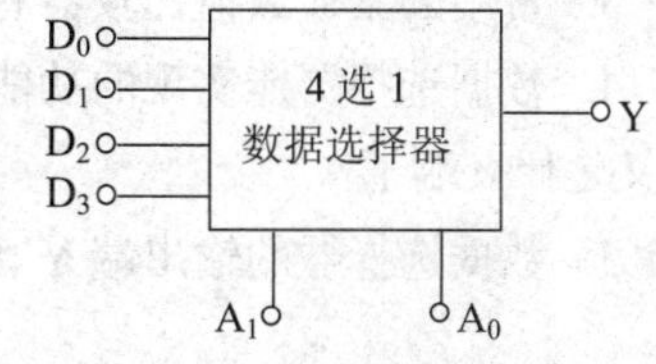

图 5.31　四选一数据选择器示意框图

其输入信号的四路数据通常用 D_0、D_1、D_2、D_3 来表示；两个选择控制信号分别用 A_1、A_0 表示；输出信号用 Y 表示，Y 可以是四路输入数据中的任意一路，由选择控制信号 A_1、A_0 来决定。

当 A_1A_0=00 时，Y=D_0；A_1A_0=01 时，Y=D_1；A_1A_0=10 时，Y=D_2；A_1A_0=11 时，Y=D_3。对应真值表见表 5.12。

由真值表可得到 4 选 1 数据选择器的逻辑表达式为：

$$Y = D_0\overline{A_1}\,\overline{A_0} + D_1\overline{A_1}A_0 + D_2A_1\overline{A_0} + D_3A_1A_0$$

表 5.12　　4 选 1 数据选择器真值表

输　入			输　出
D	A_1	A_0	Y
D_0	0	0	D_0
D_1	0	1	D_1
D_2	1	0	D_2
D_3	1	1	D_3

由逻辑表达式可画出对应的逻辑电路如图 5.32 所示。

集成数据选择器的规格较多，常用的数据选择器型号有 74LS151、CT4138 八选一数据选择器，74LS153、CT1153 双四选一数据选择器，74LS150 十六选一数据选择器等。集成数据选择器的管脚图及真值表均可在电子手册上查找到，关键是要能够看懂真值表，理解其逻辑功能，正确选用型号。图 5.33 所示为集成数据选择器 74LS153 的管脚排列图。

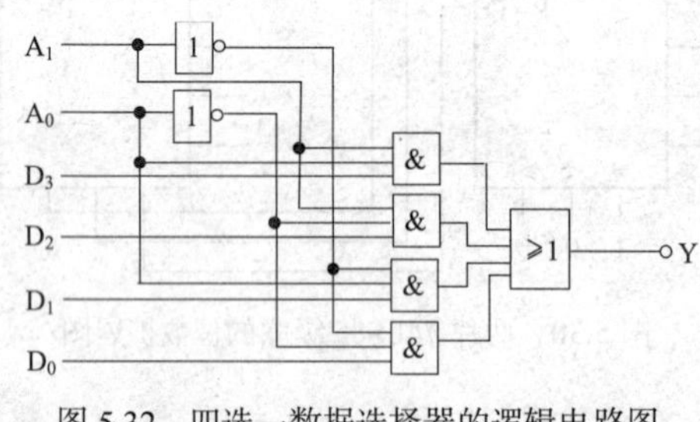

图 5.32　四选一数据选择器的逻辑电路图

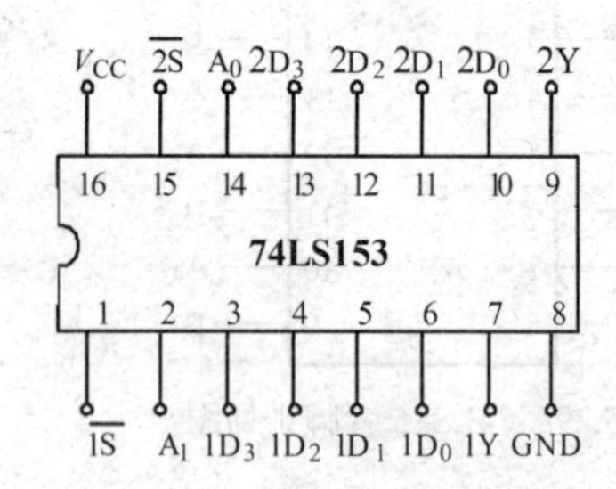

图 5.33　74LS153 的管脚排列图

集成数据选择器 74LS153 中，D_0~D_3 是输入的四路信号；A_0、A_1 是地址选择控制端；$\overline{S}$ 是选通控制端；Y 是输出端。输出端 Y 可以是四路输入数据中的任意一路。

思考与问题

1. 何谓编码？优先编码器中“优先”二字如何理解？

2. 译码器的输入量是什么？输出量又是什么？你能熟练画出七段数码管对应 7 个发光二极管的符号图吗？

3. 常用的集成数值比较器有哪些型号？扩展连接方式一般采用哪两种？各有何特点？

4. 数据选择器能实现的功能是什么？集成数据选择器 74LS153 中，D_0~D_3 是什么端子？A_0、A_1 又是什么端子？

5. 数据选择器的输出端 Y 由电路中的什么信号来控制？

应用实践

实验一：基本逻辑门的功能测试

一、实验目的

1. 认识各种组合逻辑门集成芯片及其各管脚功能的排列情况。

2. 初步掌握正确使用数字电路实验系统。

3. 进一步熟悉各种常用门电路的逻辑符号及逻辑功能。

4. 了解 TTL、CMOS 两种集成电路外引线排列的差别及标示识别。

二、实验设备

1. 数字逻辑电路实验装置　　　　　一套
2. 直流稳压电源　　　　　　　　　一台
3. 各种基本逻辑门电路集成芯片　　若干
4. 数字万用表　　　　　　　　　　一只
5. 连接导线若干

三、实验原理

集成逻辑门电路是最简单、最基本的数字集成元件。任何复杂的组合电路和时序电路都可以用这些基本的逻辑门通过适当组合连接而成。虽然中、大规模集成电路相继问世，但组成某一系统时仍少不了各种门电路。因此，掌握逻辑门的工作原理，熟练、灵活地使用逻辑门是数字技术工作者所必备的基本功之一。

数字集成电路按照分立元件的不同分为 TTL 集成门电路和 CMOS 集成门电路两大类。其中 TTL 集成电路由于工作速度高、输出幅度较大、种类多、不易损坏而使用较广，特别对学生进行实验论证时选用 TTL 电路比较合适。74LS（或 74）系列集成电路均属于 TTL 集成电路，其工作电源电压为 5V，逻辑高电平 1 时≥2.4V，低电平 0 时≤0.4V。

74LS08 是集成了 4 个 2 输入的“与门”电路，其引脚排列参看附录。

“与门”电路的功能是：输入只要有一个为低电平，输出即为低电平；只有输入全部为高电平时，输出才为高电平。我们简称其功能为“有 0 出 0，全 1 出 1”。

74LS32 是集成了 4 个 2 输入的“或门”电路，其引脚排列参看附录。

“或门”电路的功能是：输入只要有一个为高电平，输出即为高电平；只有输入全部为低电平时，输出才为低电平。我们简称其功能为“有 1 出 1，全 0 出 0”。

74LS00 是集成了 4 个 2 输入的“与非门”电路，其引脚排列参看附录。

“与非门”实际上是“与门”的非。其电路功能是：输入只要有一个为低电平，输出即为高电平；只有输入全部为高电平时，输出才为低电平。我们简称其功能为“有 0 出 1，全 1 出 0”。

74LS20 是集成了 6 个反相器的“非门”电路，其引脚排列参看附录。

“非门”电路的功能是：输入为低电平时，输出为高电平；输入为高电平时，输出为低电平。我们简称其功能为“见 0 出 1，见 1 出 0”。

74LS86 是集成了 4 个 2 输入的“异或门”电路，其引脚排列参看附录。

“异或门”的电路功能是：两输入相同时，输出为低电平；两输入不同时，输出才为高电平。我们简称其功能为“相异出 1，相同出 0”。

TTL 门电路集成芯片管脚的识别方法是：将集成块正面（有字的一面）对准使用者，以左边凹口或小标志点“·”为起始引脚，从下往上按逆时针方向向前数 1，2，3，...，*n* 脚。使用时，查找电子手册即可得知各管脚功能。

对于 TTL 型的 74LS 系列集成逻辑门电路，通常在集成芯片的左上端，即最后一个管脚是“5V”电源端，而在右下角的管脚通常接“地”端 GND，其余管脚为输入和输出。

四、实验内容和步骤

（1）与门功能测试

将74LS08集成片插入14脚的IC空插座中，只用4个门中其中之一做测试即可。千万不能输入用一个门的引脚，输出用另一个门的引脚，应输入、输出的引脚注脚相同才行。实验连线时应把管脚14与+5V直流电源相连；把管脚7与电源“地”相连；两个输入端分别用导线与数字电子实验装置上的两个逻辑电平开关相连，逻辑开关往上打时输入为高电平，往下打时输入为低电平；输出端则与数字电子实验装置中的LED发光二极管相连，当发光二极管亮时输出为高电平，否则为低电平。导线连接完毕后把电源打开即可测试，并将实验结果用逻辑“0”或“1”来表示并填入表5.13中。

表5.13　　与门功能测试实验结果

输入		输出				
		与门	或门	与非门	非门	异或门
A	B	$F_1 = AB$	$F_2 = A + B$	$F_3 = \overline{AB}$	$F_4 = \overline{A}$	$F_5 = A \oplus B$
0	0					
0	1					
1	0					
1	1					

（2）或门功能测试

将74LS32集成片插入14脚的IC空插座中，只用4个门中其中之一做测试即可。注意输入、输出引脚的注脚相同才行。实验连线时应把管脚14与+5V直流电源相连；把管脚7与电源“地”相连；两个输入端分别用导线与数字电子实验装置上的两个逻辑电平开关相连，逻辑开关往上打时输入为高电平，往下打时输入为低电平；输出端则与数字电子实验装置中的LED发光二极管相连，当发光二极管亮时输出为高电平，否则为低电平。导线连接完毕后把电源打开即可测试，并将实验结果用逻辑“0”或“1”来表示并填入表5.13中。

（3）与非门功能测试

将74LS00集成芯片插入IC空插座中，输入端接逻辑电平开关，输出端接LED发光二极管，管脚14接+5V电源，管脚7接地。将结果填入表5.13中。

（4）非门功能测试

将74LS04集成芯片插入IC空插座中，输入端接逻辑开关，输出端接LED发光二极管，管脚14接+5V电源，管脚7接地。将结果填入表5.13中。

（5）异或门功能测试

将74LS86集成芯片插入IC空插座中，输入端接逻辑电平开关，输出端接LED发光二极管，管脚14接+5V电源，管脚7接地。将结果填入表5.13中。

五、实验注意事项

1. TTL门电路的输入端若不接信号，则应视为高电平。在插拔集成芯片时，必须注意首先切断电源。

2. 实验时，当输入端需要改接连线时，也必须在断电情况下进行操作。

3. 插拔集成芯片时，必须用双手操作，注意不要把集成芯片管脚折断。

实验二：编码器、译码器的逻辑功能测试

一、实验目的

1. 巩固和加深对常用中规模组合电路编码器与译码器逻辑功能的理解和掌握。

2. 进一步了解编码器与译码器在数字电路中的应用。

3. 了解和进一步熟悉用中小规模集成芯片实现组合电路的设计。

4. 学会中规模组合集成芯片编码器、译码器的功能测试与电路连接。

二、实验设备

1. 数字逻辑电路实验装置　　一套

2. 直流稳压电源　　一台

3. 8 线—3 线优先编码器 74LS148、3 线—8 线译码器 74LS138、四 2 输入与非门 74LS00、六反相器 74LS04、七段共阴极译码驱动器 74LS48、数码管等。

4. 数字万用表　　一只

5. 连接导线若干

三、实验原理

1. 编码、编码器

表示某一个特定信息的数字我们称为码。人们在日常生活中经常遇到有关编码的问题，例如，开运动会需要给运动员编号，人们居住楼房的门牌编号等都属于编码。在数字电路中使用二进制代码 0、1 两个数字去对所有的信息量进行编码。如有两个需要研究的信息，即可用一位二进制代码 0 和 1 两种状态表示；如有 4 个需要研究的信息，即可用两位二进制代码 00、01、10、11 四种状态表示。一般来说，对 n 个信息进行编码，可用 2^n 来确定需要使用的二进制代码的位数 n。

编码器就是实现编码操作的电路，常用的编码器有二进制编码器、二－十进制编码器、优先编码器等。编码器的输入变量是一组信息，输出变量是对应的 n 位二进制代码。

2. 译码器及其应用

译码器是一种多输入多输出的组合逻辑电路，其功能是将每个输入的代码进行“翻译”，译成对应的输出高、低电平信号。译码器在数字系统中有广泛的用途，不仅用于代码的转换、终端的数字显示，还用于数据分配，存储器寻址和组合控制信号等。不同的功能可选用不同种类的译码器。

（1）变量译码器

变量译码器又称二进制译码器，用来表示输入变量的状态，如 2 线—4 线、3 线—8 线和 4 线—16 线译码器。若有 n 个输入变量，则对应 2^n 个不同的组合状态，可构成 2^n 个输出端的译码器供其使用。而每一个输出所代表的函数对应于 n 个输入变量的最小项。常用的变量译码器有 74LS138 等。

（2）码制变换译码器

用于一个数据的不同代码之间的相互转换，如 BCD 码二—十进制译码器/驱动器 74LS145 等。

（3）显示译码器

用来驱动各种数字、文字或符号的显示器，如共阴极 BCD—七段显示译码器/驱动器 74LS248 等。

（4）数码显示电路—译码器的应用

常见的数码显示器有半导体数码管（LED）和液晶显示器（LCD）两种。其中 LED 又分为共阴极和共阳极两种类型。半导体数码管和液晶显示器都可以用 TTL 和 CMOS 集成电路驱动。显示译码器的作用就是将 BCD 代码译成数码管所需要的驱动信号。

四、实验内容及步骤

1. 编码器功能测试电路

8 线—3 线优先编码器 74LS148 的功能测试电路如图 5.34 所示。

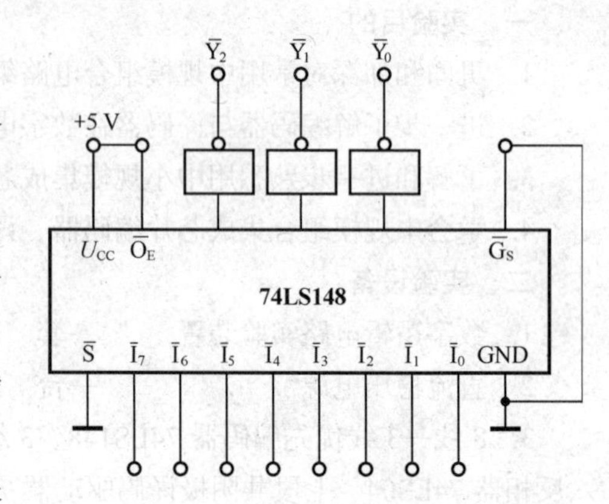

图 5.34　78LS148 的功能测试电路

实验步骤：

（1）把数字电子实验装置上把 74LS148 插在一个 16P 空插座上，把 74LS04 反相器插在一个 14P 的空插座上，然后把芯片分别与“+5V”电源和“地”端接好。

（2）在编码器的 8 个输入端分别与逻辑电平开关相连，并按照表 1 置高、低电平（“0”态接地，“1”态接“+5V”）。

（3）把 3 个使能端分别按图与高、低电平相连。

（4）让编码器的 3 个输出分别与数字电子实验装置中的 LED 发光二极管相连，当发光二极管亮时输出为高电平“1”，否则为低电平“0”。

（5）观察输出对应每一个输入组合的状态，记录在表 5.14 中。

表 5.14　　编码器功能测试实验数据

输入									输出				
$\overline{S}$	$\overline{I_0}$	$\overline{I_1}$	$\overline{I_2}$	$\overline{I_3}$	$\overline{I_4}$	$\overline{I_5}$	$\overline{I_6}$	$\overline{I_7}$	$\overline{Y_2}$	$\overline{Y_1}$	$\overline{Y_0}$	$\overline{G_S}$	$\overline{O_E}$
1	×	×	×	×	×	×	×	×				1	1
0	1	1	1	1	1	1	1	1				1	0
0	×	×	×	×	×	×	×	0				0	1
0	×	×	×	×	×	×	0	1				0	1
0	×	×	×	×	×	0	1	1				0	1
0	×	×	×	×	0	1	1	1				0	1
0	×	×	×	0	1	1	1	1				0	1
0	×	×	0	1	1	1	1	1				0	1
0	×	0	1	1	1	1	1	1				0	1
0	0	1	1	1	1	1	1	1				0	1

2. 74LS138 的功能测试电路

3 线—8 线译码器 74LS138 的功能测试电路如图 5.35 所示

实验步骤：

（1）在数字电子实验装置上把 74LS138 插在一个 16P 空插座上，按照图 5.36 连线，首先让芯片分别与“+5V”电源和“地”端接好。

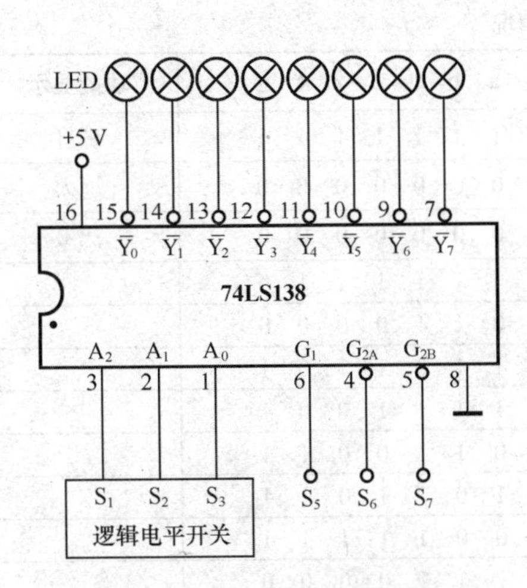

图 5.35　78LS138 的功能测试电路

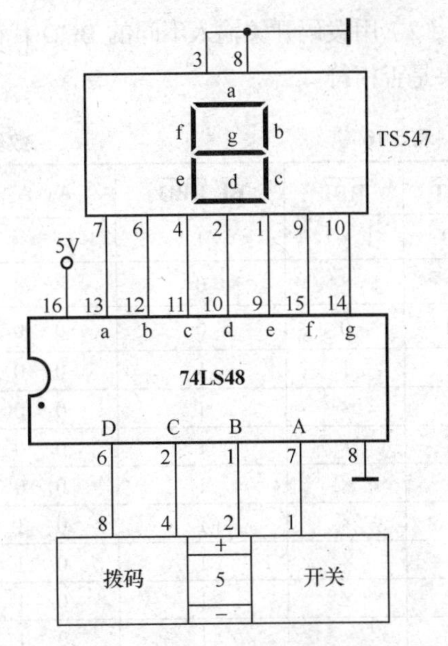

图 5.36　74LS48 逻辑功能实验电路

（2）把译码器的 3 个输入端分别与逻辑电平开关相连，并按照表 1 置高、低电平（“0”态接地，“1”态接“+5V”）。

（3）把 3 个使能端按照附表 2 中的“0”和“1”分别按图与高、低电平相连。

（4）让编码器的 8 个输出分别与数字电子实验装置中的 LED 发光二极管相连，当发光二极管亮时输出为高电平“1”，否则为低电平“0”。

（5）观察输出对应每一个输入组合的状态，对照表 5.15 看是否相符。

表 5.15　　　74LS138 功能测试实验数据

输入					输出							
G_1	$\overline{G_{2A}}$ $\overline{G_{2B}}$	A_2	A_1	A_0	$\overline{Y_0}$	$\overline{Y_1}$	$\overline{Y_2}$	$\overline{Y_3}$	$\overline{Y_4}$	$\overline{Y_5}$	$\overline{Y_6}$	$\overline{Y_7}$
×	1	×	×	×	1	1	1	1	1	1	1	1
0	×	×	×	×	1	1	1	1	1	1	1	1
1	0	0	0	0	0	1	1	1	1	1	1	1
1	0	0	0	1	1	0	1	1	1	1	1	1
1	0	0	1	0	1	1	0	1	1	1	1	1
1	0	0	1	1	1	1	1	0	1	1	1	1
1	0	1	0	0	1	1	1	1	0	1	1	1
1	0	1	0	1	1	1	1	1	1	0	1	1
1	0	1	1	0	1	1	1	1	1		0	1
1	0	1	1	1	1	1	1	1	1	1	1	0

3. 译码显示实验电路原理图

实验步骤：

（1）把集成电路 74LS48 插入 16P 插座内，按照实验电路原理图连线：其中输入的四位二进制代码用拨码开关实现，输出接于 LED 七段数码显示管的对应端子上（注意数码管是共阴极还是共阳极，二者接法不同）。

（2）用拨码开关输入不同的 BCD 代码，观察数码管的输出显示情况，与表 5.16 相对照，看结果是否相符。

表 5.16　　数码管的输出显示情况

$\overline{LT}$	$\overline{RBI}$	$\overline{BI}/\overline{RBO}$	A_3 A_2 A_1 A_0	a b c d e f g	功能显示
0	×	1	× × × ×	1 1 1 1 1 1 1	试灯
×	×	0	× × × ×	0 0 0 0 0 0 0	熄灭
1	0	0	0 0 0 0	0 0 0 0 0 0 0	灭 0
1	1	1	0 0 0 0	1 1 1 1 1 1 0	
1	×	1	0 0 0 1	0 1 1 0 0 0 0	
1	×	1	0 0 1 0	1 1 0 1 1 0 1	
1	×	1	0 0 1 1	1 1 1 1 0 0 1	
1	×	1	0 1 0 0	0 1 1 0 0 1 1	
1	×	1	0 1 0 1	1 0 1 1 0 1 1	
1	×	1	0 1 1 0	0 0 1 1 1 1 1	
1	×	1	0 1 1 1	1 1 1 0 0 0 0	
1	×	1	1 0 0 0	1 1 1 1 1 1 1	
1	×	1	1 0 0 1	1 1 1 0 0 1 1	

（3）实验电路中选用的 TS547 是一个共阴极 LED 七段数码显示管。管脚和发光段的关系如表 5.17 所示，其中 h 为小数点。

表 5.17　　管脚和发光段的关系

管　脚	1	2	3	4	5	6	7	8	9	10
功　能	e	d	地	c	h	b	a	地	f	g

（4）分析实验结果的合理性，与教材上所述的功能相对照，如严重不符，应查找原因重做。

五、实验分析思考题

1. 显示译码器与变量译码器的根本区别在哪里？
2. 如果 LED 数码管是共阳极的，与共阴极数码管的连接形式有何不同？
3. 你能说出 74LSl38 输入使能端有哪些功能？74LS148 输入、输出使能端有什么功能？

第5章　检测题（共100分，120分钟）

一、填空题（每空 0.5 分，共 25 分）

1. 具有基本逻辑关系的电路称为________，其中最基本的有________、________和非门。

2. 具有“相异出 1，相同出 0”功能的逻辑门是________门，它的反是________门。

3. 数字集成门电路按________元件的不同可分为 TTL 和 CMOS 两大类。其中 TTL 集成电路是________型，CMOS 集成电路是________型。集成电路芯片中 74LS 系列芯

片属于________型集成电路，CC40 系列芯片属于________型集成电路。

4. 功能为“有 0 出 1、全 1 出 0”的门电路是________门；具有“________”功能的门电路是或门；实际中集成________门应用的最为普遍。

5. 普通的 TTL 与非门具有________结构，输出只有________和________两种状态；经过改造后的三态门除了具有________态和________态，还有第三种状态________态。

6. 使用________门可以实现总线结构；使用________门可实现“线与”逻辑。

7. 一般 TTL 集成电路和 CMOS 集成电路相比，________集成门的带负载能力强，________集成门的抗干扰能力强；________集成门电路的输入端通常不可以悬空。

8. 一个________管和一个________管并联时可构成一个传输门，其中两管源极相接作为________端，两管漏极相连作为________端，两管的栅极作为________端。

9. 具有图腾结构的 TTL 集成电路，同一芯片上的输出端，不允许________联使用；同一芯片上的 CMOS 集成电路，输出端可以________联使用，但不同芯片上的 CMOS 集成电路上的输出端是不允许________联使用的。

10. TTL 门输入端口为________逻辑关系时，多余的输入端可________处理；TTL 门输入端口为________逻辑关系时，多余的输入端应接________电平；CMOS 门输入端口为“与”逻辑关系时，多余的输入端应接________电平，具有“或”逻辑端口的 CMOS 门多余的输入端应接________电平；即 CMOS 门的输入端不允许________。

11. 能将某种特定信息转换成机器识别的________数码的________逻辑电路，称之为________器；能将机器识别的________制数码转换成人们熟悉的________制或某种特定信息的________逻辑电路，称为________器；74LS85 是常用的________逻辑电路________器。

12. 在多数数据选送过程中，能够根据需要将其中任意一路挑选出来的电路，称之为________器，也叫作________开关。

二、判断题（每小题 1 分，共 10 分）

1. 组合逻辑电路的输出只取决于输入信号的现态。 （ ）
2. 3 线—8 线译码器电路是三—八进制译码器。 （ ）
3. 已知逻辑功能，求解逻辑表达式的过程称为逻辑电路的设计。 （ ）
4. 编码电路的输入量一定是人们熟悉的十进制数。 （ ）
5. 74LS138 集成芯片可以实现任意变量的逻辑函数。 （ ）
6. 组合逻辑电路中的每一个门实际上都是一个存储单元。 （ ）
7. 74 系列集成芯片是双极型的，CC40 系列集成芯片是单极型的。 （ ）
8. 无关最小项对最终的逻辑结果无影响，因此可任意视为 0 或 1。 （ ）
9. 三态门可以实现“线与”功能。 （ ）
10. 共阴极结构的显示器需要低电平驱动才能显示。 （ ）

三、选择题（每小题 2 分，共 20 分）

1. 具有“有 1 出 0、全 0 出 1”功能的逻辑门是（ ）。

A. 与非门 B. 或非门 C. 异或门 D. 同或门

2. 下列各型号中属于优先编译码器是（ ）。

A. 74LS85 B. 74LS138 C. 74LS148 D. 74LS48

3. 七段数码显示管 TS547 是（ ）。

A. 共阳极LED管　B. 共阴极LED管　C. 极阳极LCD管　D. 共阴极LCD管

4. 八输入端的编码器按二进制数编码时，输出端的个数是（　）。

A. 2个　B. 3个　C. 4个　D. 8个

5. 四输入的译码器，其输出端最多为（　）。

A. 4个　B. 8个　C. 10个　D. 16个

6. 当74LS148的输入端$\overline{I_0}\sim\overline{I_7}$按顺序输入11011101时，输出$\overline{Y_2}\sim\overline{Y_0}$为（　）。

A. 101　B. 010　C. 001　D. 110

7. 一个两输入端的门电路，当输入为1和0时，输出不是1的门是（　）。

A. 与非门　B. 或门　C. 或非门　D. 异或门

8. 多余输入端可以悬空使用的门是（　）。

A. 与门　B. TTL与非门　C. CMOS与非门　D. 或非门

9. 译码器的输出量是（　）。

A. 二进制　B. 八进制　C. 十进制　D. 十六进制

10. 编码器的输入量是（　）。

A. 二进制　B. 八进制　C. 十进制　D. 十六进制

四、简述题（每小题3分，共15分）

1. 何为逻辑门？何为组合逻辑电路？组合逻辑电路的特点是什么？

2. 分析组合逻辑电路的目的是什么？简述分析步骤。

3. 何为编码？二进制编码和二—十进制编码有何不同？

4. 何为译码？译码器的输入量和输出量在进制上有何不同？

5. TTL门电路中，哪个有效地解决了“线与”问题？哪个可以实现“总线”结构？

五、分析题（共20分）

1. 根据表5.18所示内容，分析其功能，并画出其最简逻辑电路图。（8分）

表5.18　组合逻辑电路真值表

输入			输出
A	B	C	F
0	0	0	1
0	0	1	0
0	1	0	0
0	1	1	0
1	0	0	0
1	0	1	0
1	1	0	0
1	1	1	1

2. 图5.37所示是u_A、u_B两输入端门的输入波形，试画出对应下列门的输出波形。（4分）

① 与门。

② 与非门。

③ 或非门。

④ 异或门。

3. 写出图 5.38 所示逻辑电路的逻辑函数表达式。（8 分）

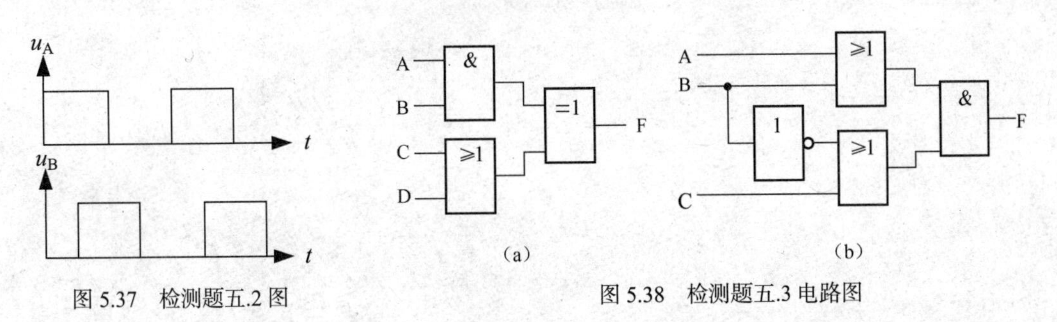

图 5.37　检测题五.2 图

图 5.38　检测题五.3 电路图

六、设计题（共 10 分）

1. 画出实现逻辑函数 $F = AB + A\overline{B}C + \overline{A}C$ 的逻辑电路。（5 分）

2. 设计一个三变量的判偶逻辑电路。（5 分）

*3. 应用能力训练附加题：用与非门设计一个组合逻辑电路，完成如下功能：只有当 3 个裁判（包括裁判长）或裁判长和一个裁判认为杠铃已举起并符合标准时，按下按键，使灯亮（或铃响），表示此次举重成功，否则，表示举重失败。

第6章 触发器

时序逻辑电路与组合逻辑电路并驾齐驱，是数字电路两大重要分支之一。时序逻辑电路的显著特点就是：电路任何一个时刻的输出状态不仅取决于当时的输入信号，还与电路原来的状态有关。因此，时序电路必须含有具有记忆能力的存储器件。

构成时序逻辑电路的基本单元是触发器，触发器有两个稳定的工作状态，在没有外来信号作用时，触发器处于原来的稳定状态保持不变，直到有外部输入信号作用时才可能翻转到另一个稳定状态，因此触发器具有记忆功能，常用来保存二进制信息。

学习目的和要求

了解基本触发器的电路组成，熟悉基本的RS触发器、钟控RS触发器、D和JK等触发器的工作原理及逻辑功能；理解触发器的记忆作用，掌握各种触发器功能的四种描述方法。

6.1 基本RS触发器

学习目标

了解基本RS触发器的电路组成，熟悉其工作原理，掌握触发器功能分析步骤。

触发器是可以记忆1位二值信号的逻辑电路部件。根据逻辑功能的不同，触发器可以分为基本RS触发器、钟控RS触发器、JK触发器、D触发器、T和T'触发器。不同功能的触发器，输入方式及其状态随输入信号变化的规律有所不同。各种不同结构或不同功能的触发器，一般都是由各种门电路组成的，称为静态触发器，静态触发器的特点是靠电路状态的自锁实现二进制信息的存储。除此之外还有由MOS电路构成的动态触发器。本章向读者介绍的均为静态触发器，且从最简单的基本RS触发器开始。

1. 基本 RS 触发器的结构组成

基本 RS 触发器是任何结构复杂的触发器必须包含的一个最基本的组成单元，它可以由两个与非门交叉连接构成，也可以由两个或非门交叉连接构成。图 6.1 所示基本的 RS 触发器是由两个与非门交叉组成构成的，是应用较多的一种基本 RS 触发器。

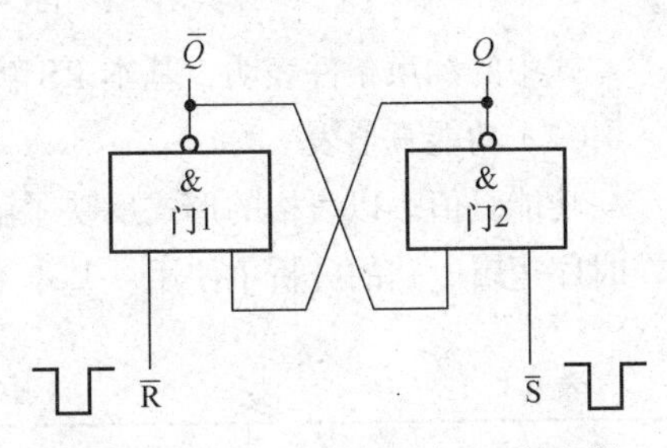

图 6.1　与非门构成的基本 RS 触发器

基本的 RS 触发器有 $\overline{R}$ 和 $\overline{S}$ 两个输入端，Q 和 $\overline{Q}$ 是两个互非的输出端。正常工作条件下，若输出端 Q 为高电平“1”时，另一个输出端 $\overline{Q}$ 必为低电平“0”，因为正常工作时两个输出端总是保持这种互非的逻辑关系，所以常用一个字母表示输出状态。一般把输出 Q = 1，$\overline{Q}$ = 0 时触发器的状态称为“1”态；而把 Q = 0、$\overline{Q}$ = 1 时触发器的状态称为“0”态。

2. 基本 RS 触发器的工作原理

基本的 RS 触发器有 $\overline{R}$ 和 $\overline{S}$ 两个输入端，因此输入状态具有 4 种不同的组合。

（1）当输入端 $\overline{R}$ = 0、$\overline{S}$ = 1 时，与非门 1 有 0 出 1，所以 $\overline{Q}$ = 1；$\overline{Q}$ = 1 反馈到门 2 输入端，则门 2 的两个输入端都为 1，与非门 2 全 1 出 0，则 Q = 0。无论触发器原来状态如何，只要符合上述输入条件，触发器均为置 0 功能。因此常把 $\overline{R}$ 称为清零端。

（2）当输入端 $\overline{R}$ = 1、$\overline{S}$ = 0 时，与非门 2 有 0 出 1，所以 Q = 1；Q=1 的信息反馈到门 1 输入端，使与非门 1 全 1 出 0，所以 $\overline{Q}$ = 0。无论触发器原来状态如何，只要符合上述输入条件，触发器均为置 1 功能。因此常把 $\overline{S}$ 称为置 1 端。

（3）当输入端 $\overline{R}$ = 1、$\overline{S}$ = 1 时，若触发器原来的状态为 Q = 0、$\overline{Q}$ = 1，在反馈线作用下，与非门 1 有 0 出 1，输出端 $\overline{Q}$ 仍为 1；与非门 2 则全 1 出 0，输出 Q 仍为 0。

若触发器原来的状态 Q = 1、$\overline{Q}$ = 0，在反馈线作用下，与非门 2 有 0 出 1，输出端 Q 仍为 1，与非门 1 则全 1 出 0，$\overline{Q}$ 端仍为 0。

显然，只要输入端 $\overline{R}$ = 1、$\overline{S}$ = 1，无论触发器原来状态如何，均能保持原来的状态不变，实现了保持功能。

（4）当输入端 $\overline{R}$ = 0、$\overline{S}$ = 0 时，两个与非门均会有 0 出 1，本该互非的两个输出端子 Q 和 $\overline{Q}$ 出现了状态一致的情况，破坏了它们本该具有的互非性，而且当输入信号消失时，由于与非门传输延迟时间的不同而产生竞争，使电路状态无法确定，从而极有可能造成逻辑混乱。因此，我们把这种输入状态称为不定态。不定态在实际电路中禁止出现，是基本 RS 触发器的约束条件。

3. 基本 RS 触发器逻辑功能的描述

各种触发器的逻辑功能通常可用特征方程、真值表、状态图、波形图或激励表等方法进行描述。

（1）特征方程

表征触发器次态 Q^{n+1} 和输入、现态 Q^n 之间关系的逻辑表达式叫作触发器的特征方程。

特征方程在时序逻辑电路的分析和设计中均有应用。图 6.1 所示基本 RS 触发器的特征方程为：

$$\begin{cases} Q^{n+1}=\overline{\overline{S}}+\overline{R}Q^{n} \\ \overline{R}+\overline{S}=1 \quad \text{(约束条件)} \end{cases} \tag{6.1}$$

式中的约束条件表明，基本 RS 触发器不允许两个输入端同时为低电平。

（2）功能真值表

功能真值表以表格的形式反映了触发器从现态 Q^n 向次态 Q^{n+1} 转移的规律。这种方法很适合在时序逻辑电路的分析中使用。基本 RS 触发器的功能真值表见表 6.1。

表 6.1　基本 RS 触发器的功能真值表

$\overline{S}$	$\overline{R}$	Q^n	Q^{n+1}	功能
1	0	0 或 1	0	置 0
0	1	0 或 1	1	置 1
1	1	0 或 1	0 或 1	保持
0	0	0 或 1	不定	禁止

（3）状态图

描述触发器的状态转换关系及转换条件的图形称为状态图。如图 6.2 所示，状态图是一种有向图，两个圆圈中的 0 和 1 表示触发器的两种状态，带箭头线段表示了触发器状态转换的方向，箭头旁边的标注是触发器状态转换的条件。在时序逻辑电路的分析和设计中，状态图是一个重要的工具之一。

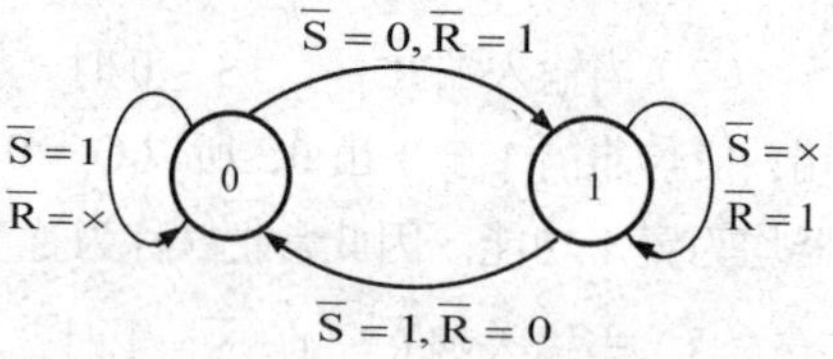

$\overline{S}=0, \overline{R}=1$

$\overline{S}=1$, $\overline{R}=\times$　0　1　$\overline{S}=\times$, $\overline{R}=1$

$\overline{S}=1, \overline{R}=0$

图 6.2　基本 RS 触发器的状态图

（4）时序波形图

反映触发器输入信号取值和状态之间对应关系的图形称为时序图。时序图是以波形图的形式直观地表示触发器特性和工作状态的一种描述方法，在时序逻辑电路的分析中应用的非常普遍。

基本 RS 触发器的时序波形图如图 6.3 所示。

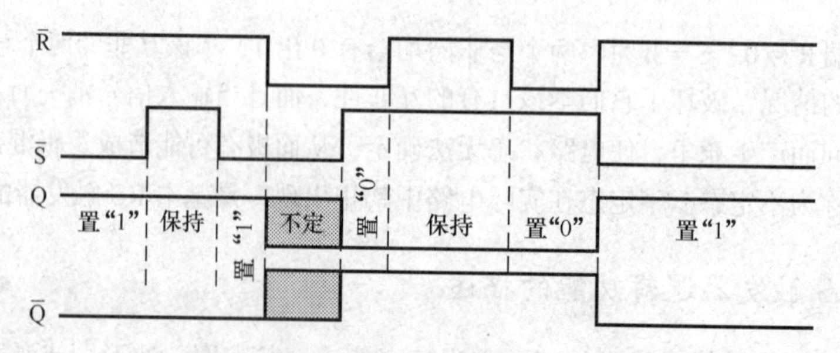

图 6.3　基本 RS 触发器的时序波形图示例

（5）激励表

所谓激励表，就是以触发器的现态和次态作为输入逻辑变量，而以输入信号作为逻辑函数所得到的一种真值表，也叫作控制表。基本 RS 触发器的激励表见表 6.2。

表 6.2　　基本 RS 触发器的激励表

Q^n	Q^{n+1}	$\overline{S}$	$\overline{R}$
0	0	×	0
0	1	0	1
1	0	1	0
1	1	0	×

显然，激励表能够反映触发器从任一现态转换到任一次态时对输入条件的要求，激励表可以从特征方程推得。

在数字电路中，凡根据输入信号 R、S 情况的不同，具有置 0、置 1 和保持功能的电路，都称为 RS 触发器。常用的集成 RS 触发器芯片有 74LS279 和 CC4044，管脚排列图如图 6.4 所示。

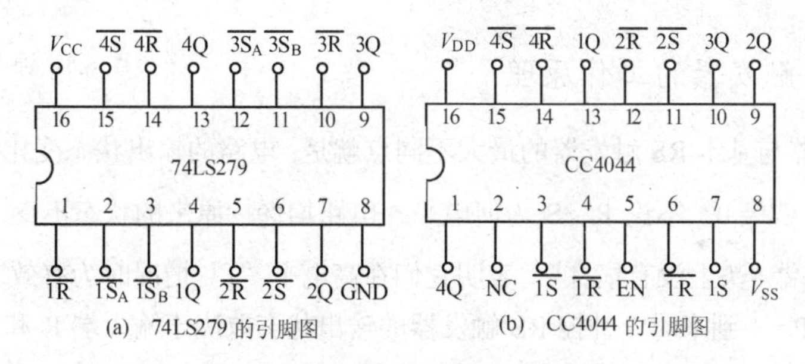

图 6.4　集成 RS 触发器管脚排列图

由于基本 RS 触发器是直接由输入端数据信号控制输出的触发器，因此具有线路简单、操作方便等优点，被广泛应用于键盘输入电路、开关消噪声电路及运控部件中某些特定的场合。

思考与问题

1. 触发器和门电路有何联系和区别？在输出形式上有何不同？
2. 基本 RS 触发器通常有几种组成形式？最常用的组成形式是哪一种？
3. 由两个与非门构成的基本 RS 触发器，有几种功能？约束条件是什么？
4. 能否写出两个或非门构成的基本 RS 触发器的逻辑功能及约束条件？

6.2　钟控 RS 触发器

学习目标

了解钟控 RS 触发器的电路组成，熟悉其工作原理，理解“空翻”现象的形成，掌握钟控 RS 触发器功能分析的方法及步骤。

实际应用中，许多场合都要求触发器能够受节拍一定的时钟脉冲控制来改变状态，而不是由直接输入端的输入变化来控制电路状态，由此，人们研制出了时钟控制的 RS 触发器，简称钟控 RS 触发器。

1. 钟控 RS 触发器的结构组成

钟控 RS 触发器的电路结构如图 6.5 所示。它由图中的门 1 和门 2 构成一个基本的 RS 触发器，由门 3 和门 4 构成一对导引门。基本 RS 触发器的输入端子 $\overline{R}_D$ 是直接置零端，$\overline{S}_D$ 是直接置 1 端，触发器开始工作前可以根据需要把它们置“1”或者置“0”，但在触发器正常工作时，应将它们悬空为“1”。

钟控 RS 触发器的两个导引门受时钟脉冲 CP 的控制，当 CP=0 时，无论两个输入端 R 和 S 如何，钟控 RS 触发器的状态不能发生改变；只有当作为同步信号的时钟脉冲到达时，触发器才能按输入信号改变状态，因此又把钟控 RS 触发器称作同步 RS 触发器。即同步 RS 触发器的状态变化不仅取决于输入信号的变化，还受时钟脉冲 CP 的控制。因此，多个触发器在统一的时钟脉冲 CP 控制下可协调工作。

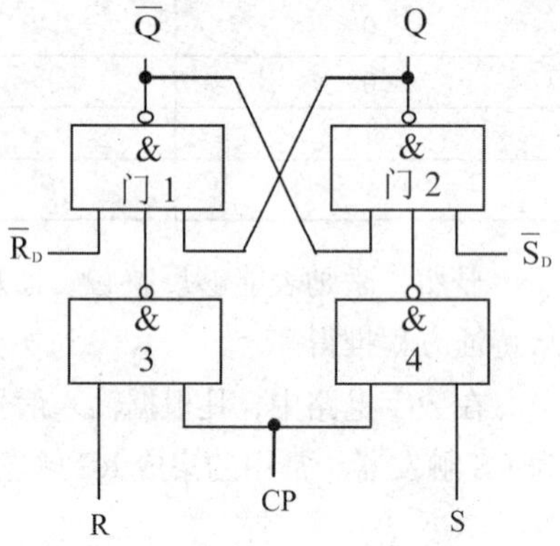

图 6.5　钟控 RS 触发器

2. 钟控 RS 触发器的工作原理

钟控 RS 触发器与基本 RS 触发器的最大不同点就是：电路的输出状态变化只能在 CP=1 期间发生。因此，只要 CP = 0，不论 R、S 为何电平，电路均保持原来的状态不变。（注意：钟控 RS 触发器的两个输入端“头上没有横杠”，表明它们在高电平“1”情况时为有效态。）

当时钟脉冲 CP = 1 到来时，钟控 RS 触发器的输出状态取决于输入端 R 和 S。其工作原理分析如下。

（1）当 R = 0，S = 0 时，引导触发门 3 和门 4 均有 0 出 1，若触发器现态 Q=0，$\overline{Q}$ = 1，则 $\overline{Q}$ =1 通过反馈线到门 2 输入端，与非门 2“全 1 出 0”，Q 保持原来的“0”态不变；若触发器现态 Q=1，$\overline{Q}$ = 0，则 $\overline{Q}$ =0 通过反馈线到门 2 输入端，与非门 2“有 0 出 1”，Q 保持原来的“1”态不变。

显然，这种输入状态下，RS 触发器无论现态如何，均保持原来的状态不变，具有保持功能。

（2）当 R = 1，S = 0 时，引导触发门 3 全 1 出 0，门 4 有 0 出 1，若触发器现态 Q=0，$\overline{Q}$ = 1，则 $\overline{Q}$ =1 通过反馈线到门 2 输入端，与非门 2“全 1 出 0”，Q 保持“0”态不变，输出次态 Q^{n+1} = 0；若触发器现态 Q=1，$\overline{Q}$ = 0，则门 3 全 1 出 0，致使门 1 有 0 出 1，使 $\overline{Q}$ =1，$\overline{Q}$ =1 通过反馈线送到门 2 输入端，与非门 2“全 1 出 0”，Q 的状态由原来的“1”态翻转到“0”态，输出次态 Q^{n+1} = 0。

显然，在 R = 1，S = 0 的输入状态下，在 CP=1 期间，无论钟控 RS 触发器现态如何，触发器均实现置 0 功能。因此，输入端 R 通常称作清零端，且高电平有效。

（3）当 R = 0，S = 1 时，引导触发门 3 有 0 出 1，门 4 全 1 出 0，若触发器现态 Q=1，$\overline{Q}$ = 0，则 $\overline{Q}$ =0 通过反馈线到门 2 输入端，与非门 2“有 0 出 1”，Q 保持“1”态不变，输出次态 Q^{n+1} = 1；若触发器现态 Q=0，$\overline{Q}$ = 1，由于门 3 有 0 出 1，致使门 1 全 1 出 0，使 $\overline{Q}$ =0，$\overline{Q}$ =0 通过反馈线送到门 2 输入端，与非门 2“有 0 出 1”，Q 的状态由原来的“0”态翻转到“1”态，输出次态 Q^{n+1} = 1。

由此可见，在 R = 0，S = 1 的输入状态下，在 CP=1 期间，无论钟控 RS 触发器现态如何，触发器均实现置 1 功能。因此，输入端 S 通常称作置位端，且高电平有效。

（4）当 R = 1，S = 1 时，引导触发门 3 和门 4 都将全 1 出 0，门 3 和门 4 都会“有 0 出 1”，由此破坏了两个输出端子的互非性，造成触发器输出次态不稳定。因此，这种情况是钟控 RS 触发器的禁止态。

3. 钟控 RS 触发器的功能描述

（1）特征方程

$$\begin{cases} Q^{n+1} = S + \bar{R}Q^n & (CP = 1) \\ SR = 0 & （约束条件） \end{cases} \quad (6.2)$$

（2）功能真值表（见表 6.3）

表 6.3　钟控 RS 触发器的功能真值表

S	R	Q^n	Q^{n+1}	功能
0	0	0 或 1	0 或 1	保持
0	1	0 或 1	0	置 0
1	0	0 或 1	1	置 1
1	1	0 或 1	不定	禁止

（3）状态图

钟控 RS 触发器的状态图如图 6.6 所示。

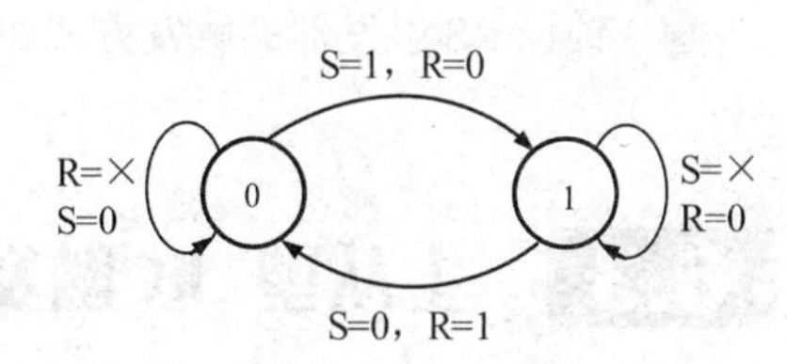

图 6.6　钟控 RS 触发器的状态图

（4）时序图

钟控 RS 触发器是受时钟脉冲 CP 控制的触发器。只要时钟脉冲 $CP \neq 1$，无论输入为何种状态，触发器的输出均不发生变化，即保持原来的状态不变；但在时钟脉冲 CP=1 期间，输出将随着输入的变化而发生改变，其时序波形图如图 6.7 所示。

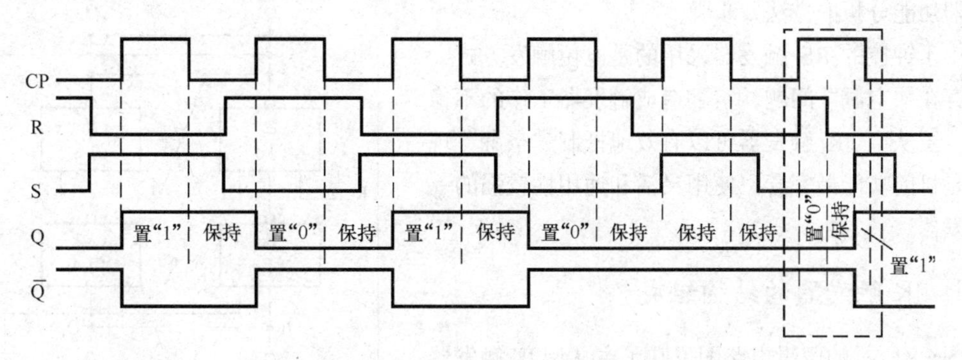

图 6.7　钟控 RS 触发器的时序波形图示例

由图 6.7 可以看出，由于钟控 RS 触发器采用的是电位触发方式，因此在时钟脉冲 CP= 1 期间，输出随输入的变化而变化。当输入端 R 或 S 在一个 CP=1 期间发生多次改变时（如图中第 6 个时钟脉冲期间），输出将随着输入而相应发生多次变化，在这种情况下，触发器的状态反映出不稳定性。我们把一个 CP 脉冲为 1 期间触发器发生多次翻转的情况称为空翻。

实际应用中，要求触发器的工作规律是每来一个 CP 脉冲只置于一种状态，即使数据输入端发生了多次改变，触发器的状态也不能跟着改变。从这个角度上看，钟控 RS 触发器的抗干扰能力相对较差。

产生“空翻”现象的根本原因是钟控 RS 触发器的导引门是简单的组合逻辑门，没有记忆功能，在 CP=1 期间，相当于导引门打开，这里同步触发器实质上成了异步触发器，输出与输入之

间没有隔离作用，只要输入改变，输出就会跟着改变，输入改变多少次，输出也随之变化多少次，从而失去了抗输入变化的能力。

为确保数字系统的可靠工作，要求触发器在一个 CP 脉冲期间至多翻转一次，即不允许空翻现象的出现。为此，人们研制出了边沿触发方式的主从型 JK 触发器和维持阻塞型的 D 触发器等。这些触发器的导引电路能够使触发器仅在 CP 脉冲的边沿处对输入进行瞬时采样，而在 CP 脉冲其他期间有效地隔离输出与输入，增强了触发器电路的抗干扰能力，有效地抑制了空翻现象。

思考与问题

1. 钟控 RS 触发器中的 $\overline{R}_D$ 和 $\overline{S}_D$ 在电路中起何作用？触发器正常工作时它们应如何处理？

2. 钟控 RS 触发器两个输入端的有效态和两个与非门构成的基本 RS 触发器的有效态相同吗？区别在哪里？

3. 何为“空翻”？造成“空翻”的原因是什么？“空翻”和“不定”状态有何区别？如何有效地解决“空翻”问题？

4. 钟控 RS 触发器的触发方式如何？你能根据电路图说出在 CP=0 期间触发器为何状态不变吗？

6.3 主从型 JK 触发器

学习目标

了解 JK 触发器的电路组成，熟悉其工作原理；充分理解“边沿触发”方式的作用，掌握 JK 触发器功能分析的方法及步骤。

由于钟控的 RS 触发器采用的是电位触发方式，因此存在“空翻”问题，空翻造成触发器工作的不稳定性。主从型 JK 触发器可以有效地抵制“空翻”现象，是目前功能最完善、使用灵活和通用性较强的一种触发器。

1. JK 触发器的结构组成

图 6.8 所示的逻辑电路图反映了主从型 JK 触发器的结构组成。

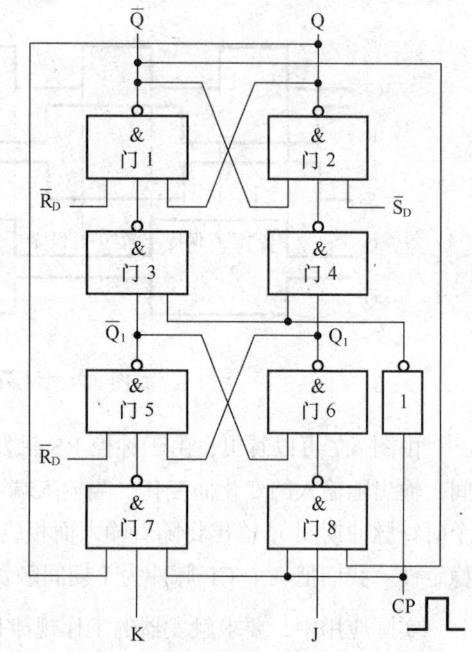

图 6.8 主从型 JK 触发器结构原理图

图中的逻辑门 1 ~ 逻辑门 4 构成了 JK 触发器的基本触发器部分，称之为从触发器，从触发器门 3 和门 4 的一个输入端通过一个非门和 CP 控制脉冲端相连。逻辑门 5 ~ 逻辑门 8 构成了 JK 触发器的导引触发电路，又叫作主触发器，主触发器门 7 和门 8 的一个输入端直接与 CP 脉冲相连。从触发器的 Q 端直接反馈到主触发器门 7 的一个输入端；从触发器的 $\overline{Q}$ 端直接反馈到主触发器门 8 的一个输入端，构成两条反馈线。主、从触发器中的 $\overline{R}_D$ 和 $\overline{S}_D$ 都是直接清零端和直接置 1 端，在触发器正常工作时它们应悬空为“1”。

2. JK 触发器的工作原理

在 CP=1 期间，主触发器由于 $\overline{CP}=0$ 被封锁，使输出端不能发生变化；而从触发器在 CP=1 期间，其输出次态随着 JK 输入端的变化而改变。

当 CP 下降沿到来时，从触发器由于 CP = 0 被封锁，在 CP = 1 期间的最后输出状态被记忆下来，并作为输入被主触发器接受（CP 下降沿到来时，$\overline{CP}$ 由 0 跳变到 1，从而主触发器被触发工作），此时，$\overline{Q_1}^{n+1}$ 端作为主触发器的 J 输入端，$\overline{Q_1}^{n+1}$ 作为主触发器的 K 输入端，Q^{n+1} 的状态根据它们的情况而发生相应变化。

下跳沿之后的 $\overline{CP}=1$ 期间，由于从触发器被封锁而主触发器的输入状态不再发生变化，因此触发器保持下降沿时的状态不变。因此，这种主从型 JK 触发器只在 CP 脉冲下降沿到来时触发工作，从而有效地抑制了“空翻”现象，保证了触发器工作的可靠性。

这种边沿触发的主从型 JK 触发器，在时钟触发脉冲 CP 下降沿到来时，其输出、输入端子之间的对应关系为：

① 当 J = 0，K = 0 时，触发器无论原态如何，次态 $Q^{n+1}=Q^n$，保持功能；

② 当 J = 1，K = 0 时，触发器无论原态如何，次态 $Q^{n+1}=1$，置 1 功能；

③ 当 J = 0，K = 1 时，触发器无论原态如何，次态 $Q^{n+1}=0$；置 0 功能；

④ 当 J = 1，K = 1 时，触发器无论原态如何，次态 $Q^{n+1}=\overline{Q^n}$，翻转功能。

上述工作过程学习者可根据逻辑电路图自行推导。

3. JK 触发器的功能描述

（1）特征方程

$$Q^{n+1}=J\overline{Q}^n+\overline{K}Q^n \tag{6.3}$$

（2）功能真值表（见表 6.4）

表 6.4　下降沿触发的主从型 JK 触发器功能真值表

控制端 $\overline{S}_D$ $\overline{R}_D$ CP	输入端 J K	原态 Q^n	次态 Q^{n+1}	触发器功能
0　1　×	×　×	×	1	置 1
1　0　×	×　×	×	0	置 0
0　0　×	×　×	×	不定	禁止
1　1　↓	0　0	0 或 1	0 或 1	保持
1　1　↓	0　1	0 或 1	0	置 0
1　1　↓	1　0	0 或 1	1	置 1
1　1　↓	1　1	0 或 1	1 或 0	翻转

（3）状态转换图

集成 JK 触发器的状态转换图如图 6.9 所示。

JK 触发器同样可以用时序图表示其功能。只是注意：输出状态的变化总是发生在时钟脉冲下降沿处。

（4）时序波形图

图 6.10 所示为主从型 JK 触发器的时序图举例。

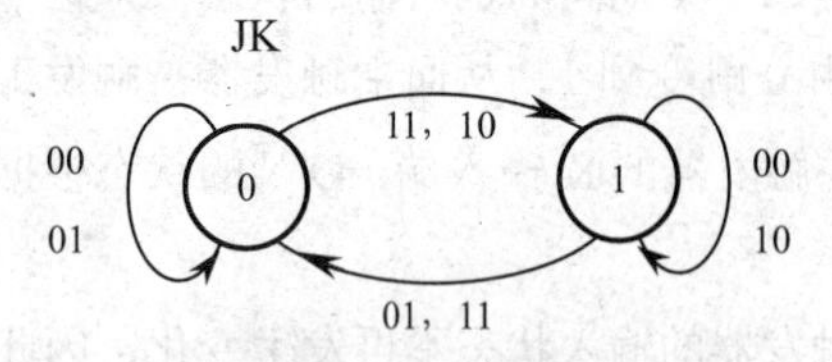

图 6.9　集成 JK 触发器的状态图

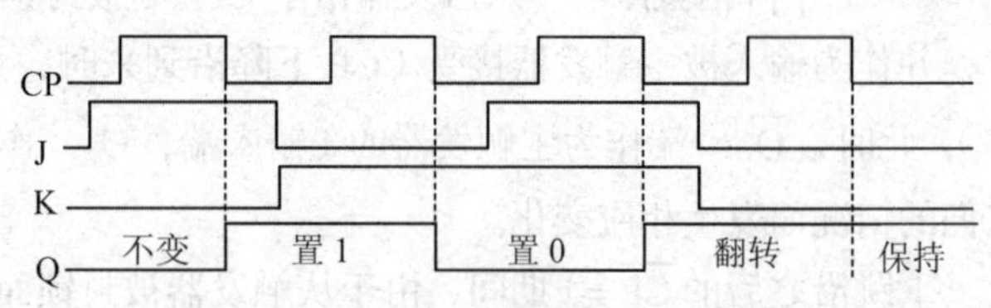

图 6.10　JK 触发器时序波形图示例

JK 触发器的逻辑符号如图 6.11 所示。

逻辑符号图中 CP 引线上端的“∧”符号表示边沿触发，无“∧”符号表示电位触发；CP 脉冲引线端既有“∧”符号又有小圆圈时，表示触发器状态变化发生在时钟脉冲下降沿到来时刻，只有“∧”符号没有小圆圈时，表示触发器状态变化发生在时钟脉冲上升沿时刻；$\overline{S}_D$ 和 $\overline{R}_D$ 引线端处的小圆圈仍然表示低电平有效。

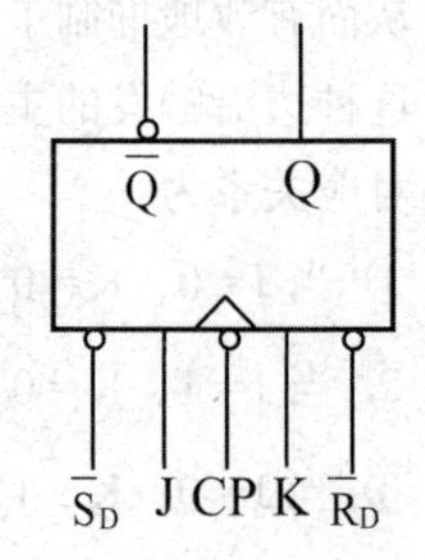

图 6.11　JK 触发器逻辑符号

4. 集成 JK 触发器

实际应用中大多采用集成 JK 触发器。常用的集成芯片型号有 74LS112（下降边沿触发的双 JK 触发器）、CC4027（上升沿触发的双 JK 触发器）和 74LS276 四 JK 触发器（共用置 1、清零端）等。74LS112 双 JK 触发器每片芯片包含两个具有复位、置位端的下降沿触发的 JK 触发器，通常用于缓冲触发器、计数器和移位寄存器电路中。74LS112 双 JK 触发器的管脚排列图如图 6.12 所示。

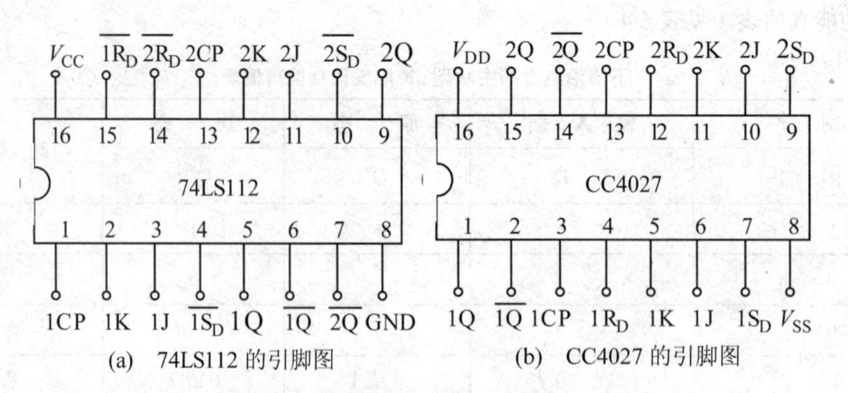

(a)　74LS112 的引脚图　　(b)　CC4027 的引脚图

图 6.12　两种集成 JK 触发器的管脚排列图

图中 74LS112 是 TTL 型集成电路芯片；CC4027 是 CMOS 型集成电路芯片。引脚功能图中字符前的数字相同时，表示为同一个 JK 触发器的端子。表 6.4 为 74LS112 双 JK 触发器功能真值表。

JK 触发器的特点如下所述。

① 边沿触发，即 CP 边沿到来时，状态发生翻转。

② 具有置 0、置 1、保持、翻转 4 种功能，无钟控 RS 触发器的空翻现象。

③ 使用方便灵活，抗干扰能力极强，工作速度很高。

5. T 触发器和 T′触发器

（1）T 触发器

在数字电路中，凡在 CP 时钟脉冲控制下，根据输入信号取值的不同，只具有“保持”和“翻转”功能的电路，称为 T 触发器。如果我们把一个 JK 触发器的输入控制端 J 和 K 连接在一起作为一个输入端 T，就可构成一个 T 触发器：当 T 输入低电平“0”时，相当于 J=K=0，触发器为保持功能；当 T 输入高电平“1”时，相当于 J=K=1，触发器为翻转功能。这时，由 JK 触发器构成的 T 触发器的功能真值表见表 6.5。

表 6.5　T 触发器功能真值表

控制端	输入端	原态	次态	触发器的功能
$\overline{S}_D$ $\overline{R}_D$ CP	T	Q^n	Q^{n+1}	
0　1　×	×	×	1	置 1
1　0　×	×	×	0	置 0
1　1　↓	0	0 或 1	0 或 1	保持
1　1　↓	1	0 或 1	1 或 0	翻转

显然，T 触发器只具有保持和翻转两种功能。

（2）T'触发器

如果让 JK 触发器的 J 和 K 两个输入端子连在一起，且恒输入“1”时，就构成一个 T'触发器。T'触发器在每来一个时钟脉冲时电路状态都会随之翻转一次，相当于 J=K=1，触发器为翻转功能。由 JK 触发器构成的 T'触发器的功能真值表见表 6.6。

表 6.6　T′ 触发器功能真值表

控制端	输入端	原态	次态	功能
$\overline{S}_D$ $\overline{R}_D$ CP	T′	Q^n	Q^{n+1}	触发器
0　1　×	×	×	1	置 1
1　0　×	×	×	0	置 0
1　1　↓	1	0 或 1	1 或 0	翻转

由真值表可看出，T′ 触发器所具有的逻辑功能只有翻转一种。

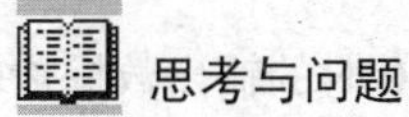

思考与问题

1. 主从型 JK 触发器的导引电路包括几个逻辑门？在什么情况下触发工作？何种情况下被封锁？属于哪种触发方式？

2. 主从型 JK 触发器的基本触发电路包括几个逻辑门？在什么情况下触发工作？何种情况下被封锁？属于哪种触发方式？

3. 试默写出 JK 触发器的特征方程式和功能真值表。

4. JK 触发器具有哪些逻辑功能？由 JK 触发器构成的 T 触发器有哪些功能？T′ 触发器的功

能呢？

5. 主从型JK触发器能够抑制“空翻”现象，具体表现能说出来吗？

6.4 维持阻塞D触发器

学习目标

了解D触发器的电路组成，熟悉其工作原理；进一步理解“边沿触发”方式的作用，掌握D触发器功能分析的方法及步骤。

TTL维持阻塞D触发器也是一种边沿触发方式的、能够有效抑制“空翻”现象的集成触发器。就目前应用来看，D触发器与JK触发器都是功能最完善、使用灵活和通用性较强的触发器。

1. D触发器的电路结构

维持阻塞D触发器只有一个输入端，集成D触发器分为上升沿触发和下降沿触发两种类型。图6.13所示是维持阻塞D触发器的结构原理图。

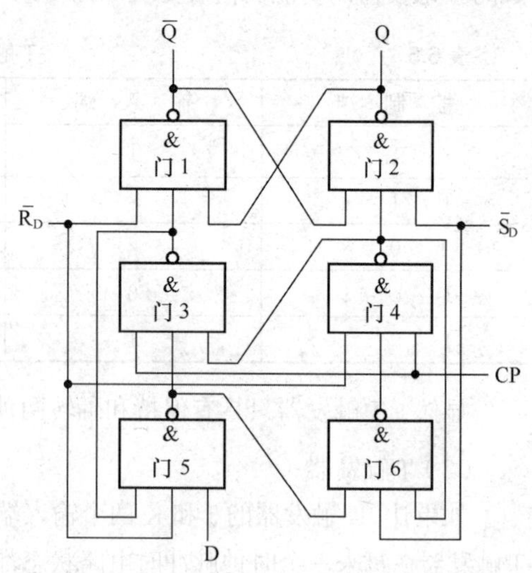

图6.13 维持阻塞D触发器结构原理图

由图可知，维持阻塞D触发器由六个与非门组成，其中门1～门4构成钟控RS触发器，门5和门6构成输入信号的导引门，输入控制端D与门5相连，直接置0端$\overline{R}_D$和直接置1端$\overline{S}_D$作为门1和门2的两个输入端，在触发器工作之前可以根据需要直接置“0”或置“1”，触发器正常工作时要保持高电平“1”。

2. D触发器的工作原理

维持阻塞D触发器的输出状态只取决于时钟脉冲触发边沿到来前控制信号D端的状态，利用电路内部反馈实现边沿触发。

当CP=0时，门3和门4均“有0出1”被封锁，因此触发器将保持现态不变。此时，无论触发器现态如何，只要触发器输入端D=1，门5将“全1出0”，输出状态为$\overline{D}$=0；$\overline{D}$通过反馈线加在门6输入端，致使门6“有0出1”，这个“1”作为门4的一个输入端，为门4的开启创造了条件。因此，CP=0为触发器的数据准备阶段。

当CP上升沿到来时刻，钟控RS触发器触发开启，门5、门6在CP=0时的输出数据被门3和门4接受，触发器动作。下面分两种情况讨论：

（1）D=1时，由于门6输出与D保持一致，门4“全1出0”，门3则“有0出1”；门4输出的“0”又使门2“有0出1”，即Q^{n+1}=D=1；门3输出的“1”使门1“全1出0”，由此，D触发器的两个输出端子保持互非，为置1功能。

（2）D=0时，则门6输出也为0，门4“有0出1”，门3“全1出0”；门4的输出使门2“全1出0”，即Q^{n+1}=D=0；门1则“有0出1”，D触发器的两个输出端子仍保持互非，置0功能。

上述分析表明，无论触发器原来状态如何，维持阻塞D触发器的输出随着输入D的变化而变化，且在时钟脉冲上升沿到来时触发。由图6.13也不难看出，触发器的状态在CP上升沿到来时总是维持原来的输入信号D作用的结果，而输入信号的变化在此时被有效地阻塞掉了，这一点正是维持阻塞名称的由来。

3. D触发器的功能描述

（1）特征方程

$$Q^{n+1}=D^{n} \tag{6.4}$$

（2）功能真值表

D触发器的功能真值表见表6.7。

表6.7　上升沿触发的D触发器功能真值表

控制端 $\bar{S}_D$ $\bar{R}_D$ CP	输入端 D	原态 Q^n	次态 Q^{n+1}	触发器功能
0 1 ×	×	×	1	置1
1 0 ×	×	×	0	置0
0 0 ×	×	×	不定	禁止
1 1 ↑	0	0或1	0	置0
1 1 ↑	1	0或1	1	置1

（3）状态转换图

由真值表可看出，D触发器具有置0和置1两种功能。D触发器的应用非常广泛，常用作数字信号的寄存、移位寄存、分频、波形发生等。D触发器的状态转换图如图6.14所示。

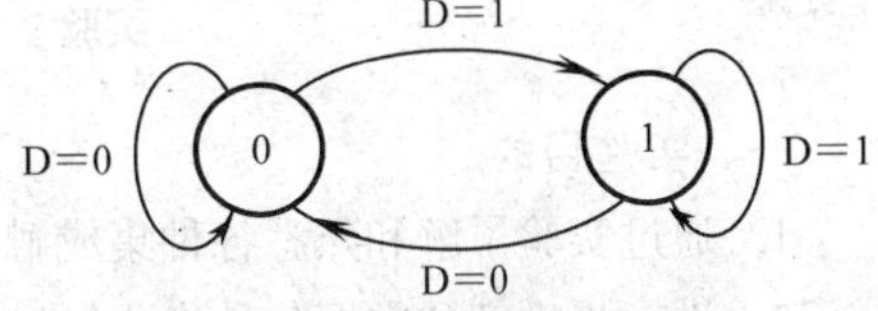

图6.14　D触发器的状态图

4. 集成D触发器的工作原理

目前国内生产的集成D触发器主要是维持阻塞型，这种D触发器都是在时钟脉冲的上升沿触发翻转。常用的集成电路有74LS74双D触发器、74LS75四D触发器和74LS176六D触发器等。图6.15所示为常用的74LS74的管脚排列图及逻辑符号图。

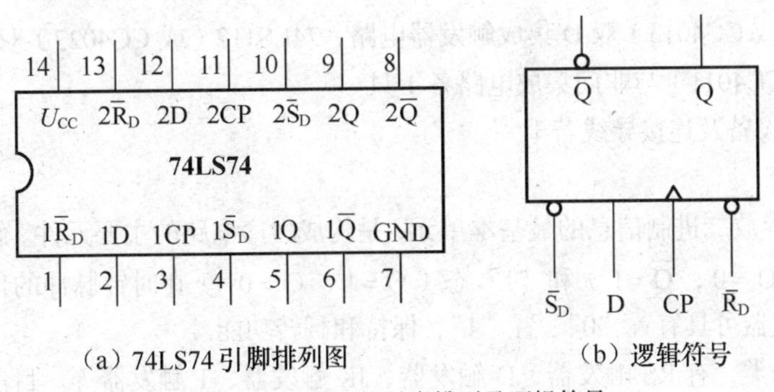

（a）74LS74引脚排列图　　（b）逻辑符号

图6.15　74LS74的引脚排列及逻辑符号

观看逻辑符号，CP 输入端处的三角形标记下面不带小圆圈，说明它是在上升沿到来时触发。

触发器部分小结：

触发器是数字电路中极其重要的基本单元。触发器有两个稳定状态，在外界信号作用下，可以从一个稳态转变为另一个稳态；无外界信号作用时状态保持不变。因此，触发器可以作为二进制存储单元使用。

触发器的逻辑功能可以用特性方程、真值表、状态图和时序波形图等多种方式描述。触发器的特征方程是表示其逻辑功能的重要逻辑函数，在分析和设计时序电路时常用来作为判断电路状态转换的依据。

同一种功能的触发器，可以用不同的电路结构形式来实现；反过来，同一种电路结构形式，也可以构成具有不同功能的各种类型的触发器。

思考与问题

1. 为什么说 D 触发器可以有效地抑制“空翻”现象？D 触发器的基本结构组成分哪两大部分？

2. 如何解释维持阻塞 D 触发器的“维持”和“阻塞”？

3. 你能默写出 D 触发器的特征方程式和功能真值表吗？

4. 在逻辑图符号中，你是如何区别出某触发器是“电平”触发还是“边沿”触发的？又是如何判断某触发器输入端是高电平有效还是低电平有效的？

应用实践

实验：集成触发器的功能测试

一、实验目的

1. 通过实验了解和熟悉各种集成触发器的管脚功能及其连线。

2. 进一步理解和掌握各种集成触发器的逻辑功能及其应用。

二、实验设备

1. +5V 直流电源

2. 单次时钟脉冲源

3. 逻辑电平开关和逻辑电平显示器

4. 74LS74（或 CC4013）双 D 集成触发器电路，74LS112（或 CC4027）双 JK 集成触发器电路，74LS00（或 CC4011）与非门集成电路各 1 只

5. 相关实验设备及连接导线若干

三、实验原理

1. 触发器是存放二进制信息的最基本单元，是构成时序电路的主要元件。触发器具有两个稳态：即“0”态（$Q=0$，$\overline{Q}=1$）和“1”态（$Q=1$，$\overline{Q}=0$）。在时钟脉冲的作用下，根据输入信号的不同，触发器可具有置“0”、置“1”、保持和翻转功能。

按逻辑功能分类，有 RS 触发器、D 触发器、JK 触发器、T 触发器等。目前，市场上出售的产品主要是 D 触发器和 JK 触发器。按时钟脉冲触发方式分类，有电平触发器（锁存器）、主从触

发器和边沿触发器 3 种。按制造材料分类，常用 TTL 和 CMOS 两种，它们在电路结构上有较大的差别，但在逻辑功能上基本相同。

触发器的应用除作为时序逻辑电路的主要单元外，一般还用来作为消振颤电路、同步单脉冲发生器、分频器及倍频器等。

2. RS 触发器

用两个与非门交叉连接即可构成基本的 RS 触发器，如图 6.16 所示。而两个基本的 RS 触发器又可构成一个钟控的 RS 触发器。

触发器的应用除作为时序逻辑电路的主要单元外，一般还用来作为消振颤电路、同步单脉冲发生器、分频器及倍频器等。

图 6.17 所示为由 RS 触发器构成的消振颤电路。

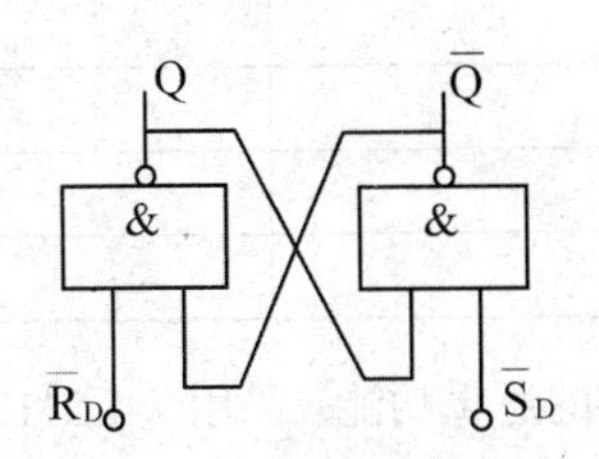

图 6.16 基本 RS 触发器

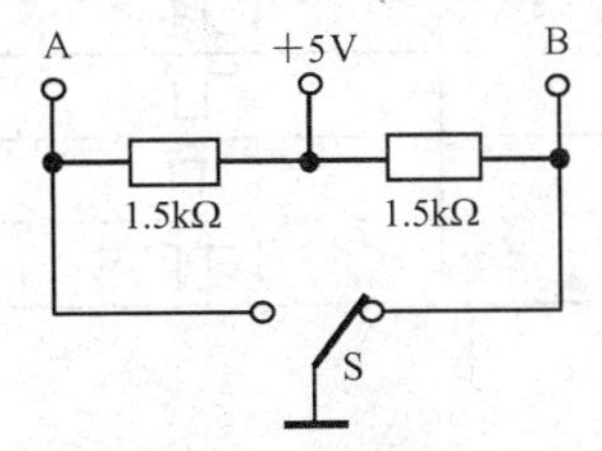

图 6.17 消振颤电路

3. D 触发器

实用 D 触发器的型号很多，TTL 型有 74LS74（双 D）、74LS174（六 D）、74LS175（四 D）、74LS377（八 D）等；CMOS 型有 CD4013（双 D）、CD4042（四 D）。本实验选用 74LS74（上升沿触发）。

触发器的状态仅取决于时钟信号 CP 上升沿到来前 D 端的状态，其特性方程为：$Q^{n+1}=D$。D 触发器的应用很广，可供作数字信号的寄存、移位寄存、分频和波形发生等。

4. JK 触发器

实用 JK 触发器 TTL 型 74LS107、74LS112（双 JK 下降沿触发，带清零）、74LS109（双 JK 上升沿触发，带清零）、74LS111（双 JK，带数据锁定）等；CMOS 型有 CD4027（双 JK 上升沿触发）等。其特性方程为：$Q^{n+1}=J\overline{Q}^n+\overline{K}Q^n$。

四、实验内容及步骤

1. 按图 6.16 连接两个与非门，组成基本 RS 触发器，两个直接置“0”和置“1”端接实验装置上面逻辑电平开关，两个互非的输出端分别接 LED 逻辑电平显示管，按表 1 测试，把测试的输出情况记录在表 6.8 中。

表 6.8 输出情况记录

$\overline{R}_D$	$\overline{S}_D$	Q	$\overline{Q}$
1	1→0		
	0→1		
1→0	1		
0→1			
0	0		

2. 测试D触发器的逻辑功能：注意实验中采用数字实验装置上面的单次CP脉冲源。

74LS74双D触发器的管脚排列如图6.18所示。

3. 测试D触发器的功能时只需对集成电路中标号相同的其中之一进行连接测试即可。输入均与逻辑电平开关相连，输出与逻辑电平 LED 发光二极管相连，时钟脉冲连接单次脉冲源，分别观察上升沿和下降沿到来时的情况，记录在表6.9中。

14	13	12	11	10	9	8
U_{CC}	$2\overline{R}_D$	2D	2CP	$2\overline{S}$	2Q	$2\overline{Q}$
74LS74						
$1\overline{R}_D$	1D	1CP	$1\overline{S}_D$	1Q	$1\overline{Q}$	GND
1	2	3	4	5	6	7

图6.18　D触发器芯片管脚排列图

表6.9

D	CP	Q^{n+1}	
		$Q^n=0$	$Q^n=1$
0	↑		
	↓		
1	↑		
	↓		

4. 测试JK触发器的逻辑功能。采用74LS112集成电路芯片，其管脚排列如图6.19所示。

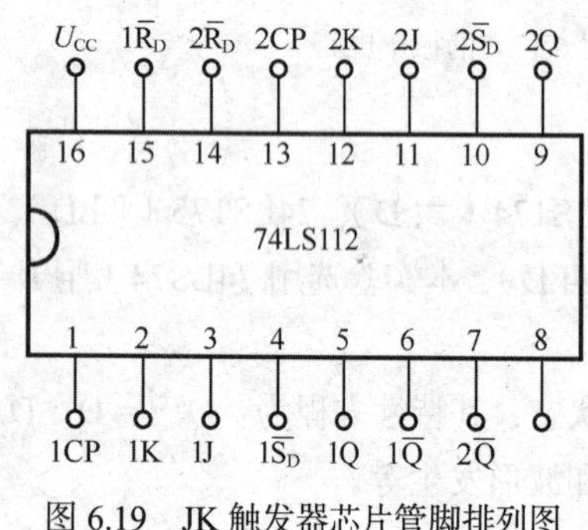

图6.19　JK触发器芯片管脚排列图

把集成电路74LS112中同一标号的一个JK触发器的输入端接于逻辑电平开关，两个互非输出接到逻辑显示电平LED发光二极管的输入插口上，时钟脉冲采用单次脉冲源，分别观察上升沿和下降沿到来时触发器的输出情况，记录在表6.10中。

5. 把JK触发器的JK两端子连接一起构成T触发器再进行测试，恒输入“1”时又可构成T'触发器，分别测试观察其输出，记录在表6.9中。

表6.10　输出情况记录

J　K	CP	Q^{n+1}	
		$Q^n=0$	$Q^n=1$
0　0	↓		
	↑		
0　1	↓		
	↑		
1　0	↓		
	↑		
1　1	↓		
	↑		

五、实验分析与思考

1. $\overline{R}_D$和$\overline{S}_D$为什么不允许出现$\overline{R}_D+\overline{S}_D=0$的情况？正常工作情况下，$\overline{R}_D$和$\overline{S}_D$应为何态？

2. 用可组成数据开关的逻辑电平输出电键能否作为触发器的时钟脉冲信号？为什么？用普通

的机械开关能否用作触发器输入信号端？又是为什么？

第6章 检测题（共100分，120分钟）

一、填空题（每空0.5分，共20分）

1. 两个与非门构成的基本RS触发器的功能有________、________和________。电路中不允许两个输入端同时为________，否则将出现逻辑混乱。

2. 通常把一个CP脉冲引起触发器多次翻转的现象称为________，有这种现象的触发器是________触发器，此类触发器的工作属于________触发方式。

3. 为有效地抑制“空翻”，人们研制出了________触发方式的________触发器和________触发器。

4. JK触发器具有________、________、________和________四种功能。欲使JK触发器实现$Q^{n+1}=\overline{Q}^n$的功能，则输入端J应接________，K应接________。

5. D触发器的输入端子有________个，具有________和________的功能。

6. 触发器的逻辑功能通常可用________、________、________和________等多种方法进行描述。

7. 组合逻辑电路的基本单元是________，时序逻辑电路的基本单元是________。

8. JK触发器的次态方程为________；D触发器的次态方程为________。

9. 触发器有两个互非的输出端Q和$\overline{Q}$，通常规定Q=1，$\overline{Q}=0$时为触发器的________状态；Q=0，$\overline{Q}=1$时为触发器的________状态。

10. 两个与非门组成的基本RS触发器，在正常工作时，不允许$\overline{R}=\overline{S}=$________，其特征方程为________，约束条件为________。

11. 钟控的RS触发器，在正常工作时，不允许输入端R=S=________，其特征方程为________，约束条件为________。

12. 把JK触发器________就构成了T触发器，T触发器具有的逻辑功能是________和________。

13. 让________触发器恒输入“1”就构成了T′触发器，这种触发器仅具有________功能。

二、判断题（每小题1分，共10分）

1. 仅具有保持和翻转功能的触发器是RS触发器。（ ）

2. 基本的RS触发器具有“空翻”现象。（ ）

3. 钟控的RS触发器的约束条件是：R + S=0。（ ）

4. JK触发器的特征方程是：$Q^{n+1}=J\overline{Q}^n+KQ^n$。（ ）

5. D触发器的输出总是跟随其输入的变化而变化。（ ）

6. CP=0时，由于JK触发器的导引门被封锁而触发器状态不变。（ ）

7. 主从型JK触发器的从触发器开启时刻在CP下降沿到来时。（ ）

8. 触发器和逻辑门一样，输出取决于输入现态。（　　）

9. 维持阻塞D触发器状态变化在CP下降沿到来时。（　　）

10. 凡采用电位触发方式的触发器，都存在“空翻”现象。（　　）

三、选择题（每小题2分，共20分）

1. 仅具有置“0”和置“1”功能的触发器是（　　）。

A. 基本RS触发器　　B. 钟控RS触发器

C. D触发器　　D. JK触发器

2. 由与非门组成的基本RS触发器不允许输入的变量组合$\overline{S}\cdot\overline{R}$为（　　）。

A. 00　　B. 01　　C. 10　　D. 11

3. 钟控RS触发器的特征方程是（　　）。

A. $Q^{n+1}=\overline{R}+Q^n$　　B. $Q^{n+1}=S+Q^n$

C. $Q^{n+1}=R+\overline{S}Q^n$　　D. $Q^{n+1}=S+\overline{R}Q^n$

4. 仅具有保持和翻转功能的触发器是（　　）。

A. JK触发器　　B. T触发器　　C. D触发器　　D. T′触发器

5. 触发器由门电路构成，但它不同门电路功能，主要特点是（　　）

A. 具有翻转功能　　B. 具有保持功能　　C. 具有记忆功能

6. TTL集成触发器直接置0端$\overline{R}_D$和直接置1端$\overline{S}_D$在触发器正常工作时应（　　）。

A. $\overline{R}_D=1$，$\overline{S}_D=0$　　B. $\overline{R}_D=0$，$\overline{S}_D=1$

C. 保持高电平“1”　　D. 保持低电平“0”

7. 按触发器触发方式的不同，双稳态触发器可分为（　　）

A. 高电平触发和低电平触发　　B. 上升沿触发和下降沿触发

C. 电平触发或边沿触发　　D. 输入触发或时钟触发

8. 按逻辑功能的不同，双稳态触发器可分为（　　）。

A. RS、JK、D、T等　　B. 主从型和维持阻塞型

C. TTL型和MOS型　　D. 上述均包括

9. 为避免“空翻”现象，应采用（　　）方式的触发器。

A. 主从触发　　B. 边沿触发　　C. 电平触发

10. 为防止“空翻”，应采用（　　）结构的触发器。

A. TTL　　B. MOS　　C. 主从或维持阻塞

四、简述题（每小题3分，共15分）

1. 时序逻辑电路的基本单元是什么？组合逻辑电路的基本单元又是什么？

2. 何为“空翻”现象？抑制“空翻”可采取什么措施？

3. 触发器有哪几种常见的电路结构形式？它们各有什么样的动作特点？

4. 试分别写出钟控RS触发器、JK触发器和D触发器的特征方程。

5. 能否推出由两个或非门组成的基本RS触发器的功能？写出其真值表。

五、分析题（共35分）

1. 已知TTL主从型JK触发器的输入控制端J和K及CP脉冲波形如图6.20所示，试根据它们的波形画出相应输出端Q的波形。（8分）

2. 写出图6.21所示各逻辑电路的次态方程。（每图3分，共18分）

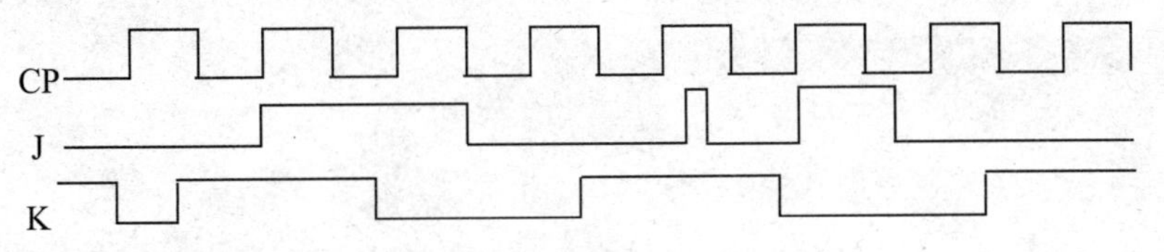

图 6.20　分析题 1 波形图

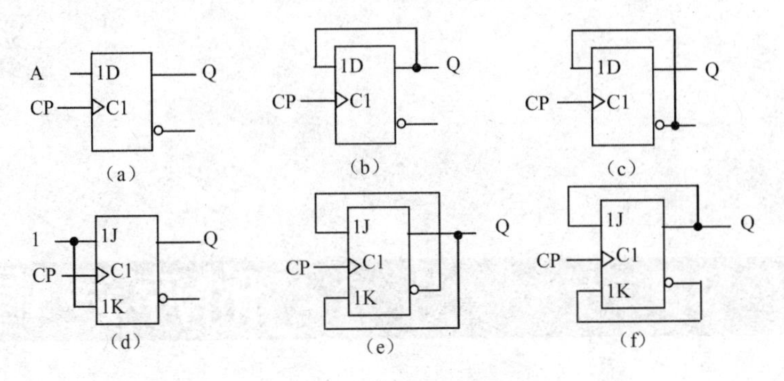

图 6.21　分析题 2 逻辑图

3. 图 6.22 所示为维持阻塞 D 触发器构成的电路，试画出在 CP 脉冲下 Q_0 和 Q_1 的波形。（设它们初态为 0）（9 分）

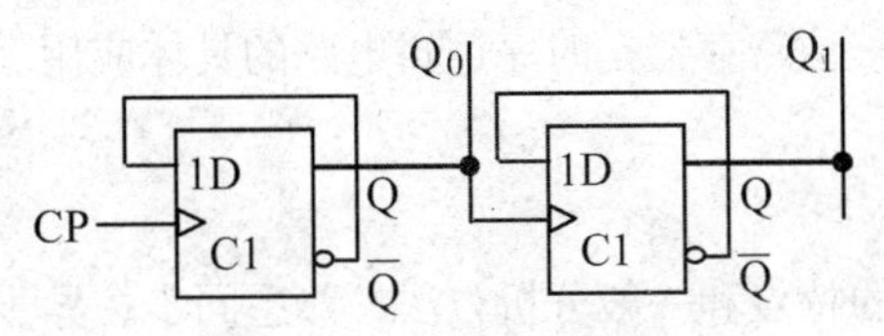

图 6.22　分析题 3 逻辑图

第7章 时序逻辑电路

时序逻辑电路与组合逻辑电路不同，它在任意时刻的输出不仅和该时刻输入逻辑变量有关，还和电路原来的状态有关，因此时序逻辑电路的基本单元是具有存储功能的触发器。

计数器、寄存器与移位寄存器是时序逻辑电路的具体应用。

学习目的和要求

了解时序逻辑电路的特点和一般分析方法；熟悉同步、异步时序逻辑电路的特点；掌握计数器、寄存器的电路的工作原理分析方法和步骤，了解其功能、分类及使用方法；掌握常用标准中规模移位寄存器、计数器的逻辑功能与使用方法；熟悉 555 定时器构成 3 种电路的工作特点、连接方法。

7.1 时序逻辑电路的分析和设计思路

学习目标

了解时序逻辑电路的结构组成特点、逻辑功能特点及逻辑功能表示方法；熟悉时序逻辑电路的分类；理解和掌握时序逻辑电路的基本分析方法；了解时序逻辑电路的设计思路。

1. 时序逻辑电路的特点

时序逻辑电路的特点：任何时刻电路的稳态输出，不仅和该时刻的输入信号有关，而且还取决于电路原来的状态。

时序逻辑电路的结构组成可以用图 7.1 所示方框图表示。图中 X 代表输入信号，Y 代表输出信号，Z 代表存储电路的输入信号，Q 代表存储电路的输出信号，同时也是组合逻辑电路输入的一部分。

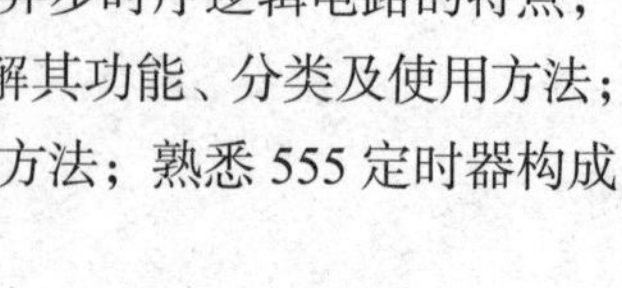

X → 组合逻辑电路 → Y；Z → 存储电路 → Q

图 7.1　时序逻辑电路框图

从电路框图来看，时序逻辑电路均包含作为存储单元的触发器。事实上，时序逻辑电路的状态，就是依靠触发器记忆和表示的，时序电路中可以没有组合逻辑电路，但不能没有触发器。

2. 时序逻辑电路的分类

触发器是最简单的时序逻辑电路，常用来作为较为复杂的时序逻辑电路的基本单元。

（1）按功能的不同，时序逻辑电路可划分为计数器、寄存器、移位寄存器、读/写存储器、顺序脉冲发生器等。

（2）按触发器状态变化是否同步可分为同步时序逻辑电路和异步时序逻辑电路。

（3）按输出信号的特性可分为米莱型时序逻辑电路和莫尔型时序逻辑电路。

（4）按能否编程又有可编程和不可编程时序逻辑电路之分。

（5）按集成度的不同还可分为小规模（SSI）、中规模（MSI）、大规模（LSI）和超大规模（VLSI）时序逻辑电路。

（6）按使用开关元件类型的不同又可分为 TTL 型和 CMOS 型时序逻辑电路。

3. 时序逻辑电路功能的描述

由时序逻辑电路的结构框图可以看出，各输入、输出信号之间存在着一定的关系，这些关系可以用一些方程式加以描述：

（1）输出方程：$Y(t_n) = F[X(t_n), Q(t_n)]$

（2）驱动方程：$Z(t_n) = G[X(t_n), Q(t_n)]$（有时也称作激励方程）

（3）次态方程：$Q(t_{n+1}) = H[Z(t_n), Q(t_n)]$（又称为存储电路的状态方程）

上述 3 个方程式，可以完整地描述时序逻辑电路的逻辑功能。显然，时序逻辑电路的描述方法比组合逻辑电路复杂，通常要用到 t_n 和 t_{n+1} 两个相邻的离散时间，这两个相邻的离散时间对应存储电路中的现态和次态两种不同状态所处的时刻。

用方程式虽然可以完整地描述时序逻辑电路的功能，但描述方法不够形象、直观。为了能把在一系列时钟脉冲操作下的电路状态转换全过程形象、直观地描述出来，常用方法仍是状态转换真值表、状态转换图、时序图和激励表等。这些方法将在对时序逻辑电路的分析过程中，更加具体地加以阐明。

4. 时序逻辑电路的基本分析方法

【例 7.1】 如图 7.2 所示时序逻辑电路，其输出信号由各触发器的 Q 端取出。设触发器现态为“0”态，试分析该电路的逻辑功能。

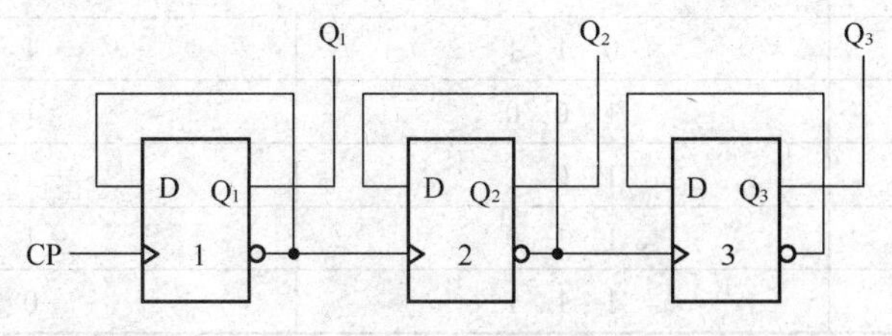

图 7.2　例 7.1 逻辑电路

【分析】 ① 判断电路类型。

该时序逻辑电路除 CP 时钟脉冲外，无其他输入信号，且各触发器的时钟脉冲不同，因此判断是莫尔型异步时序逻辑电路。

② 写出该时序逻辑电路分析时所需的相应方程式。

该时序逻辑电路的各位均为 CP 上升沿到来时发生状态翻转的 D 触发器，因此电路的驱动方程为：

$$D_3=\overline{Q}_3,\qquad D_2=\overline{Q}_2,\qquad D_1=\overline{Q}_1$$

将驱动方程代入各位触发器的状态方程，可得逻辑电路的次态方程为：

$$Q_3^{n+1}=D_3^{\,n}=\overline{Q}_3^{\,n},\quad Q_2^{n+1}=D_2^{\,n}=\overline{Q}_2^{\,n},\quad Q_1^{n+1}=D_1^{\,n}=\overline{Q}_1^{\,n}$$

因为电路中各位触发器不是由同一时钟脉冲控制，因此需求出电路的时钟方程为：

$$CP_3=\overline{Q}_2,\qquad CP_2=\overline{Q}_1,\qquad CP_1=CP$$

③ 根据上述方程对电路进行分析。

电路初始状态为“000”，因此第一个 CP 脉冲上升沿到来时刻，根据触发器 1 的次态方程可得 $Q_1^{n+1}=D_1^{\,n}=\overline{Q}_1^{\,n}=1$，触发器 1 的状态由 0 翻转为 1，此变化使 CP_2 出现下降沿，因此触发器 2 状态不变，触发器 3 的状态因 CP_3 不变也不发生变化。$Q_3Q_2Q_1$ 由初始状态 000 变为 001。

第二个 CP 脉冲上升沿到来时，触发器 1 的状态再次翻转，$Q_1^{n+1}=0$；触发器 2 由于得到一个上升沿的 CP_2 而发生状态翻转，有 $Q_2^{n+1}=D_2^{\,n}=\overline{Q}_2^{\,n}=1$，此变化使 CP_3 出现下降沿，因此触发器 3 状态不变，$Q_3Q_2Q_1$ 由 001 变为 010。

第 3 个 CP 脉冲上升沿来到时，触发器 1 状态又发生翻转，$Q_1^{n+1}=1$；CP_2 出现下降沿，触发器 2 状态不变；因 Q_2 不变，CP_3 也不变化，$Q_3Q_2Q_1$ 由 010 变化为 011。

第 4 个 CP 脉冲上升沿来到时，触发器 1 的状态又翻转到 $Q_1^{n+1}=0$；$\overline{Q}_1$ 的变化使 CP_2 出现上升沿，触发器 2 状态也发生翻转，$Q_2^{n+1}=0$，$\overline{Q}_2$ 的变化使 CP_3 出现上升沿，触发器 3 的状态翻转为 $Q_3^{n+1}=1$，$Q_3Q_2Q_1$ 由 011 变为 100。

……直到第 8 个 CP 脉冲上升沿来到时，$Q_3Q_2Q_1$ 由 111 又重新转换为 000 状态。以后电路将周而复始地重复上述循环。

把以上分析结果填写在状态转换真值表中，见表 7.1。

表 7.1　例 7.1 逻辑电路状态转换真值表

CP_3	CP_2	CP_1	$Q_3^n\ Q_2^n\ Q_1^n$	$Q_3^{n+1}\ Q_2^{n+1}\ Q_1^{n+1}$
		1↑	0 0 0	0 0 1
	↑	2↑	0 0 1	0 1 0
		3↑	0 1 0	0 1 1
↑	↑	4↑	0 1 1	1 0 0
		5↑	1 0 0	1 0 1
	↑	6↑	1 0 1	1 1 0
		7↑	1 1 0	1 1 1
↑	↑	8↑	1 1 1	0 0 0

观察上表可看出，电路中各位触发器状态变化的规律是：每来一个 CP 脉冲上升沿，触发器 1

的状态就会翻转一次；每当 Q_1 出现下降沿时，触发器 2 的状态就会翻转一次；每当 Q_2 出现下降沿时，触发器 3 的状态将翻转一次。

另外，该时序电路在运行时所经历的状态是周期性的，即在有限个状态中循环，通常将一次循环所包含的状态总数称为时序逻辑电路的“模”。所以，该时序逻辑电路是一个异步三位二进制模 8 加计数器电路。

异步三位二进制模 8 计数器的状态转换还可用图 7.3 所示的状态转换图来表示。

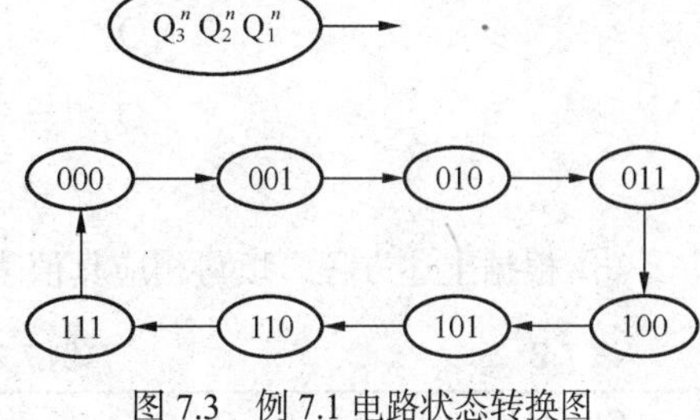

图 7.3　例 7.1 电路状态转换图

对例 7.1 的异步时序逻辑电路进行分析时，首先要看触发器的触发脉冲有无有效的触发边沿或有效触发电平，只有出现有效触发信号时，才能根据这一时刻的触发器输入信号依据次态方程求出变化后的新状态。

通过此例可以了解到时序逻辑电路的一般分析步骤如下所述。

① 确定时序逻辑电路的类型。根据时序逻辑电路除 CP 端子外是否还有其他输入信号，判断电路是米莱型还是莫尔型，如有其他输入信号端子时，为米莱型时序逻辑电路，如果像例 7.1 所示电路没有其他输入端子，就是莫尔型时序逻辑电路；根据电路中各位触发器是否共用一个时钟脉冲 CP 触发电路，判断电路是同步时序逻辑电路还是异步时序逻辑电路。若电路中各位触发器共用一个时钟脉冲 CP 触发，为同步时序逻辑电路；若各位触发器的 CP 脉冲端子不同，如例 7.1 所示电路，就为异步时序逻辑电路。

② 根据已知时序逻辑电路，分别写出相应输出方程（注：莫尔型时序逻辑电路没有输出方程）、驱动方程和次态方程，当所分析电路属于异步时序逻辑电路，还需要写出各位触发器的时钟脉冲方程。

③ 根据次态方程、时钟方程、输出方程或时钟脉冲方程，填写出相应状态转换真值表或画出其状态转换图。

④ 根据分析结果和转换真值表（或状态转换图），得出时序逻辑电路的逻辑功能。

【例 7.2】 分析图 7.4 所示时序逻辑电路的功能，说明其用途，设电路的初始状态为“111”。

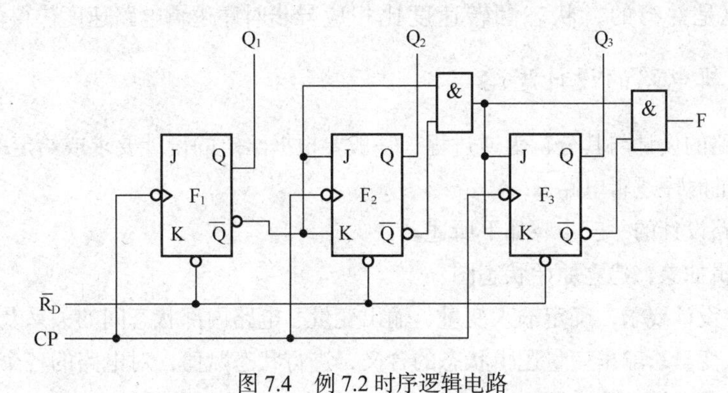

图 7.4　例 7.2 时序逻辑电路

【解】 ① 电路中各位触发器时钟脉冲为同一个 CP 输入端，具有同时翻转的条件，而且电路中除了三位触发器，还有两个与门，因此判断该电路为米莱型的同步时序逻辑电路。

② 电路的驱动方程：

$$J_1 = K_1 = 1 \qquad J_2 = K_2 = \overline{Q}_1^n \qquad J_3 = K_3 = \overline{Q}_1^n \cdot \overline{Q}_2^n$$

电路的输出方程：

$$F=\overline{Q_1^n}\cdot\overline{Q_2^n}\cdot\overline{Q_3^n}$$

电路的次态方程：

$$Q_1^{n+1}=\overline{Q_1^n}$$

$$Q_2^{n+1}=\overline{Q_1^n}\cdot\overline{Q_2^n}+Q_1^n\cdot Q_2^n=\overline{Q_1^n\oplus Q_2^n}$$

$$Q_3^{n+1}=\overline{(Q_1^n+Q_2^n)}\,\overline{Q_3^n}+(Q_1^n+Q_2^n)Q_3^n$$

$$=\overline{(Q_1^n+Q_2^n)\oplus Q_3^n}$$

③ 根据上述方程，填写相应真值表见表7.2。

表7.2　　例7.2 逻辑电路状态转换真值表

CP	$Q_3^n\ Q_2^n\ Q_1^n$	F	$Q_3^{n+1}\ Q_2^{n+1}\ Q_1^{n+1}$
1↓	1 1 1	0	1 1 0
2↓	1 1 0	0	1 0 1
3↓	1 0 1	0	1 0 0
4↓	1 0 0	0	0 1 1
5↓	0 1 1	0	0 1 0
6↓	0 1 0	0	0 0 1
7↓	0 0 1	0	0 0 0
8↓	0 0 0	1	1 1 1

④ 由真值表可看出，此电路为同步二进制模8减计数器，电路每完成一个循环，输出 F 为“1”。

比较上述两个例子，同步时序逻辑电路与异步时序逻辑电路相比，虽然它们都是由 n 位处于计数工作状态的触发器组成，但是同步时序逻辑电路中往往含有门电路，因此电路结构比异步时序逻辑电路要复杂得多。异步时序逻辑电路通常采用的是串行计数，工作速度较低；同步时序逻辑电路由于各位触发器受同一时钟脉冲CP控制，决定各触发器状态（J、K状态）的条件并行产生，因此输出也是并行的，状态翻转速度比相应异步时序逻辑电路速度快得多。

5. 时序逻辑电路的设计思路

时序逻辑电路的设计与其分析为逆过程，一般要根据给定的设计要求或给定的状态转换图，设计出满足要求的时序逻辑电路。

时序逻辑电路设计的一般步骤如下所述。

（1）进行逻辑抽象，建立原始状态图

① 分析给定设计要求，确定输入变量、输出变量、电路内部状态间的关系及状态数；

② 定义输入变量、输出变量逻辑状态的含义，进行状态赋值，对电路的各个状态进行编号；

③ 按照题意建立原始状态图。

（2）进行状态化简，求最简状态图

① 确定等价状态：原始状态图中，凡是在输入相同时，输出相同、要转换到的次态也相同的状态，都是等价状态。

② 合并等价状态，画最简状态图：对电路外特性来说，等价状态是可以合并的，多个等价状

态合并成一个状态，多余的都去掉，即可画出最简状态图。

（3）进行状态分配，画出用二进制数进行编码后的状态图

① 确定二进制代码的位数：如果用 M 表示电路的状态数，用 N 表示待使用的二进制代码的位数，就要根据编码的概念，依据下列不等式来确定二进制代码的位数：

$$2^{n-1} \leqslant M \leqslant 2^{n}$$

② 对电路状态进行编码：N 位二进制代码有 2^{n} 种不同取值，用来对 M 个状态进行编码，方案则很多。如果选择恰当，则可得到比较简单的设计结果；若方案选择不好，设计出来的电路就会复杂化。好的设计方案通常要经过仔细研究、反复比较才会得出，这里既有技巧问题，也与经验有关。

③ 画出编码后的状态图：状态编码方案确定之后，便可画出用二进制代码表示电路状态的状态图。此状态图的电路次态、输出与现态及输入间的函数关系都应准确无误地规定。

（4）选择触发器，求时钟方程、输出方程和状态方程

① 选择触发器：一般选择边沿触发方式的 JK 触发器或 D 触发器，触发器的个数应等于对电路状态进行编码的二进制代码的位数。

② 求时钟方程：若采用同步方案，就不需求时钟方程；如果采用异步方案，则要根据状态图先画出时序图，然后从翻转要求出发，才能为各个触发器选择出合适的时钟信号。

③ 求输出方程：由状态图规定的输出与现态和输入的逻辑关系可写出输出信号的标准与或表达式，用公式法或卡诺图求出最简表达式。注意对无效状态的处理应按约束项进行。

④ 求状态方程：采用同步方案时可以直接写出次态的标准与或表达式，再进行化简即可；采用异步方案时则要注意一些特殊约束项的确认和处理，充分地利用约束项进行化简，才能得到最简单的状态方程。

（5）求驱动方程

① 变换状态方程，使其具有和触发器特征方程相一致的表达式形式。

② 与特征方程进行比较，按变量相同、系数相等、两个方程必等的原则，求出驱动方程。换句话说，所谓的驱动方程就是各位触发器同步输入端信号的逻辑表达式。

（6）画逻辑电路图

① 先画触发器，并进行必要的编号，标出有关的输入端和输出端。

② 按照时钟脉冲方程、驱动方程和输出方程进行连线。

（7）检查设计的电路能否自启动

① 将电路无效状态依次代入状态方程进行计算，观察在输入时钟信号操作下能否回到有效状态，如果无效状态形成了循环，则所设计的电路不能自启动，反之则可以自启动。注意计算时所使用的应该是与特征方程做比较的次态方程，该方程就自身来说不一定是最简形式。

② 若电路不能自启动，应采取措施予以解决。

从上述时序逻辑电路的设计步骤上来看，显然要比组合逻辑电路的设计复杂，因此，我们对这部分内容不做必须掌握的要求，对初学者仅作为一般了解内容。

思考与问题

1. 如何区分同步时序逻辑电路和异步时序逻辑电路？
2. 你能正确判断出什么是米莱型时序逻辑电路和莫尔型时序逻辑电路吗？

3. 试述时序逻辑电路的分析步骤？

4. 对图7.5所示时序逻辑电路进行分析，写出其功能真值表。

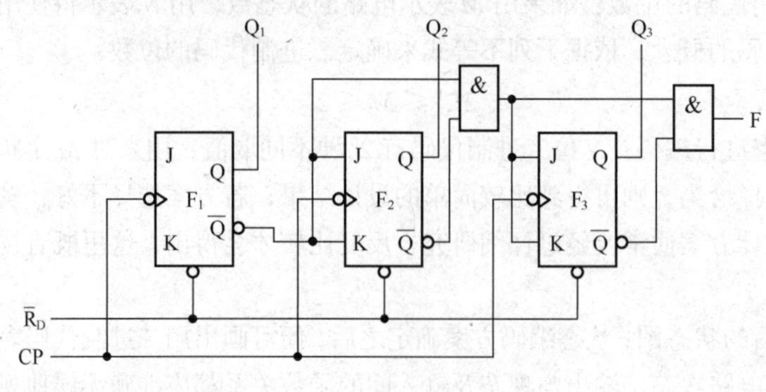

图7.5　思考题4逻辑电路

7.2 集成计数器

学习目标

了解集成计数器电路的结构组成；熟悉二进制计数器和十进制计数器的特点；掌握计数器的功能及其逻辑电路的分析方法；理解复位和预置的概念并了解其差别；初步掌握 *N* 进制计数器的组成原理。

计数器是时序逻辑电路的具体应用，用来累计并寄存输入脉冲个数，计数器的基本组成单元是各类触发器。计数器按其工作方式的不同可分为同步计数器和异步计数器；按进位制可分为二进制计数器、十进制计数器和任意进制计数器；按功能又可分为加法计数器、减法计数器和加/减可逆计数器等。计数器中的“数”是用触发器的状态组合来表示的。在计数脉冲（一般采用时钟脉冲CP）作用下，使一组触发器的状态逐个转换成不同的状态组合，以此表示数的增加或减少以达计数目的。

1. 二进制计数器

当时序逻辑电路的触发器位数为 n，电路状态按二进制数的自然态序循环，经历的独立状态为 2^n 个，这时，我们称此类电路为二进制计数器。

二进制计数器除按同步、异步分类外，还可按计数的增减规律分为加计数器、减计数器和可逆计数器。

（1）异步二进制计数器

二进制计数器中各位触发器所用的计数脉冲不同，通常时钟脉冲加到最低位触发器的CP端，其他触发器的CP端分别由低位触发器的Q端或 $\overline{Q}$ 端控制。图7.6所示就是一个由主从型JK触发器构成的异步二进制计数器。

图示电路中，每一个JK触发器都接成一位计数器，只有最低位触发器的CP端与时钟脉冲相连，其余触发器的CP端均与相邻低位触发器的输出端Q相连，即低位输出端Q为相邻高位触发器的时钟脉冲信号。该电路不存在组合逻辑电路，因此是莫尔型异步时序逻辑电路。其时钟方程分别为：

$CP_3=Q_2$　　$CP_2=Q_1$　　$CP_1=Q_0$　　$CP_0=CP$

驱动方程为：

$J_0=K_0=1$　　$J_1=K_1=1$　　$J_2=K_2=1$　　$J_3=K_3=1$

次态方程为：

$$Q_3^{n+1}=J_3\overline{Q}_3^n+\overline{K}_3Q_3^n=\overline{Q}_3^n \qquad Q_2^{n+1}=J_2\overline{Q}_2^n+\overline{K}_2Q_2^n=\overline{Q}_2^n$$

$$Q_1^{n+1}=J_1\overline{Q}_1^n+\overline{K}_1Q_1^n=\overline{Q}_1^n \qquad Q_0^{n+1}=J_0\overline{Q}_0^n+\overline{K}_0Q_0^n=\overline{Q}_0^n$$

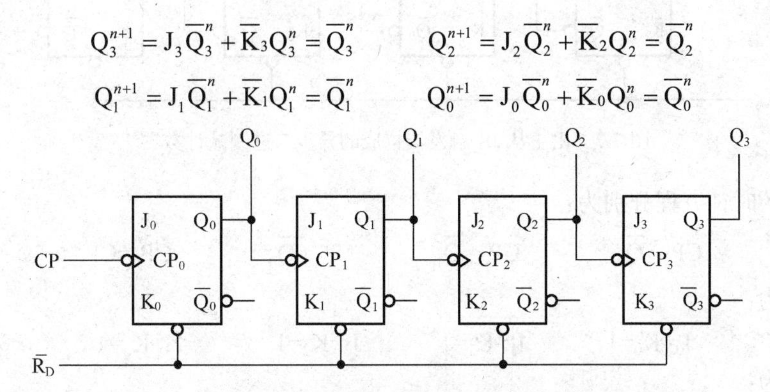

图 7.6　由主从 JK 触发器构成的异步二进制计数器

计数前各位触发器清零，使图示二进制计数器初始状态为“0000”。当第 1 个 CP 时钟脉冲下降沿到来时计数器开始工作，根据上述方程式可写出其逻辑状态转换真值表见表 7.3。

表 7.3　由 JK 触发器构成的异步二进制计数器状态转换真值表

CP_0=CP	$CP_1=Q_0$	$CP_2=Q_1$	$CP_3=Q_2$	$Q_3^n\ Q_2^n\ Q_1^n\ Q_0^n$	$Q_3^{n+1}\ Q_2^{n+1}\ Q_1^{n+1}\ Q_0^{n+1}$
1↓	0→1 ↑	0→0	0→0	0 0 0 0	0 0 0 1
2↓	1→0 ↓	↑	0→0	0 0 0 1	0 0 1 0
3↓	0→1 ↑	1→1	0→0	0 0 1 0	0 0 1 1
4↓	1→0 ↓	↓	↑	0 0 1 1	0 1 0 0
5↓	0→1 ↑	0→0	1→1	0 1 0 0	0 1 0 1
6↓	1→0 ↓	↑	1→1	0 1 0 1	0 1 1 0
7↓	0→1 ↑	1→1	1→1	0 1 1 0	0 1 1 1
8↓	1→0 ↓	↓	↓	0 1 1 1	1 0 0 0
9↓	0→1 ↑	0→0	0→0	1 0 0 0	1 0 0 1
10↓	1→0 ↓	↑	0→0	1 0 0 1	1 0 1 0
11↓	0→1 ↑	1→1	0→0	1 0 1 0	1 0 1 1
12↓	1→0 ↓	↓	↑	1 0 1 1	1 1 0 0
13↓	0→1 ↑	0→0	1→1	1 1 0 0	1 1 0 1
14↓	1→0 ↓	↑	1→1	1 1 0 1	1 1 1 0
15↓	0→1 ↑	1→1	1→1	1 1 1 0	1 1 1 1
16↓	1→0 ↓	↓	↓	1 1 1 1	0 0 0 0

由表可看出，该异步二进制计数器是一个模 16 的四位二进制加计数器。

如果我们把电路做一改动：图 7.6 中除最低位外，其余各位触发器的 CP 端由原来与相邻低位的 Q 端相连改为与相邻低位的 $\overline{Q}$ 端相连，把直接置 0 端改为直接置 1 端，就构成了如图 7.7 所示的异步二进制减法计数器。

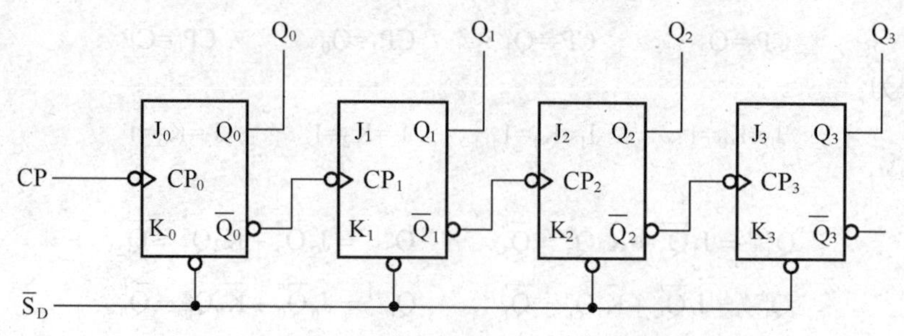

图 7.7　由主从 JK 触发器构成的异步二进制减计数器

图示电路的时钟方程分别为：

$$CP_3=\overline{Q}_2 \qquad CP_2=\overline{Q}_1 \qquad CP_1=\overline{Q}_0 \qquad CP_0=CP$$

驱动方程为：

$$J_0=K_0=1 \qquad J_1=K_1=1 \qquad J_2=K_2=1 \qquad J_3=K_3=1$$

次态方程为：

$$Q_3^{n+1}=J_3\overline{Q}_3^n+\overline{K}_3Q_3^n=\overline{Q}_3^n \qquad Q_2^{n+1}=J_2\overline{Q}_2^n+\overline{K}_2Q_2^n=\overline{Q}_2^n$$

$$Q_1^{n+1}=J_1\overline{Q}_1^n+\overline{K}_1Q_1^n=\overline{Q}_1^n \qquad Q_0^{n+1}=J_0\overline{Q}_0^n+\overline{K}_0Q_0^n=\overline{Q}_0^n$$

计数前各位触发器置“1”，使图示二进制计数器初始状态为“1111”。当第 1 个 CP 时钟脉冲下降沿到来时计数器开始工作，根据上述方程式可写出其逻辑状态转换真值表见表 7.4。

表 7.4　由 JK 触发器构成的异步二进制减计数器状态转换真值表

$CP_0=CP$	$CP_1=\overline{Q}_0$	$CP_2=\overline{Q}_1$	$CP_3=\overline{Q}_2$	$Q_3^n\ Q_2^n\ Q_1^n\ Q_0^n$	$Q_3^{n+1}\ Q_2^{n+1}\ Q_1^{n+1}\ Q_0^{n+1}$
1↓	0→1 ↑	0→0	0→0	1 1 1 1	1 1 1 0
2↓	1→0 ↓	↑	0→0	1 1 1 0	1 1 0 1
3↓	0→1 ↑	1→1	0→0	1 1 0 1	1 1 0 0
4↓	1→0 ↓	↓	↑	1 1 0 0	1 0 1 1
5↓	0→1 ↑	0→0	1→1	1 0 1 1	1 0 1 0
6↓	1→0 ↓	↑	1→1	1 0 1 0	1 0 0 1
7↓	0→1 ↑	1→1	1→1	1 0 0 1	1 0 0 0
8↓	1→0 ↓	↓	↓	1 0 0 0	0 1 1 1
9↓	0→1 ↑	0→0	0→0	0 1 1 1	0 1 1 0
10↓	1→0 ↓	↑	0→0	0 1 1 0	0 1 0 1
11↓	0→1 ↑	1→1	0→0	0 1 0 1	0 1 0 0
12↓	1→0 ↓	↓	↑	0 1 0 0	0 0 1 1
13↓	0→1 ↑	0→0	1→1	0 0 1 1	0 0 1 0
14↓	1→0 ↓	↑	1→1	0 0 1 0	0 0 0 1
15↓	0→1 ↑	1→1	1→1	0 0 0 1	0 0 0 0
16↓	1→0 ↓	↓	↓	0 0 0 0	1 1 1 1

由表可看出，该异步二进制计数器是一个模 16 的四位二进制减计数器。显然，只要把主从型 JK 触发器的输入 J 和 K 悬空为“1”或都接高电平，每一位触发器都可构成一位计数器。如果把

Q 作为相邻高位触发器的时钟脉冲信号，就可构成多位二进制加计数器，如果把 $\overline{Q}$ 作为相邻高位触发器的时钟脉冲信号，则可构成多位二进制减计数器。

同理，如果把 D 触发器的输出 Q 端作为相邻高位触发器的时钟信号，即可构成减计数器；若把 $\overline{Q}$ 端作为相邻高位触发器的时钟信号，又可构成加计数器。读者可自行分析。

（2）同步二进制计数器

同步二进制计数器是把计数脉冲同时加到所有触发器的时钟脉冲 CP 端，通过控制电路控制各触发器的状态变换。同步计数器通常包含组合逻辑电路，因此分析起来比异步时序逻辑电路复杂。但是，同步计数器的速度要比异步计数器快得多。

2. 十进制计数器

日常生活中人们习惯于十进制的计数规则，当利用计数器进行十进制计数时，必须构成满足十进制计数规则的电路。十进制计数器是在二进制计数器的基础上得到的，因此也称为二—十进制计数器。

用四位二进制代码代表十进制的每一位数时，至少要用四位触发器才能实现。最常用的二进制代码是 8421BCD 码。8421BCD 码取前面的“0000～1001”来表示十进制的“0～9”十个数码，后面的“1010～1111”六个二进制数在 8421BCD 码中称为无效码。因此，采用 8421BCD 码计数至第十个时钟脉冲时，十进制计数器的输出要从“1001”跳变到“0000”，完成一次一位十进制计数循环。下面以十进制同步加计数器为例，介绍这类逻辑电路的工作原理。

图 7.8 所示是十进制同步加计数器的电路。电路中含有“清零”端 $\overline{R}_D$，因只有 CP 输入端子，所以为莫尔型时序逻辑电路。

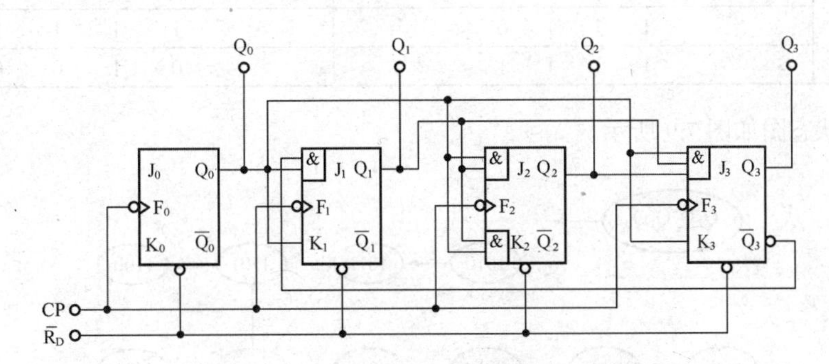

图 7.8　同步十进制加计数器的逻辑电路图

图中各位触发器的驱动方程：

$$J_0 = K_0 = 1$$

$$J_1 = Q_0^n \overline{Q}_3^n \qquad K_1 = Q_0^n$$

$$J_2 = K_2 = Q_0^n Q_1^n$$

$$J_3 = Q_0^n Q_1^n Q_2^n \qquad K_3 = Q_0^n$$

电路中各位触发器的次态方程：

$$Q_0^{n+1} = \overline{Q}_0^n$$

$$Q_1^{n+1}=Q_0^n\overline{Q_3^n}\,\overline{Q_1^n}+\overline{Q_0^n}Q_1^n$$

$$Q_2^{n+1}=Q_0^nQ_1^n\overline{Q_2^n}+\overline{Q_0^nQ_1^n}Q_2^n$$

$$Q_3^{n+1}=Q_0^nQ_1^nQ_2^n\overline{Q_3^n}+\overline{Q_0^n}Q_3^n$$

将各位触发器的现态代入次态方程，可得到该逻辑电路的次态值。这种逻辑关系可用状态转换真值表 7.5 表述。

表 7.5　　十进制逻辑电路状态转换真值表

CP	Q_3^n	Q_2^n	Q_1^n	Q_0^n	Q_3^{n+1}	Q_2^{n+1}	Q_1^{n+1}	Q_0^{n+1}
1↓	0	0	0	0	0	0	0	1
2↓	0	0	0	1	0	0	1	0
3↓	0	0	1	0	0	0	1	1
4↓	0	0	1	1	0	1	0	0
5↓	0	1	0	0	0	1	0	1
6↓	0	1	0	1	0	1	1	0
7↓	0	1	1	0	0	1	1	1
8↓	0	1	1	1	1	0	0	0
9↓	1	0	0	0	1	0	0	1
10↓	1	0	0	1	回零进位			
无效码	1	0	1	0	1	0	1	1
	1	0	1	1	0	1	0	0
	1	1	0	0	1	1	0	1
	1	1	0	1	0	1	0	0
	1	1	1	0	1	1	1	1
	1	1	1	1	0	1	0	0

该电路的状态图如图 7.9 所示。

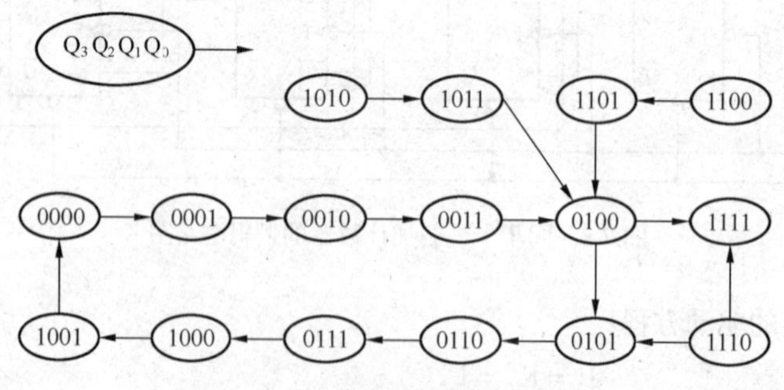

图 7.9　十进制加计数器状态图

从状态转换真值表和状态图都可看出，该电路每来 10 个时钟脉冲，状态从 0000 开始，经 0001，0010，0011，...，1001，又返回 0000 形成模 10 循环计数器。而不在循环内的 1010、1011、1100 等 6 个无效状态只是可能在电源刚接通时出现，只要电路一开始工作，由状态转换图可知，电路很快就会进入有效循环体中的某一状态，此后这些无效的非循环状态就不可能再现。因此，图 7.8 所示的莫尔型模 10 计数器电路是一个具有自启动能力的十进制同步加计数器。

所谓自启动能力：指时序逻辑电路中某计数器中的无效状态码，若在开机时出现，不用人工或其他设备的干预，计数器能够很快自行进入有效循环体，使无效状态码不再出现的能力。

3. 集成计数器及其应用

计数器在控制、分频、测量等电路中应用非常广泛，所以具有计数功能的集成电路型号较多。常用的集成芯片有 74LS161、74LS90、74LS197、74LS160、74LS92 等。下面以 74LS161、74LS90 为例，介绍集成计数器电路的功能及正确使用方法。

（1）集成芯片 74LS90 的引脚功能及正确使用

74LS90 是一个 14 脚的集成电路芯片，其内部是一个二进制计数器和一个五进制计数器，下降沿触发。引脚排列如图 7.10 所示。

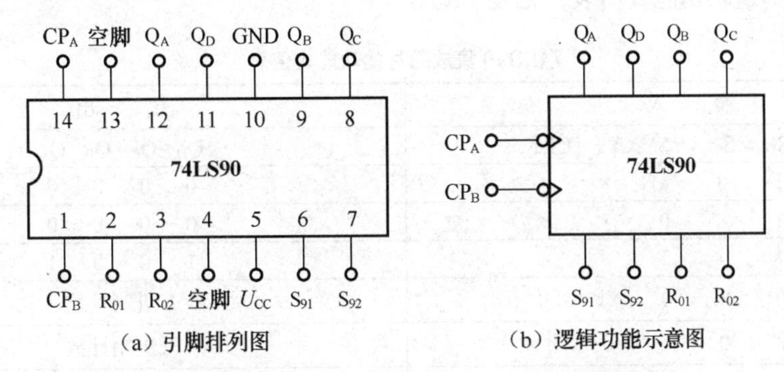

图 7.10　74LS90 芯片的引脚排列图及逻辑功能示意图

① 引脚功能。

脚 1——五进制计数器的时钟脉冲输入端。

脚 2 和 3——直接复位（清零）端。

脚 4、13——空脚。

脚 5——电源（+5V）。

脚 6 和 7——直接置 9 端。

脚 10——接地端。

脚 9、8、11——五进制计数器的输出端。

脚 12——二进制计数器的输出端。

脚 14——二进制计数器的时钟脉冲输入端。

② 计数电路的构成。

• 74LS90 在使用时，若时钟脉冲端由管脚 14CP_A 输入，由管脚 12Q_A 输出时，可构成一个二进制计数器。

• 当 74LS90 的时钟脉冲端由管脚 1CP_B 输入，由管脚 9Q_B、8Q_C、11Q_D（由低位→高位排列）输出时，可构成一个五进制计数器。

• 74LS90 还可构成十进制计数器。当计数脉冲由管脚 14CP_A 输入，管脚 12Q_A 直接和管脚 1CP_B 相连，输出端就构成 8421BCD 计数器。输出由高到低的排列顺序为 11、8、9、12。当计数脉冲由管脚 14CP_B 输入，管脚 11Q_D 和管脚 14 CP_A 直接相连，又可构成一个 5421BCD 计数器。输出由高到低的排列顺序为 12、11、8、9。构成以上两种二—十进制计数器的连接方法如图 7.11 所示。

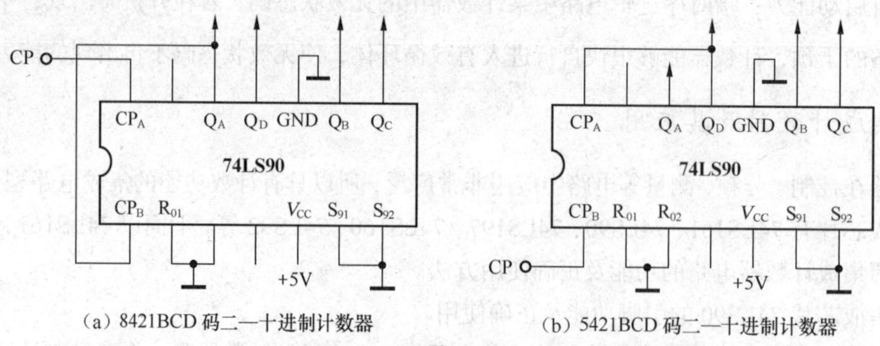

（a）8421BCD 码二—十进制计数器　　（b）5421BCD 码二—十进制计数器

图 7.11　74LS90 构成十进制计数器的两种方法示意图

③ 74LS90 的逻辑功能真值表，见表 7.6。

表 7.6　　74LS90 集成芯片的功能真值表

输入						输出
R_{O1}	R_{O2}	S_{91}	S_{92}	CP_A	CP_B	Q_D Q_C Q_B Q_A
1	1	0	×	×	×	0 0 0 0
1	1	×	0	×	×	0 0 0 0
×	×	1	1	×	×	1 0 0 1
×	0	×	0	↓	0	二进制计数
×	0	0	×	0	↓	五进制计数
0	×	×	0	↓	Q_0	8421BCD 码十进制计数
0	×	0	×	Q_1	↓	5421BCD 码十进制计数

由真值表中可看出，74LS90 的两个复位端 R_{O1} 和 R_{O1} 同时为 1 时，计数器清零；两个置 9 端 S_{91} 和 S_{92} 在 8421BCD 码情况下同时为“1”时，管脚 11Q_D 和管脚 12Q_A 输出为“1”，管脚 8Q_C 和管脚 9Q_B 输出为“0”，即电路直接置 9。当计数器无论在计数情况下正常计数时，两个清零端和两个置 9 端中都必须至少有一个为低电平“0”。

（2）集成芯片 74LS161 的引脚功能及正确使用

集成计数器 74LS161 是一个 16 脚的芯片，上升沿触发。具有异步清零、同步预置数、进位输出等功能，引脚排列如图 7.12 所示。

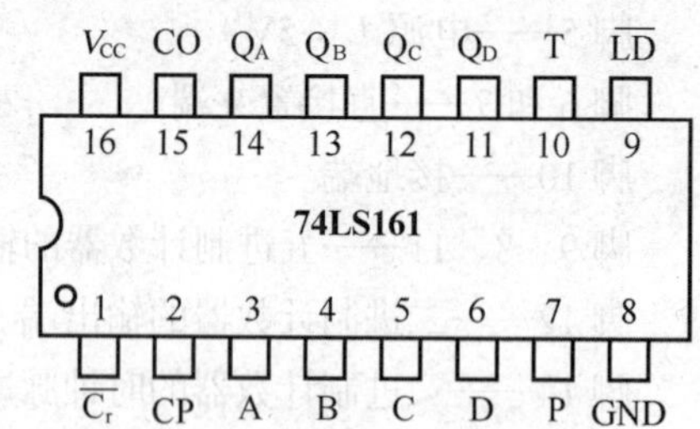

图 7.12　74LS161 引脚排列图

① 引脚功能。

脚 1——直接清零端 $\overline{C}_r$。

脚 2——时钟脉冲输入端 CP。

脚 3、4、5、6——预置数据信号输入端 A、B、C、D。

脚 7、10——输入使能端 P 和 T。

脚 8——“地”端 GND。

脚 9——同步预置数控制端 $\overline{L}_D$。

脚 11、12、13、14——数据输出端 Q_D、Q_C、Q_B、Q_A，由高位→低位。

脚 15——进位输出端 CO。

脚 16——电源端+U_{CC}。

② 功能真值表见表 7.7。

表 7.7　　74LS161 功能真值表

清零	预置	使能	时钟	预置数据输入	输　出	工作模式
$\overline{C_r}$	$\overline{L_D}$	P T	CP	D C B A	Q_D Q_C Q_B Q_A	
0	×	× ×	×	× × × ×	0 0 0 0	异步清零
1	0	× ×	↑	d_3 d_2 d_1 d_0	d_3 d_2 d_1 d_0	同步置数
1	1	0 ×	×	× × × ×	保 持	数据保持
1	1	× 0	×	× × × ×	保 持	数据保持
1	1	1 1	↑	× × × ×	计 数	加法计数

由功能真值表可看出，74LS161 集成芯片的控制输入端与电路功能之间的关系如下所述。

• 只要 $\overline{C_r}$ 输入低电平“0”，无论其他输入端如何，数据输出端 $Q_DQ_CQ_BQ_A$ = 0000，电路工作状态为“异步清零”。

• 当 $\overline{C}_r$ =“1”、$\overline{L}_D$ =“0”时，在时钟脉冲 CP 上升沿到来时，数据输出端 $Q_DQ_CQ_BQ_A$ = DCBA，其中 DBCA 为预置输入数值，这时电路功能为“同步预置数”。

• 当 $\overline{C}_r$ = $\overline{L}_D$ = “1” 时，若使能端 P 和 T 中至少有一个为低电平 “0”，无论其他输入端为何电平，数据输出端 $Q_DQ_CQ_BQ_A$ 的状态保持不变。此时的电路为“保持”功能。

• 当 $\overline{C}_r$ = $\overline{L}_D$ = P = T = “1” 时，在时钟脉冲作用下，电路处于“计数”工作状态。计数状态下，$Q_DQ_CQ_BQ_A$ = 1111 时，进位输出 CO = “1”。

③ 构成任意进制的计数器。用集成 74LS161 芯片可构成任意进制的计数器。图 7.13 所示为构成任意进制时的两种连接方法。

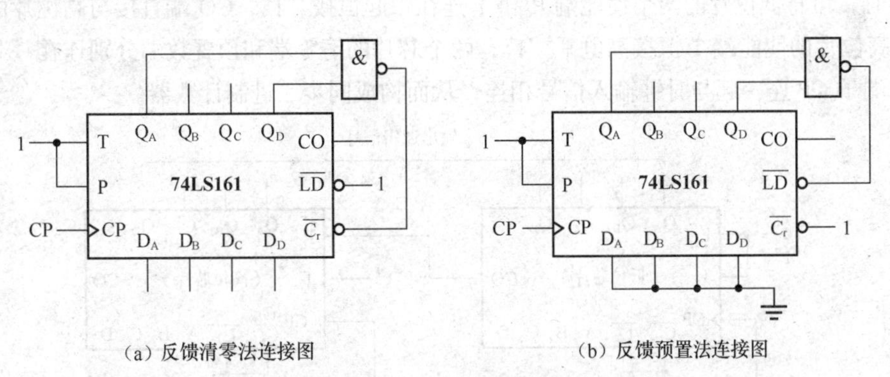

图 7.13　用 74LS161 构成任意进制的计数器

• 反馈清零法。图 7.13（a）所示为反馈清零法构成十进制计数器的电路连接图。所谓反馈清零法，就是利用芯片的复位端和门电路，跳越 M–N 个状态，从而获得 N 进制计数器的。从图 7.13（a）可看出，当计数至 1001 时，通过与非门引出一个“0”信号直接进入清零端 $\overline{C}_r$，使计数器归零。

• 反馈预置数法。用反馈预置法构成其他进制计数器时，要根据预置数和计数器的进制大小来选择反馈信号。要构成 N 进制计数器，则应将（预置数+N–1）所对应二进制代码中的“1”取出送入与非门的输入端，与非门的输出接 74LS161 的 $\overline{L}_D$ 端。而预置数接至 DCBA 端。图 7.13（b）是用反馈预置法构成的十进制计数器的电路连接图。其中预置数为 0000，反馈信号为 1001。利用反馈预置数法构成的同步预置数计数器不存在无效态。

（3）集成芯片的扩展使用

如果需要构成多位十进制计数器电路时，就要将两个（或多个）集成计数器芯片级联。例如将两个 74LS90 芯片级联后扩展使用构成二十四进制计数器的方法如图 7.14 所示。

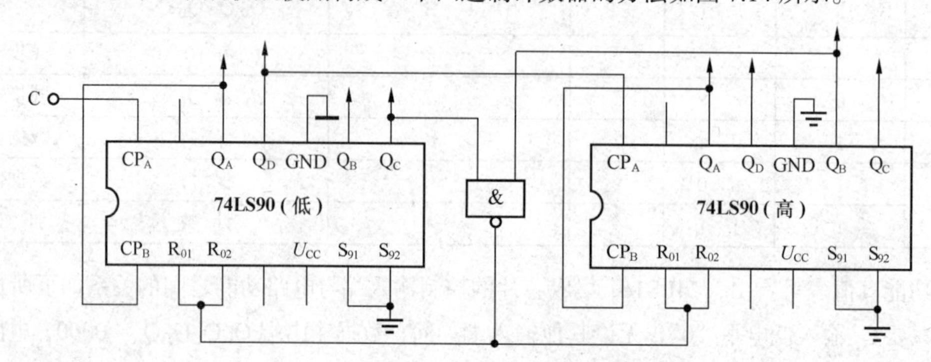

图 7.14　74LS90 构成 8421BCD 码 24 进制计数器

将高位芯片的时钟脉冲输入端 CP_A 接至低位芯片的最高位信号输出端 Q_D，低位芯片的 CP_A 端作为电路时钟脉冲的输入端，两芯片的 Q_A 端子均直接和各自的 CP_B 相连，使其形成三位二进制输出的十进制数进位关系；把两个芯片中的置 9 端直接与“地”相连，让低位片的输出 Q_C 和高位片的 Q_B 分别连接在与非门的输入端子上，而两芯片的清零端并在一起连接在与非门的输出端上，当高位片 Q_B 和低位片 Q_C 均为高电平“1”时，对应二进制数“24”，使与非门全 1 出 0，驱使清零端工作，电路归零。显然，这是利用反馈清零法达到 24 进制计数器的实例。

集成 74LS161 芯片的功能扩展实例如图 7.15 所示。当两个 74LS161 芯片构成 8 位同步二进制计数器时，可将低位片的两个使能端 P 和 T 连在一起恒接“1”，CO 端直接与高位片的使能端 P 相连；高位片的使能端 T 恒接高电平“1”；两个芯片的清零端和预置数端分别连在一起接高电平“1”，端子 CP 连一起与时钟输入信号相连，从而构成同步二进制计数器。

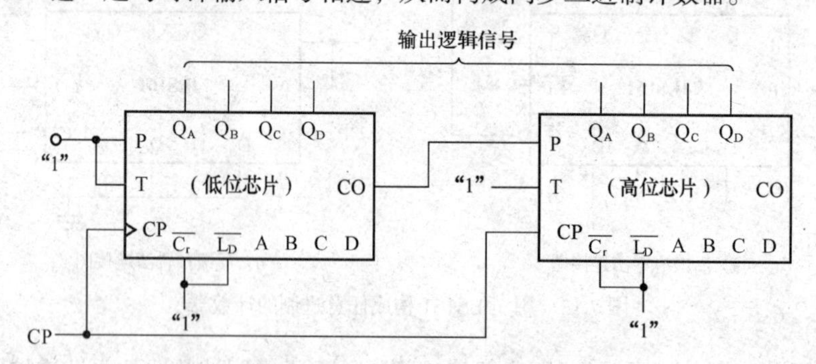

图 7.15　74LS161 构成的同步 8 位二进制计数器

如果用反馈清零法或反馈预置数法将 74LS161 芯片构成任意进制的计数器时，其方法和 74LS90 所采用的方法相同，在此不加赘述。

思考与问题

1. 何为计数器的“自启动”能力？
2. 试用 74LS90 集成计数器构成一个十二进制计数器，要求用反馈预置数法实现。

3. 试用 74LS161 集成计数器构成一个六十进制计数器，要求用反馈清零法实现。

7.3 寄存器

学习目标

了解寄存器、移位寄存器的基本概念；理解寄存器的工作原理和输入输出方式；熟悉寄存器、移位寄存器的实际用途；重点掌握 74LS194 双向移位寄存器各引脚的作用及控制关系。

寄存器是可用来存放数码、运算结果或指令的电路。寄存器是计算机的重要部件，通常由具有存储功能的多位触发器组合起来构成。一位触发器可以存储 1 个二进制代码，存放 *n* 个二进制代码的寄存器，需用 *n* 位触发器来构成。

按照功能的不同，寄存器可分为数码寄存器和移位寄存器两大类。数码寄存器只能并行送入数据，需要时只能并行输出。移位寄存器中的数据可以在移位脉冲作用下依次右移或左移，数据既可以并行输入、并行输出，也可以串行输入、串行输出，还可以并行输入、串行输出，串行输入、并行输出，使用十分灵活，用途也很广。

1. 数码寄存器

数码寄存器又称数据缓冲储存器或数据锁存器，其功能是接受、存储和输出数据，主要由触发器和控制门组成。*n* 个触发器可以储存 *n* 位二进制数据。

图 7.16 所示是由 D 触发器组成的数码寄存器。工作原理如下。

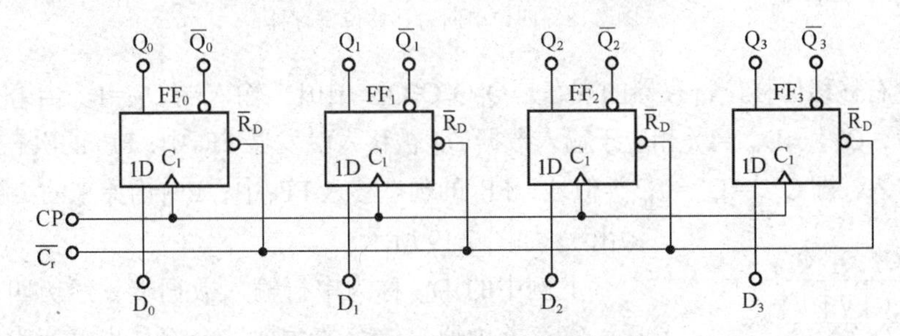

图 7.16　D 触发器组成的数码寄存器

当异步复位端 $\overline{C}_r$ 为低电平时，数码寄存器清零，输出 $Q_3Q_2Q_1Q_0 = 0000$。当 $\overline{C}_r$ 为高电平时，若送数脉冲控制信号 CP 的上升沿没有时，数码寄存器保持原来的状态不变；若送数脉冲控制信号 CP 的上升沿到来时，数码寄存器将需要寄存的数据 D_3、D_2、D_1、D_0 并行送入寄存器中寄存，此时对应的输出 $Q_3Q_2Q_1Q_0 = D_3D_2D_1D_0$。

构成数码寄存器的常用芯片有四位双稳锁存器 74LS77、八位双稳锁存器 74LS100、六位寄存器 74LS174 等。其中锁存器属于电平触发，在送数状态下，输入端送入的数据电位不能变化，否则将发生“空翻”。图 7.17 所示是 74LS174 的管脚排列图，芯片内 6 个触发器共用一个上升沿时刻触发的时钟脉冲 CP 和一个低电平有效的异步清零脉冲 $\overline{C}_r$。

2. 移位寄存器

移位寄存器除寄存数据外，还能将数据在寄存器内移位，因此钟控的 RS 触发器不能用作这类寄存器，因为它具有“空翻”问题，若用于移位寄存器中，很可能造成一个 CP 脉冲下多次移位现象。移位寄存器的触发器只能是克服了“空翻”现象的边沿触发器。

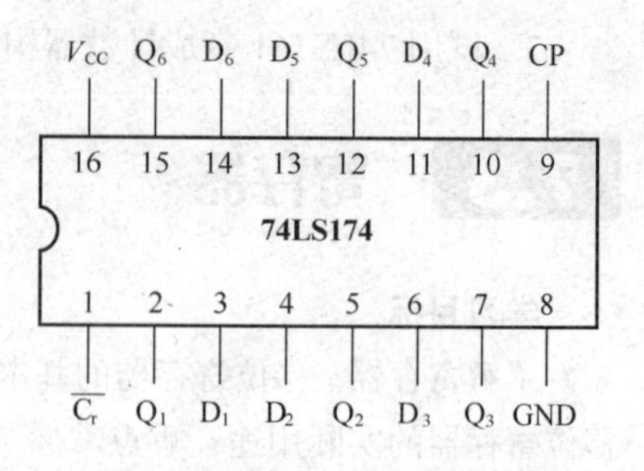

图 7.17　74LS174 的管脚功能图

例如，在串行运算器中，需要用移位寄存器把 N 位二进制数依次送入全加器中进行运算，运算结果又需一位一位地依次存入移位寄存器中。在有些数字系统中，还经常需要进行串行数据和并行数据之间的相互转换、传送，这些都必须用移位寄存器来实现。

常用的移位寄存器有左移移位寄存器、右移移位寄存器和双向移位寄存器。

图 7.18 所示为四位单向右移移位寄存器的逻辑电路图。由图可看出，后一位触发器的输入总是和前一位触发器的输出相连，四位触发器时钟脉冲为同一个，构成同步时序逻辑电路，当输入信号从第一位触发器 FF_0 输入一个高电平“1”时，其输出 Q_0 在时钟脉冲上升沿到来时移入这个“1”，其他三位触发器同时移入前一位的输出，好比它们的输出同时向右移动一位。

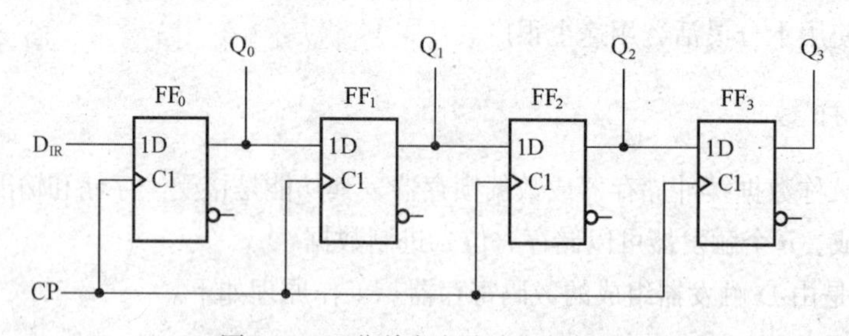

图 7.18　四位单向右移移位寄存器

例如，设右移移位移位寄存器的现态是 $Q_0^nQ_1^nQ_2^nQ_3^n$=0101，输入端 D_{IR}=1。当第 1 个 CP 脉冲上升沿到达后，$Q_0^{n+1}=D_{IR}$=1，相应于输入数据 D_{IR} 被移入触发器 FF_0 中；FF_1 的次态则相当于 FF_0 的现态 0 被移入，即 $Q_1^{n+1}=Q_0^n$=0；类似地，FF_2 的现态移入 FF_3 中；FF_3 内原来的 1 被移出（或称溢出），如图 7.19 所示。

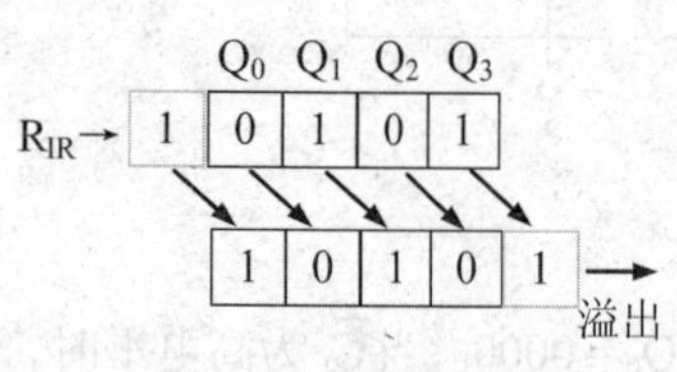

图 7.19　右移示意图

上例中的 D_{IR} 称为串行输入数据端，经历四个移位脉冲后，寄存器中原来储存的数据被全部移出，变为 D_{IR} 在四次时钟脉冲下送入的输入数据。Q_0、Q_1、Q_2、Q_3 在每一个时钟脉冲信号输入下都可以同时观察到被移入的新数据，称为并行输出端；而从 FF_3 的 Q_3 端观察或取出依次被移出的数据，则称为串行输出。

3. 集成双向移位寄存器

实际应用中，若需要将寄存器中的二进制信息向左或向右移动，常选用集成的双向移位寄存器。74LS194 芯片就是典型的四位 TTL 型集成双向移位寄存器，具有左移、右移、并行输入、保持数据和清除数据等功能。其管脚排列图如图 7.20 所示。

图中 $\overline{C}_r$ 端为异步清零端，优先级别最高；S_1、S_0 为控制端；D_L 为左移数据输入端；D_R 为右移数据输入端；A、B、C、D 为并行数据输入端；$Q_A\sim Q_D$ 为并行数据输出端；S_1、S_0 为控制方式选择；$\overline{C}_r$ 为异步清零端；CP 为移位时钟脉冲。

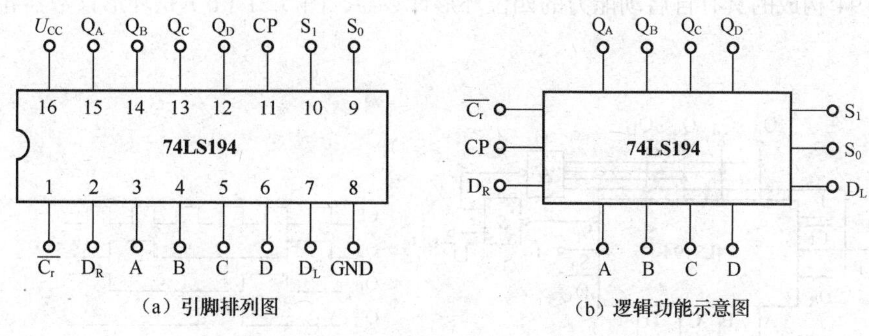

图 7.20　74LS194 引脚排列图及逻辑功能示意图

74LS194 集成芯片的功能可用功能真值表 7.8 表述。

表 7.8　　74LS194 集成芯片的功能真值表

$\overline{C}_r$	S_1	S_0	CP	功　能
0	×	×	×	清　零
1	0	0	×	静态保持
1	0	0	↑	动态保持
1	0	1	↑	右移移位
1	1	0	↑	左移移位
1	1	1	↑	并行输入

① 异步清零。当 $\overline{C}_r$ 为 0 时，不论其他输入端输入何种电平信号，各触发器均复位，各位触发器输出 Q 均为 0，清零功能。要工作在其他工作状态，必须 $\overline{C}_r$ 为 1。

② 保持功能。只要移位时钟脉冲 CP 无上升沿出现时，触发器的状态始终不变，静态保持功能；当 $S_1S_0=00$ 时，在移位时钟脉冲上升沿作用下，各触发器将各自的输出信号重新送入触发器，各触发器的次态输出为 $Q_A^{n+1}Q_B^{n+1}Q_C^{n+1}Q_D^{n+1}=Q_A^nQ_B^nQ_C^nQ_D^n$，动态保持功能。

③ 右移移位。当 $S_1S_0=01$ 时，在移位时钟脉冲 CP 上升沿作用下，电路完成右移移位过程，各触发器的次态输出为 $Q_A^{n+1}Q_B^{n+1}Q_C^{n+1}Q_D^{n+1}=D_rQ_A^nQ_B^nQ_C^n$，右移移位功能。

④ 左移移位。当 $S_1S_0=10$ 时，在移位时钟脉冲上跳沿作用下，电路完成左移移位过程，各触发器的次态输出为 $Q_A^{n+1}Q_B^{n+1}Q_C^{n+1}Q_D^{n+1}=Q_B^nQ_C^nQ_D^nD_L$，左移移位功能。

⑤ 并行输入。当 $S_1S_0=11$ 时，在移位时钟脉冲上升沿作用下，并行数据输入端的数据 A、B、C、D 被送入 4 个触发器，触发器的次态输出为 $Q_A^{n+1}Q_B^{n+1}Q_C^{n+1}Q_D^{n+1}=ABCD$，并行输入功能。

4. 移位寄存器的应用

移位寄存器应用很广，可构成移位寄存器型计数器；顺序脉冲发生器；串行累加器以及数据转换器等。此外，移位寄存器在分频、序列信号发生、数据检测、模数转换等领域中也获得了应用。

（1）构成环形计数器

将移位寄存器的串行输出端和串行输入端连接在一起，就构成了环形计数器。图 7.21（a）所示为74LS194构成的具有自启动能力的四位环形计数器，图7.21（b）是环形计数器相应的时序波形图。

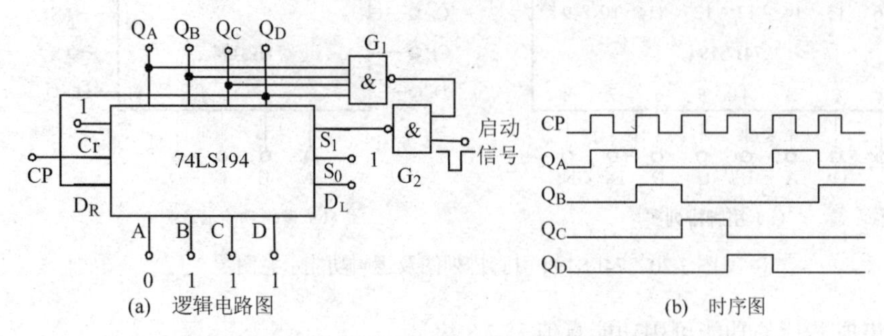

(a) 逻辑电路图 (b) 时序图

图7.21 74LS194构成的环行计数器电路图及时序图

移位寄存器构成环形计数器时，正常工作过程中清零端状态始终要保持高电平“1”，并且将单向移位寄存器的串行输入端 D_R 和串行输出端 Q_D 相连，构成一个闭合的环。实现环形计数器时，必须设置适当的初态，且输出 $Q_3Q_2Q_1Q_0$ 端初始状态不能完全一致（即不能全为“1”或“0”），这样电路才能实现计数，环形计数器的进制数 N 与移位寄存器内的触发器个数 n 相等，即 $N=n$。

工作原理分析：

根据起始状态设置的不同，在输入计数脉冲CP的作用下，环形计数器的有效状态可以循环移位一个1，也可以循环移位一个0。即当连续输入CP脉冲时，环形计数器中各个触发器的Q端（或 $\overline{Q}$ ）端，将轮流出现矩形脉冲。

四位移位寄存器的循环状态一般有16个，但构成环形计数器后只能从这些循环时序中选出一个来工作，这就是环形计数器的工作时序，也称为正常时序或有效时序。其他未被选中的循环时序称为异常时序或无效时序。例如上述分析的环形计数器只循环一个“1”，因此不用经过译码就可从各位触发器的Q端得到顺序脉冲输出。

由于某种原因使电路的工作状态进入到12个无效状态中的一个时，74LS194构成的四位环形计数器将实现自启动。实现自启动的方法是利用与非门作为反馈电路。

当输出信号由任何一个Q端取出时，可以实现对时钟信号的四分频。图7.22所示为四位环行计数器的状态转换图。

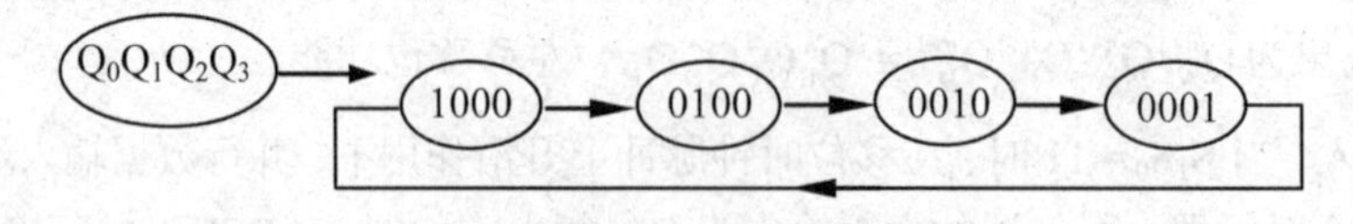

图7.22 四位环行计数器状态转换图

（2）构成扭环形计数器

用移位寄存器构成的扭环形计数器的结构特点是：将输出触发器的反向输出端 $\overline{Q}$ 与数据输入端相连接，如图7.23所示。

实现扭环形计数器时，不必设置初态。扭环形计数器的进制数 N 与移位寄存器内的触发器个数 n 满足 $N=2n$ 的关系。环形计数器是从 Q_D 端反馈到D端，而扭环形计数器则是从 $\overline{Q_D}$ 端反馈到D端。从 Q_D 端扭向 $\overline{Q_D}$ 端，故得扭环名称。扭环型计数器也称约翰逊计数器。

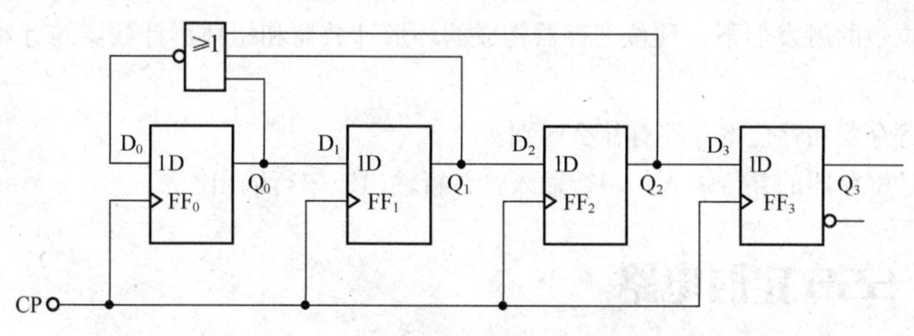

图 7.23　能自启动的四位环行计数器

当扭环形计数器的初始状态为 0000 时，在移位脉冲的作用下，按图 7.24 形成状态循环，一般称为有效循环；若初始状态为 0100 时，将形成另一状态循环，称为无效循环。所以，该计数器不能自启动。

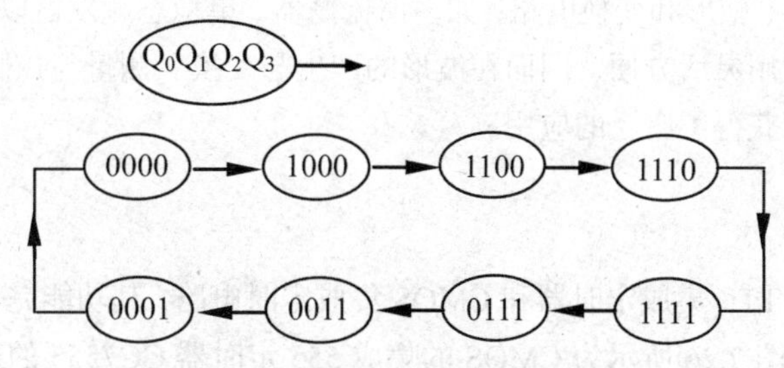

图 7.24　四位扭环形计数器状态转换图

为了实现电路的自启动，根据无效循环的状态特征 0101 和 1101，首先保证当 $Q_3=0$ 时，$D_0=1$；然后当 $Q_2Q_1=01$ 时，不论 Q_3 为何逻辑值，$D_0=1$。据此添加反馈逻辑电路，$D_0=\bar{Q}_3+\bar{Q}_2Q_1=\overline{Q_3\overline{\bar{Q}_2Q_1}}$，得到能实现自启动的扭环形计数器，如图 7.25 所示。

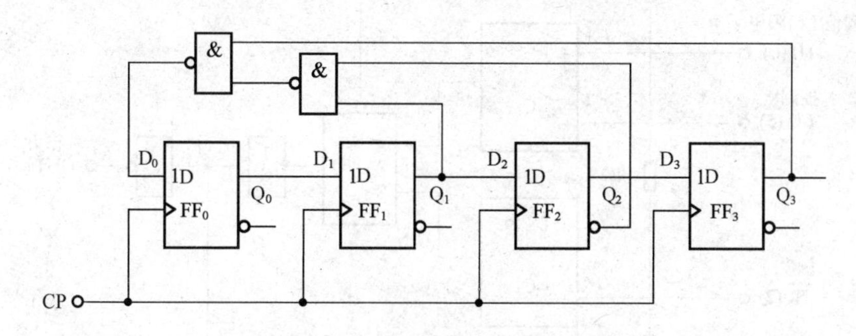

图 7.25　能自启动的四位扭环形计数器

扭环形计数器解决了环形计数器计数利用率不高的问题，从图 7.24 可以看出四位触发器构成的扭环形计数器的有效循环状态个数是 8。每来一个 CP 脉冲，扭环形计数器中只有一个触发器翻转。并且在 CP 作用下，这个“1”在扭环形计数器中循环。

思考与问题

1. 如何用 JK 触发器构成一个单向移位寄存器？
2. 环形计数器初态的设置可以有哪几种？

3. 相同位数的触发器下，移位寄存器构成的环形计数器和扭环形计数器的有效循环数相同吗？各为多少？

4. 数码寄存器和移位寄存器有什么区别？

5. 什么是寄存器的并行输入？串行输入？并行输出？串行输出？

7.4 555定时电路

学习目标

了解555定时器的电路结构组成，理解其工作原理和能够实现的功能；掌握利用555定时器构成施密特触发器的方法，了解施密特触发器的特点及其应用。

555 定时电路是一种应用非常广泛的中规模集成电路，只要在外部配上适当阻容元件，就可以方便地构成脉冲产生、整形和变换电路，如多谐振荡器、单稳态触发器以及施密特触发器等等。由于它的性能优良，使用灵活方便，因而在波形的产生与变换、测量与控制、定时、仿声、电子乐器及防盗报警等方面获得了广泛的应用。

1. 电路的组成

555定时器电路有TTL集成定时器和CMOS集成定时电路，其功能完全一样，不同之处是前者的驱动力大于后者。图7.26所示为CMOS的集成555定时器CC7555的逻辑电路图。电路主要由分压器、比较器、RS触发器、MOS开关管和输出缓冲器等几个部分组成。

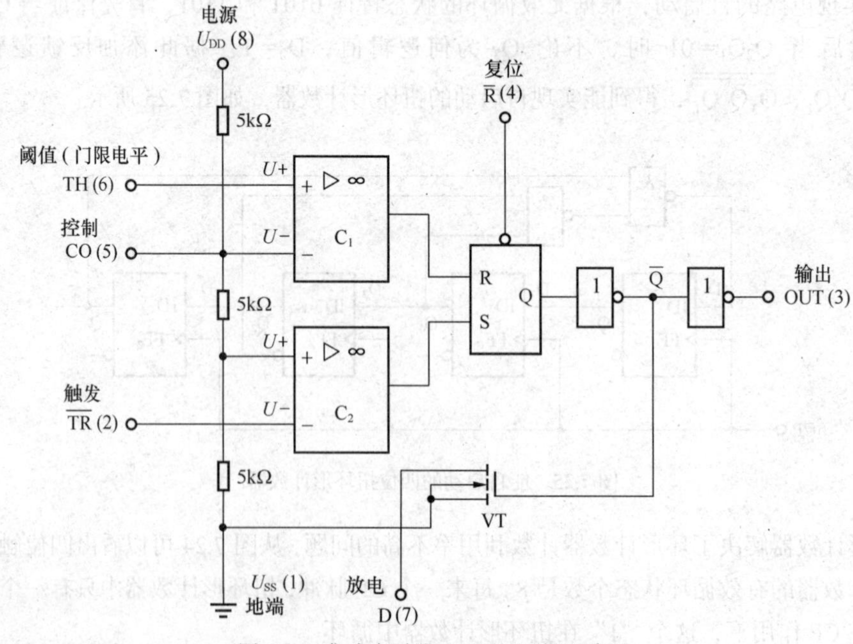

图7.26 集成定时器CC7555逻辑电路图

电路各部分的作用如下所述。

（1）电阻分压器

由 3 个 5 kΩ 的电阻串联起来构成分压器，555 定时器也因此而得名。分压器为电压比较器

C_1 和 C_2 提供两个基准电压。比较器 C_1 的基准电压是 $2U_{DD}/3$，C_2 的基准电压是 $U_{DD}/3$。如果在控制端外加一控制电压，则可改变两个电压比较器的基准电压。

（2）电压比较器

C_1 和 C_2 是两个结构完全相同的高精度电压比较器。分别由两个开环的集成运放构成。比较器 C_1 的反相输入端接基准电压，同相端 TH 称为高触发端。比较器 C_2 的同相输入端 U_+ 接基准电压，反相输入端 U_- 为低触发端 $\overline{\mathrm{TR}}$ 。

（3）基本 RS 触发器

RS 触发器由两个或非门组成，R 和 S 两个输入端子均为高电平有效。电压比较器的输出控制触发器输出端的状态：C_1 输出高电平时，RS 触发器输出为“0”；C_2 输出高电平时，RS 触发器输出为“1”。$\overline{\mathrm{R}}$ 端子是专门设置的可从外部直接清零的复位端，定时器正常工作时应将此管脚置 1。

（4）放电开关管

放电开关管 VT 是一个 N 沟道的 CMOS 管，其状态受 $\overline{\mathrm{Q}}$ 端的控制，当 $\overline{\mathrm{Q}}$ 为“0”时栅极电压为低电平，VT 截止；$\overline{\mathrm{Q}}$ 为 1 时栅极电压为高电平，VT 导通饱和。当放电管漏极 D（管脚 7）经一电阻 R 接电源 U_{DD} 时，则放电管 VT 的输出同集成定时器 CC7555 的输出逻辑状态相同。

（5）输出缓冲器

两级反相器构成了 555 定时电路的输出缓冲器，用来提高输出电流以增强定时器的带负载能力。同时输出缓冲器还可隔离负载对定时器的影响。

图 7.27 为集成定时器 CC7555 的管脚排列图。图中 8 个管脚的名称和作用如下所述。

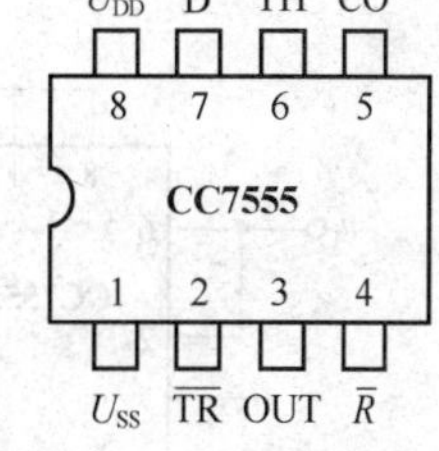

图 7.27　CC7555 管脚排列图

管脚 1：U_{SS}——接地端（或副电源端）。

管脚 2：$\overline{\mathrm{TR}}$—— 低触发输入端（阈值电压）。

管脚 3：OUT——输出端。

管脚 4：$\overline{\mathrm{R}}$—— 直接清零端。

管脚 5：CO——电压控制端，通过其输入不同的电压值来改变比较器的基准电压。不用时，要经 0.01μF 的电容器接“地”。

管脚 6：TH—— 高触发输入端（阈值电压）。

管脚 7：D——放电端，外接电容器，当 T 导通时，电容器由 D 经 VT 放电。

管脚 8：U_{DD}——正电源端。

2. 工作原理

定时器的工作状态取决于电压比较器 C_1、C_2，它们的输出控制着 RS 触发器和放电管 T 的状态。当高触发端 TH 的电压高于 $2U_{DD}/3$ 这个上门限电平的阈值电压时，上比较器 C_1 输出为高电平，使 RS 触发器置“0”，即 Q = 0，$\overline{\mathrm{Q}}$ = 1，放电管 VT 导通；当低触发端 $\overline{\mathrm{TR}}$ 的电压低于 $U_{DD}/3$ 这个下门限电平的阈值电压时，下比较器 C_2 输出为高电平，使 RS 触发器置“1”，即 Q = 1，$\overline{\mathrm{Q}}$ = 0，放电管 VT 截止。

若 TH 端电压低于 $2U_{DD}/3$ 或 $\overline{\mathrm{TR}}$ 端电压高于 $U_{DD}/3$ 时，两个比较器 C_1 和 C_2 的输出均为“0”，放电管 VT 和定时器输出端将保持原状态不变。CC7555 的功能可绘制成真值，见表 7.9。

表7.9　　CC7555定时器的功能真值表

高触发端 TH	低触发端 $\overline{TR}$	复位端 $\overline{R}$	输出端 OUT	放电管 T
×	×	0	0	导通
$>2U_{DD}/3$	$>U_{DD}/3$	1	0	导通
$<2U_{DD}/3$	$>U_{DD}/3$	1	原态	原态
$<2U_{DD}/3$	$<U_{DD}/3$	1	1	截止

3. 555定时器应用实例

用555集成定时器可以组成产生脉冲和对信号整形的各种单元电路，如施密特触发器、单稳态触发器和多谐振荡器等。

只要把555定时器的管脚2和管脚6连接在一起，就可构成一个施密特触发器，如图7.28所示。

由 555 定时器构成的施密特触发器可以把缓慢变化的输入波形变换成边沿陡峭的矩形波输出，主要用于波形变换和整形。其电路特点是：能够把变化非常缓慢的输入脉冲波形，整形成适合于数字电路需要的矩形脉冲，而且电路传输过程中具有回差特性。施密特触发器的电压传输特性如图7.29所示。

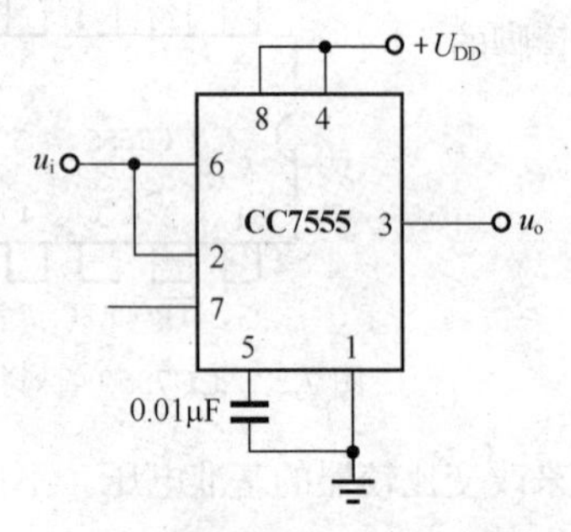

图7.28　555定时器构成的施密特触发器

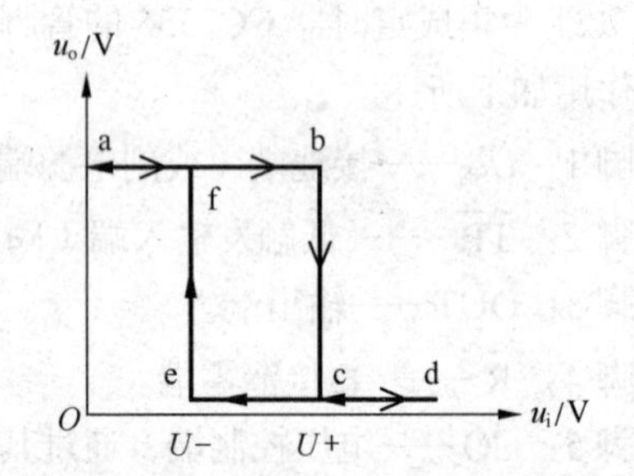

图7.29　施密特触发器的电压传输特性

从施密特触发器的电压传输特性可以看出，所谓的回差特性，就是当输入电压从小到大变化的开始阶段，输出电压为高电平“1”，当输入电压增大至基准电压 $U+$时，输出电压由“1”跳变到低电平“0”并保持；当输入电压从大到小变化时，初始阶段对应的输出电压为低电平“0”，当输入电压减小至 $U-$时，输出电压由“0”跳变到高电平“1”并保持。

施密特触发器的显著特点有两个：一是输出电压随输入电压变化的曲线不是单值的，具有回差特性；二是电路状态转换时，输出电压具有陡峭的跳变沿。利用施密特触发器的上述两个特点，可对电路中的输入电信号进行波形整形、波形变换、幅度鉴别及脉冲展宽等。

【例7.3】 画出由555定时器构成的施密特电路的电路图。若已知输入波形如图7.30所示，试画出电路的输出波形。如5脚接10kΩ电阻，再画出输出波形。

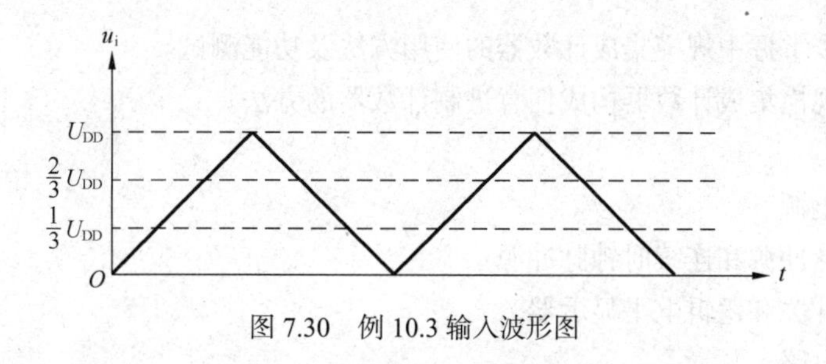

图 7.30　例 10.3 输入波形图

【解】题目要求的施密特电路的电路图如图 7.28 所示。电路的输出波形如图 7.31（a）所示。当管脚 5 接 10kΩ 电阻时，就改变了 555 定时器中比较器的基准电压，即改变了施密特电路的回差电压，此时 $U_+ = U_{DD}/2$，$U_- = U_{DD}/4$，输出波形的宽度发生了变化，如图 7.31（b）所示。

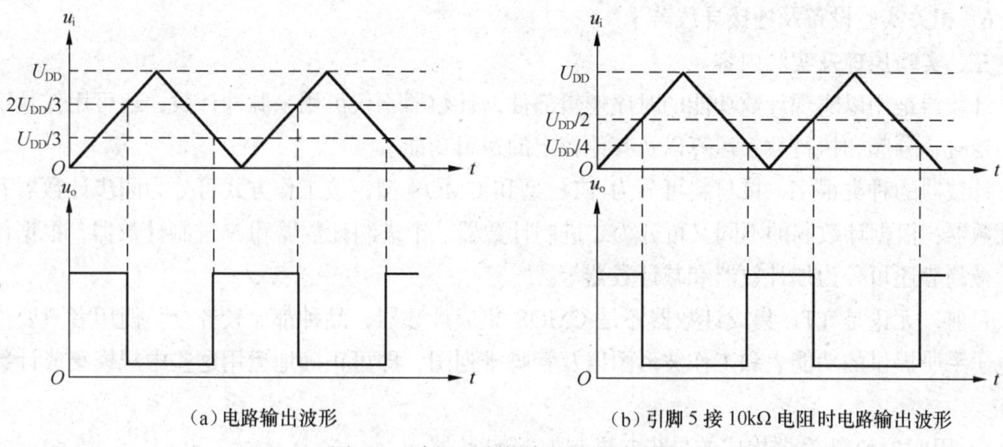

（a）电路输出波形　　（b）引脚 5 接 10kΩ 电阻时电路输出波形

图 7.31　例 7.3 题解中的两个波形图

555 定时器还可以用作单稳态触发器和多谐振荡器。单稳态触发器只有一个暂稳态、一个稳态。在外加触发信号作用下，单稳态触发电路能够从稳态翻转到暂稳态，经过一段时间又能自动返回到稳态，电路处于暂稳态的时间是单稳态触发电路输出脉冲的宽度，其大小取决于电路本身的参数，而与触发信号无关。多谐振荡器又称无稳态电路。在状态变换时，触发信号不需要由外部输入，而是由电路中的 RC 电路提供；状态的持续时间也由 RC 电路决定。

思考与问题

1. 555 定时电路由哪几部分组成？各部分的作用是什么？
2. 施密特电路主要有哪些用途？其电压的传输特性有何特点？
3. 555 定时电路中的两个电压比较器工作在开环还是闭环情况下？

应用实践

实验一：计数器及其应用

一、实验目的

1. 熟悉和掌握用集成触发器构成计数器的方法。

2. 了解和初步掌握中规模集成计数器的使用方法及功能测试。

3. 掌握用中规模集成计数器构成任意进制计数器的方法。

二、实验设备

1. +5V 直流电源

2. 单次时钟脉冲源和连续时钟脉冲源

3. 逻辑电平开关和逻辑电平显示器

4. 译码显示电路

5. 74LS74（或 CC4013）双 D 集成触发器芯片 2 只，74LS192（或 CC40192）集成计数器芯片 3 只，74LS00（或 CC4011）四 2 输入与非门集成电路 1 只，74LS20（或 CC4012）双四输入与非门 1 只。

6. 相关实验设备及连接导线若干。

三、实验原理及实验内容

计数器是用以实现计数功能的时序逻辑部件，计数器不仅可用来脉冲计数，还可用作数字系统的定时、分频和执行数字运算以及其他特定的逻辑功能。

计数器的种类很多，按材料可分为 TTL 型和 CMOS 型；按工作方式可分为同步计数器和异步计数器；根据计数制的不同又可分为二进制计数器、十进制计数器和 N 进制计数器；根据计数的增减趋势还可分为加计数器和减计数器等。

目前，无论是 TTL 集成计数器还是 CMOS 集成计数器，品种都比较齐全。使用者只要借助于电子手册提供的功能表和工作波形图以及管脚排列图，即可正确地运用这些中规模集成计数器器件。

1. 用四位 D 触发器构成的异步二进制加/减计数器

图 7.32 所示电路是由四位 D 触发器构成的异步二进制加计数器。

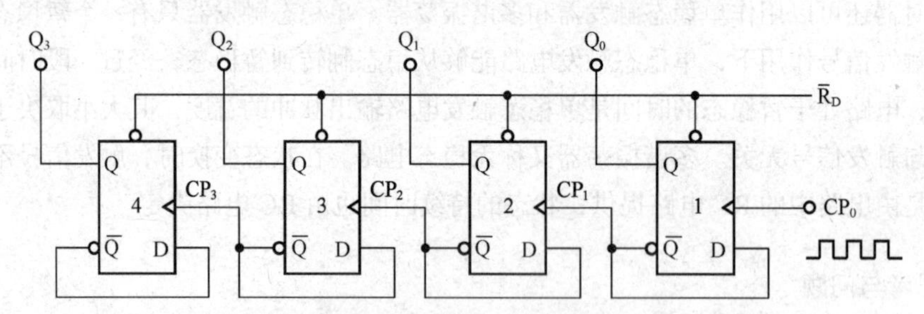

图 7.32　D 触发器构成的异步二进制加计数器电路

此电路的连接特点是：把 4 只 D 触发器都接成 T'触发器，使每只触发器的 D 输入端均与输出的 $\overline{Q}$ 端相连，接于相邻高位触发器的 CP 端作为其时钟脉冲输入。

若把上图稍加改动，又可得到四位 D 触发器构成的二进制减法计数器。改动中只需把高位的 CP 端从与低位触发器 $\overline{Q}$ 端相连改为与低位触发器的 Q 端相连即可。

2. 中规模的十进制计数器功能测试

74LS192（或 CC40192）是 16 脚的同步集成计数器电路芯片，具有双时钟输入、清除和置数等功能，其管脚排列图及逻辑图符号如图 7.33 所示。

管脚 11 是置数端 $\overline{LD}$，管脚 5 是加计数时钟脉冲输入端 CP_U，管脚 4 是减计数端时钟脉冲输入端 CP_D，管脚 12 是非同步进位输出端 $\overline{CO}$，管脚 13 是非同步借位输出端 $\overline{BO}$，管脚 15、1、10、

9 分别为计数器输入端 D_0、D_1、D_2、D_3，管脚 3、2、6、7 分别是数据输出端 Q_0、Q_1、Q_2、Q_3，管脚 14 是清零端 CR，管脚 8 为"地"端（或负电源端），管脚 16 为正电源端，与+5V 电源相连。

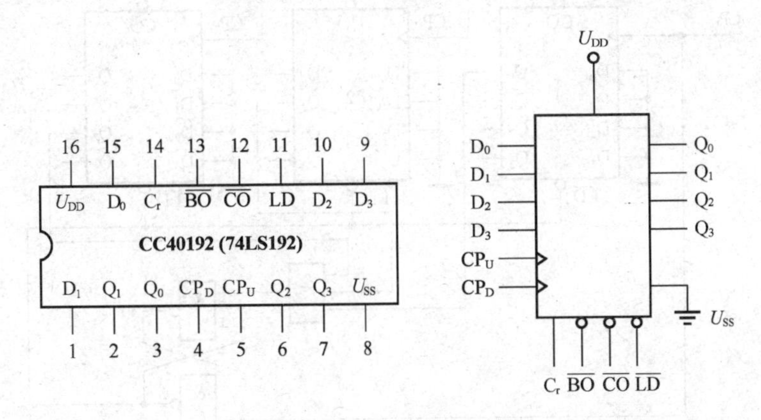

图 7.33　集成计数器管脚排列图

CC40192 与 74LS192 功能及管脚排列相同，二者可互换使用。测试方法可按照表 7.10 进行，把测试结果与表 7.10 相对照。

表 7.10　CC40192（74LS192）功能测试方法

输　入								输　出				功　能
CR	$\overline{LD}$	CP_U	CP_D	D_3	D_2	D_1	D_0	Q_3	Q_2	Q_1	Q_0	
1	×	×	×	×	×	×	×	0	0	0	0	异步清零
0	0	×	×	d	c	b	a	d	c	b	a	同步置数
0	1	↑	1	×	×	×	×	8421BCD 码递增				加计数
0	1	1	↑	×	×	×	×	8421BCD 码递减				减计数

3. 实现任意进制的计数器

（1）用反馈清零法获得任意进制的计数器

若要获得某一个 N 进制计数器时，可采用 M 进制计数器（必须满足 $M>N$）利用反馈清零法实现。例如用一片 CC40192 获得一个模 6 加计数器，可按图 7.34 连接。

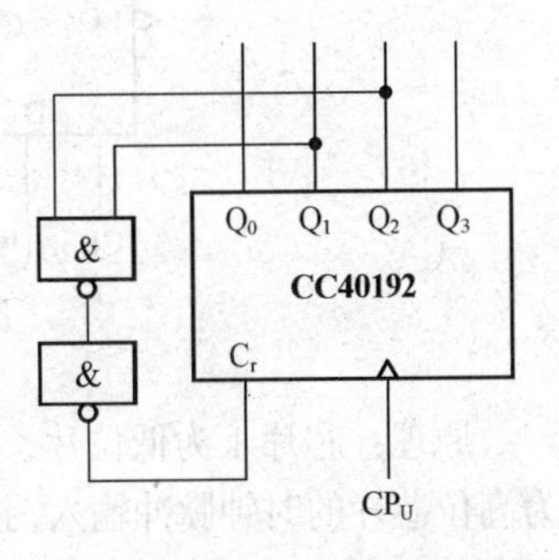

图 7.34　模 6 加计数器连接图

原理：当计数器计数至四位二进制数"0110"时，其两个为"1"的端子连接于与非门，"全 1 出 0"功能，再经过一个与非门"有 0 出 1"直接进入清零端 CR，计数器清零，重新从 0 开始循环，实现了 6 进制计数。

（2）用反馈预置法获得任意进制的计数器

由 3 个 CC40192 可获得 421 进制计数器，其连接如图 7.35 所示。

原理：只要高位片出现"0100"、次高位片出现"0010"、低位片出现"0001"时，3 个"1"被送入与非门"全 1 出 0"，这个"0"被送入由两个与非门构成的 RS 触发器的置"1"端，使 $\overline{Q}$ 端输出的"0"送入 3 个芯片的置数端 $\overline{LD}$，由于 3 个芯片的数据端均与"地"相连，因此各计数器输出被"反馈置零"。计数器重新从"0000 0000 0000"计数，直到再来一个"0100 0010 0001"回零重新循环计数。

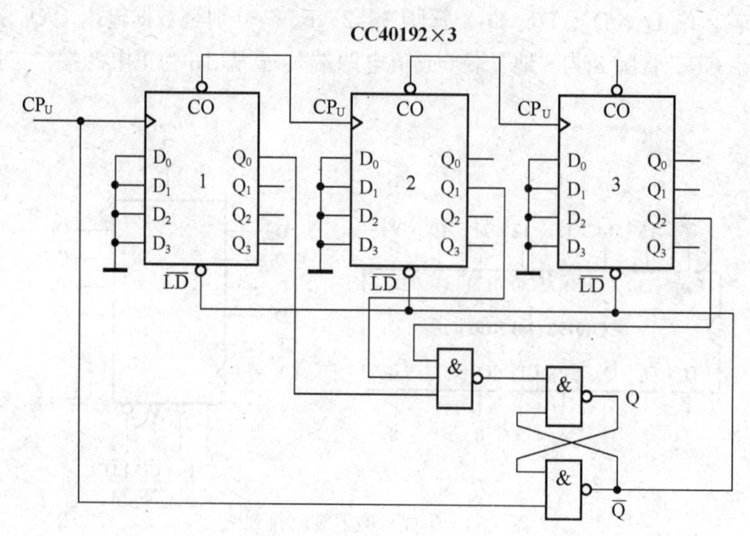

图 7.35　由集成计数器构成的 421 进制计数器

（3）用两片 CC40192 集成电路构成一个特殊的 12 进制计数器

在数字钟里，时针的计数是以 1~12 进行循环计数的。显然这个计数中没有“0”，那么我们就无法用一片集成电路实现，用两片 CC40192 构成 12 进制计数器的电路图如图 7.36 所示。

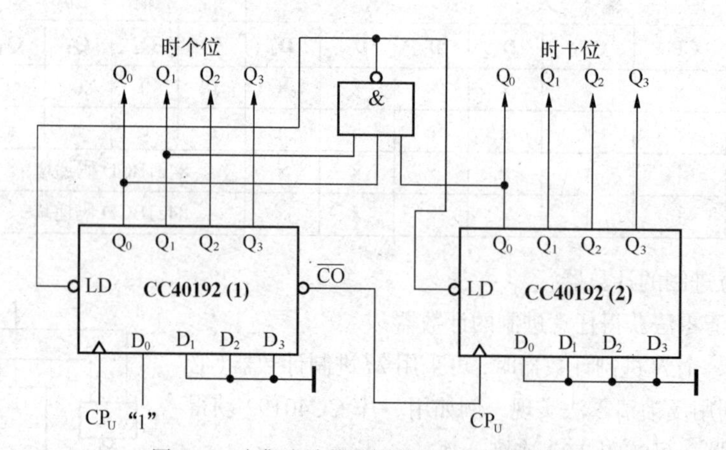

图 7.36　由集成计数器构成的 12 进制计数器

原理：芯片 1 为低位片，芯片 2 为高位片，两个芯片级联，即让芯片 1 的进位输出端 $\overline{CO}$ 作为高位芯片的时钟脉冲输入，接于高位片的加计数时钟脉冲端 CP_U 上。低位片的预置数为“0001”，因此计数初始数为“1”，当低位片输出为 8421BCD 码的有效码最高数“1001”后，再来一个时钟脉冲就产生一个进位脉冲，这个进位脉冲进入高位片使其输出从“0000”翻转为“0001”，低位片继续计数，当又计数至“0011”时，与高位片的“0001”同时送入与非门，使与非门输出“全 1 出 0”，这个“0”进入两个芯片的置数端 $\overline{LD}$，于是计数器重新从“0000 0001”开始循环……

四、实验步骤

1. 用 CC4013 或 74LS74 D 触发器构成四位二进制异步加法计数器

（1）按照原理图连线，注意异步清零端 $\overline{R}_D$ 接至逻辑开关输出插口，将低位 CP_U 端接单次脉冲源，输出端 Q_3、Q_2、Q_1、Q_0 接逻辑电平显示输入插口，各异步置位端 $\overline{S}_D$ 接高电平“1”。

（2）异步清零后，逐个送入单次脉冲，观察并列表记录 $Q_3 \sim Q_0$ 的状态。

（3）将单次脉冲源改为 1HZ 的连续时钟脉冲源，观察 $Q_3 \sim Q_0$ 的状态。

（4）把图示电路中低位触发器的 Q 端与高一位的 CP 端相连接，构成减法计数器，重新按照上述步骤实验观察，并列表记录 $Q_3 \sim Q_0$ 的状态。

2. 测试 CC40192 或 74LS192 同步十进制可逆计数器的逻辑功能

计数脉冲由单次脉冲源提供，清零端 CR、置数端 $\overline{LD}$、数据输入端 D_3、D_2、D_1、D_0 分别接逻辑电平开关，输出端 Q_3、Q_2、Q_1、Q_0 接实验设备的一个译码显示输入相应插口 A、B、C、D；$\overline{CO}$ 和 $\overline{BO}$ 接逻辑电平显示插口。按表 7.10 逐项测试并判断该集成块的功能是否正常。

3. 按照 N 进制计数器实现的 3 个电路图连接电路，观察计数情况，记录在自制表格中（注意：采用连续时钟脉冲源）。

五、实验分析与思考

1. 设计一个数字钟分针或秒针的 60 进制计数器电路，用 CC40192 或 74LS192 同步十进制可逆计数器来实现。

2. 能否用反馈清零法和反馈预置数法分别设计一个七进制计数器。

实验二：移位寄存器及其应用

一、实验目的

1. 熟悉中规模四位双向移位寄存器的使用方法及功能测试。

2. 进一步了解移位寄存器的应用。

二、实验设备

1. +5V 直流电源。

2. 单次时钟脉冲源和连续时钟脉冲源。

3. 逻辑电平开关和逻辑电平显示器。

4. 74LS194（或 CC40194）芯片 2 只，74LS30（或 CC4068）芯片 1 只，74LS00（或 CC4011）集成芯片 1 只。

5. 相关实验设备及连接导线若干。

三、实验原理与实验内容

1. 移位寄存器的移位功能是指寄存器中所存的代码能够在移位脉冲的作用下依次左移或右移。既能左移又能右移的称为双向移位寄存器，只需要改变左、右移位的控制信号便可实现双向移位要求。根据移位寄存器存取信息的方式不同可分为：串入串出、串入并出、并入串出、并入并出四种形式。

2. 实验选用 CC40194 或 74LS1944 位双向通用移位寄存器（两者功能相同，可互换使用），其逻辑符号及管脚排列如图 7.37 所示。

管脚 1 为直接无条件清零端 $\overline{C}_r$，管脚 2 为右移串行输入端 S_R，管脚 6、5、4、3 分别为并行输入端 D_3、D_2、D_1、D_0，管脚 7 为左移串行输入端 S_L，管脚 8 “负电源端”或“地”端。管脚 9 和 10 为操作模式控制端 S_0 和 S_1，管脚 11 为时钟脉冲控制端 CP，管脚 12~15 为并行输出端 Q_3、Q_2、Q_1、Q_0，管脚 16 为正电源端，接+5V 直流电压。

3. CC40194 有 5 种不同操作模式：即并行送数寄存，右移（方向由 $Q_0 \rightarrow Q_3$），左移（方向由 $Q_3 \rightarrow Q_0$），保持及清零。

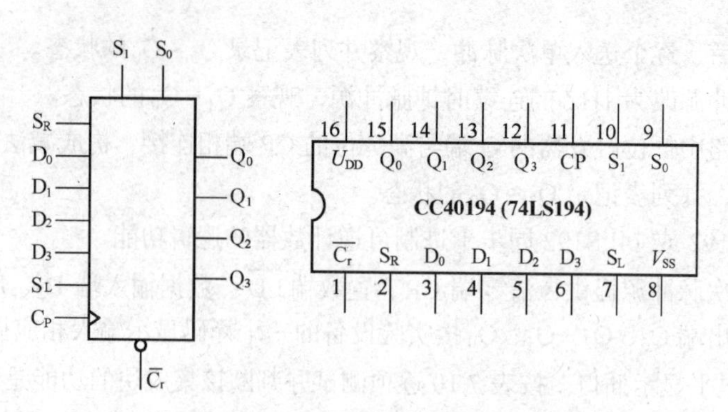

图 7.37 集成移位寄存器管脚排列图

4. CC40194 中的 S_1、S_0 和 $\overline{C}_r$ 端的控制作用见表 7.11。

表 7.11 CC40194 中 S_1、S_0 和 $\overline{C}_r$ 端的控制作用

功能	输入										输出			
	CP	$\overline{C}_r$	S_1	S_0	S_R	S_L	D_0	D_1	D_2	D_3	Q_0	Q_1	Q_2	Q_3
清除	×	0	×	×	×	×	×	×	×	×	0	0	0	0
送数	↑	1	1	1	×	×	a	b	c	d	a	b	c	d
右移	↑	1	0	1	D_{SR}	×	×	×	×	×	D_{SR}	Q_0	Q_1	Q_2
左移	↑	1	1	0	×	D_{SL}	×	×	×	×	Q_1	Q_2	Q_3	D_{SL}
保持	↑	1	0	0	×	×	×	×	×	×	Q_0^n	Q_1^n	Q_2^n	Q_3^n
保持	↓	1	×	×	×	×	×	×	×	×	Q_0^n	Q_1^n	Q_2^n	Q_3^n

5. 移位寄存器应用很广，可构成移位寄存器型计数器；顺序脉冲发生器；串行累加器；可用作数据转换，即把串行数据转换为并行数据，或把并行数据转换为串行数据等。本实验研究移位寄存器用作环形计数器和数据的串、并行转换。

（1）环形计数器

把移位寄存器的输出反馈到它的串行输入端，就可以进行循环移位。

把输出端 Q_3 和右移串行输入端 S_R 相连接，设初始状态 $Q_0Q_1Q_2Q_3 = 1000$，则在时钟脉冲作用下 $Q_0Q_1Q_2Q_3$ 将依次变为 0100→0010→0001→1000→……见表 7.12。

表 7.12 环形计数器

CP	Q_0	Q_1	Q_2	Q_3
0	1	0	0	0
1	0	1	0	0
2	0	0	1	0
3	0	0	0	1

可见这是一个具有 4 个有效状态的计数器，这种类型的计数器通常称为环形计数器。图示环形计数器可以作为输出在时间上有先后顺序的脉冲，也可作为顺序脉冲发生器。

如果将输出 Q_0 与左移串行输入端 S_L 相连接，即可达左移循环移位。

（2）实现数据串、并行转换

① 串行/并行转换器。串行/并行转换是指串行输入的数码，经转换电路之后变换成并行输

出。图 7.38 所示为由两片 CC40194（74LS194）四位双向移位寄存器组成的七位串/并行数据转换电路。

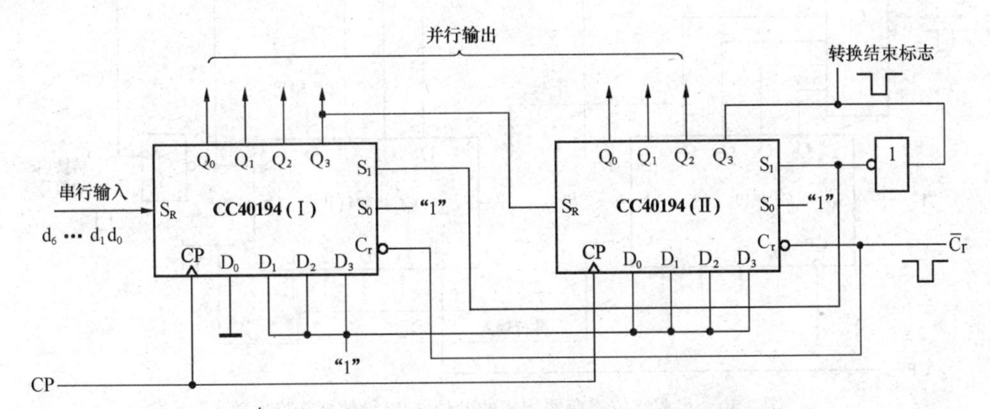

图 7.38　集成移位寄存器构成的七位串/并行数据转换电路

电路中 S_0 端接高电平 1，S_1 受 Q_7 控制，两片寄存器连接成串行输入右移工作模式。Q_7 是转换结束标志。当 $Q_7=1$ 时，S_1 为 0，使之成为 $S_1S_0=01$ 的串入右移工作方式，当 $Q_7=0$ 时，$S_1=1$，有 $S_1S_0=10$，则串行送数结束，标志着串行输入的数据已转换成并行输出了。

串行/并行转换的具体过程：转换前，$\overline{C}_R$ 端加低电平，使 1、2 两片寄存器的内容清 0，此时 $S_1S_0=11$，寄存器执行并行输入工作方式。当第一个 CP 脉冲到来后，寄存器的输出状态 $Q_0 \sim Q_7$ 为 01111111，与此同时 S_1S_0 变为 01，转换电路变为执行串入右移工作方式，串行输入数据由 1 片的 S_R 端加入。随着 CP 脉冲的依次加入，输出状态的变化可列成表 7.13 所示。

由表 7.13 可见，右移操作 7 次之后，Q_7 变为 0，S_1S_0 又变为 11，说明串行输入结束。这时，串行输入的数码已经转换成并行输出了。

当再来一个 CP 脉冲时，电路又重新执行一次并行输入，为第二组串行数码转换做好了准备。

表 7.13　　串行、并行转换

CP	Q_0	Q_1	Q_2	Q_3	Q_4	Q_5	Q_6	Q_7	说明
0	0	0	0	0	0	0	0	0	清零
1	0	1	1	1	1	1	1	1	送数
2	d_0	0	1	1	1	1	1	1	右移操作七次
3	d_1	d_0	0	1	1	1	1	1	
4	d_2	d_1	d_0	0	1	1	1	1	
5	d_3	d_2	d_1	d_0	0	1	1	1	
6	d_4	d_3	d_2	d_1	d_0	0	1	1	
7	d_5	d_4	d_3	d_2	d_1	d_0	0	1	
8	d_6	d_5	d_4	d_3	d_2	d_1	d_0	0	
9	0	1	1	1	1	1	1	1	送数

② 并行/串行转换器。图 7.39 所示是由两片 CC40194（74LS194）组成的七位并行/串行转换电路，图中有两只与非门 G_1 和 G_2，电路工作方式同样为右移。

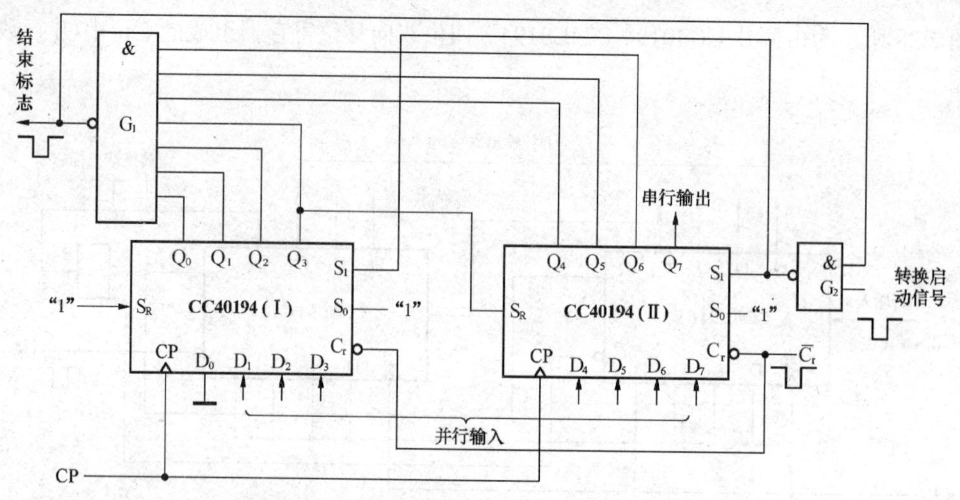

图 7.39　集成移位寄存器构成的七位并/串行数据转换电路

寄存器清零后，加一个转换起动信号（负脉冲或低电平）。此时，由于方式控制 S_1S_0 为 11，转换电路执行并行输入操作。当第一个 CP 脉冲到来后，Q_0~Q_7 的状态为 D_0~D_7，并行输入数码存入寄存器。从而使得 G_1 输出为 1，G_2 输出为 0，结果，S_1S_0 变为 01，转换电路随着 CP 脉冲的加入，开始执行右移串行输出，随着 CP 脉冲的依次加入，输出状态依次右移，待右移操作七次后，Q_0 ~ Q_6 的状态都为高电平 1，与非门 G_1 输出为低电平，G_2 门输出为高电平，S_1S_0 又变为 11，表示并/串行转换结束，且为第二次并行输入创造了条件。转换过程见表 7.14。

表 7.14　　　　并行、串行转换

CP	Q_0	Q_1	Q_2	Q_3	Q_4	Q_5	Q_6	Q_7	串 行 输 出						
0	0	0	0	0	0	0	0	0							
1	0	D_1	D_2	D_3	D_4	D_5	D_6	D_7							
2	1	0	D_1	D_2	D_3	D_4	D_5	D_6	D_7						
3	1	1	0	D_1	D_2	D_3	D_4	D_5	D_6	D_7					
4	1	1	1	0	D_1	D_2	D_3	D_4	D_5	D_6	D_7				
5	1	1	1	1	0	D_1	D_2	D_3	D_4	D_5	D_6	D_7			
6	1	1	1	1	1	0	D_1	D_2	D_3	D_4	D_5	D_6	D_7		
7	1	1	1	1	1	1	0	D_1	D_2	D_3	D_4	D_5	D_6	D_7	
8	1	1	1	1	1	1	1	0	D_1	D_2	D_3	D_4	D_5	D_6	D_7
9	0	D_1	D_2	D_3	D_4	D_5	D_6	D_7							

中规模集成移位寄存器，其位数往往以四位居多，当需要的位数多于四位时，可把几片移位寄存器用级连的方法来扩展位数。

四、实验内容及步骤

1. 测试 CC40194（或 74LS194）四位双向寄存器的逻辑功能

按图 7.40 连线，$\overline{C_r}$、S_1、S_0、S_L、S_R、D_0、D_1、D_2、D_3 分别接至逻辑电平开关的输出插口；Q_0、Q_1、Q_2、Q_3 接至逻辑电平显示输入插口。CP 端接单次脉冲源。按表 7.15 所规定的输入状态，逐项进行测试，并测试结果填入表 7.15 中。

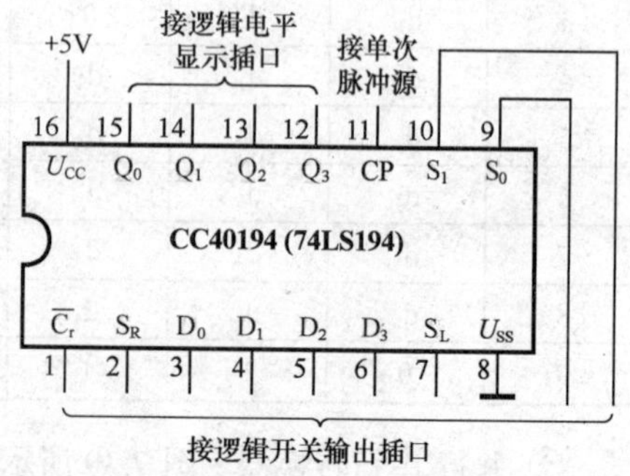

图 7.40　移位寄存器功能测试连线示意图

表 7.15　　CC40194（74LS194）逻辑功能测试表

清除	模式		时钟	串行		输入	输出	功能总结
–	S_1	S_0	CP	S_I	S_R	D_0 D_1 D_2 D_3	Q_0 Q_1 Q_2 Q_3	
0	×	×	×	×	×	× × × ×		
1	1	1	↑	×	×	a b c d		
1	0	1	↑	×	0	× × × ×		
1	0	1	↑	×	1	× × × ×		
1	0	1	↑	×	0	× × × ×		
1	0	1	↑	×	0	× × × ×		
1	1	0	↑	1	×	× × × ×		
1	1	0	↑	1	×	× × × ×		
1	1	0	↑	1	×	× × × ×		
1	1	0	↑	1	×	× × × ×		
1	0	0	↑	×	×	× × × ×		

2. 构成环形计数器

自拟实验线路用并行送数法预置寄存器为某二进制数码（如 0100），然后进行右移循环，观察寄存器输出端状态的变化，记入表 7.16 中。

表 7.16　　环形计算器测试表

CP	Q_0	Q_1	Q_2	Q_3
0	0	1	0	0
1				
2				
3				
4				

3. 实现数据的串、并行转换

（1）串行输入、并行输出

按前面的电路图接线，进行右移串入、并出实验，串入数码自定；改接线路用左移方式实现并行输出。自拟表格，记录之。

（2）并行输入、串行输出

按前面图连线，进行右移并入、串出实验，并入数码自定。再改接线路用左移方式实现串行输出。自拟表格，记录之。

五、实验分析与思考

1. 在对 CC40194 进行送数后，若要使输出端改成另外的数码，是否一定要使寄存器清零？

2. 使寄存器清零，除采用 $\overline{C}_r$ 输入低电平外，可否采用右移或左移的方法？可否使用并行送数法？若可行，如何进行操作？

第7章　检测题（共100分，120分钟）

一、填空题（每空0.5分，共33分）

1. 时序逻辑电路按各位触发器接受________信号的不同，可分为________步时序逻辑电路和________步时序逻辑电路两大类。在________步时序逻辑电路中，各位触发器无统一的________信号，输出状态的变化通常不是________发生的。

2. 根据已知的________，找出电路的________和其现态及________之间的关系，最后总结出电路逻辑________的一系列步骤，称为时序逻辑电路的________。

3. 当时序逻辑电路的触发器位数为 n，电路状态按________数的自然态序循环，经历的独立状态为 2^n 个，这时，我们称此类电路为________计数器。________计数器除了按________、________分类外，按计数的________规律还可分为________计数器、________计数器和________计数器。

4. 在________计数器中，要表示一位十进制数时，至少要用________位触发器才能实现。十进制计数电路中最常采用的是________BCD代码来表示一位十进制数。

5. 时序逻辑电路中仅有存储记忆电路而没有逻辑门电路时，构成的电路类型通常称为________型时序逻辑电路；如果电路中不但除了有存储记忆电路的输入端子，还有逻辑门电路的输入时，构成的电路类型称为________型时序逻辑电路。

6. 分析时序逻辑电路时，首先要根据已知逻辑的电路图分别写出相应的________方程、________方程和________方程，若所分析电路属于________步时序逻辑电路，则还要写出各位触发器的________方程。

7. 时序逻辑电路中某计数器中的________码，若在开机时出现，不用人工或其他设备的干预，计数器能够很快自行进入________，使________码不再出现的能力称为________能力。

8. 在________、________、________等电路中，计数器应用得非常广泛。构成一个六进制计数器最少要采用________位触发器，这时构成的电路有________个有效状态，________个无效状态。

9. 寄存器可分为________寄存器和________寄存器，集成74LS194属于________移位寄存器。用四位移位寄存器构成环形计数器时，有效状态共有________个；若构成扭环形计数器时，其有效状态是________个。

10. ________器是可用来存放数码、运算结果或指令的电路，通常由具有存储功能的多位________器组合起来构成。一位________器可以存储一个二进制代码，存放 n 个二进制代码的________器，需用 n 位________器来构成。

11. 74LS194是典型的四位________型集成双向移位寄存器芯片，具有________、并行输入、________和________等功能。

12. 555定时器可以构成施密特触发器，施密特触发器具有________特性，主要用于脉冲波形的________和________；555定时器还可以用作多谐振荡器和________稳态

触发器。________稳态触发器只有一个________态、一个________态，当外加触发信号作用时，________态触发器能够从________态翻转到________态，经过一段时间又能自动返回到________态，

13. 用集成计数器 CC40192 构成任意进制的计数器时，通常可采用反馈________法和反馈________法。

二、判断题（每小题 1 分，共 10 分）

1. 集成计数器通常都具有自启动能力。（　）
2. 使用 3 个触发器构成的计数器最多有 8 个有效状态。（　）
3. 同步时序逻辑电路中各触发器的时钟脉冲 CP 不一定相同。（　）
4. 利用一个 74LS90 可以构成一个十二进制的计数器。（　）
5. 用移位寄存器可以构成 8421BCD 码计数器。（　）
6. 555 电路的输出只能出现两个状态稳定的逻辑电平之一。（　）
7. 施密特触发器的作用就是利用其回差特性稳定电路。（　）
8. 莫尔型时序逻辑电路，分析时通常不写输出方程。（　）
9. 十进制计数器是用十进制数码“0 ~ 9”进行计数的。（　）
10. 利用集成计数器芯片的预置数功能可获得任意进制的计数器。（　）

三、选择题（每小题 2 分，共 20 分）

1. 描述时序逻辑电路功能的两个必不可少的重要方程式是（　）。
   A. 次态方程和输出方程　　B. 次态方程和驱动方程
   C. 驱动方程和时钟方程　　D. 驱动方程和输出方程
2. 用 8421BCD 码作为代码的十进制计数器，至少需要的触发器个数是（　）。
   A. 2　　B. 3　　C. 4　　D. 5
3. 按各触发器的状态转换与时钟输入 CP 的关系分类，计数器可分（　）计数器。
   A. 同步和异步　　B. 加计数和减计数　　C. 二进制和十进制
4. 能用于脉冲整形的电路是（　）。
   A. 双稳态触发器　　B. 单稳态触发器　　C. 施密特触发器
5. 四位移位寄存器构成的扭环形计数器是（　）计数器。
   A. 模 4　　B. 模 8　　C. 模 16
6. 下列叙述正确的是（　）。
   A. 译码器属于时序逻辑电路　　B. 寄存器属于组合逻辑电路
   C. 555 定时器属于时序逻辑电路　　D. 计数器属于时序逻辑电路
7. 利用中规模集成计数器构成任意进制计数器的方法是（　）。
   A. 复位法　　B. 预置数法　　C. 级联复位法
8. 不产生多余状态的计数器是（　）。
   A. 同步预置数计数器　　B. 异步预置数计数器
   C. 复位法构成的计数器
9. 数码可以并行输入、并行输出的寄存器有（　）。
   A. 移位寄存器　　B. 数码寄存器　　C. 二者皆有
10. 改变 555 定时电路的电压控制端 CO 的电压值，可改变（　）。
   A. 555 定时电路的高、低输出电平　　B. 开关放电管的开关电平
   C. 比较器的阈值电压　　D. 置“0”端 $\overline{R}$ 的电平值

四、简述题（每小题3分，共12分）

1. 同步时序逻辑电路和异步时序逻辑电路有何不同？

2. 钟控的RS触发器能用作移位寄存器吗？为什么？

3. 何为计数器的自启动能力？

4. 施密特触发器具有什么显著特征？主要应用有哪些？

五、分析题（共25分）

1. 试用74LS161集成芯片构成十二进制计数器。要求采用反馈预置法实现。（7分）

2. 电路及时钟脉冲、输入端D的波形如图7.41所示，设起始状态为“000”。试画出各触发器的输出时序图，并说明电路的功能。（10分）

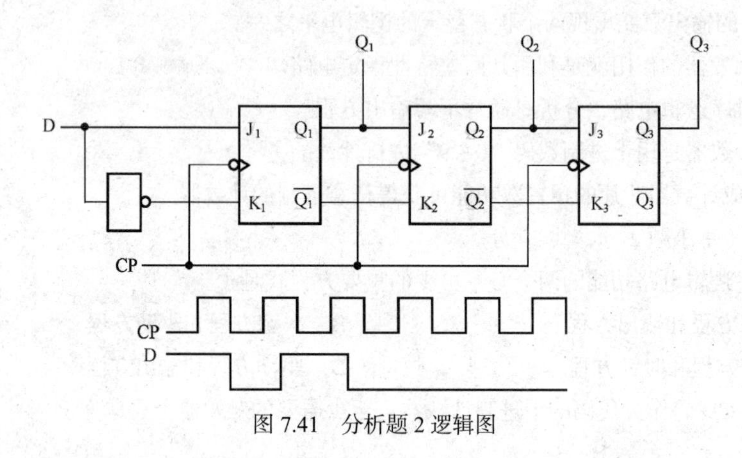

图7.41　分析题2逻辑图

3. 已知计数器的输出端Q_2、Q_1、Q_0的输出波形如图7.42所示，试画出对应的状态转换图，并分析该计数器为几进制计数器。（8分）

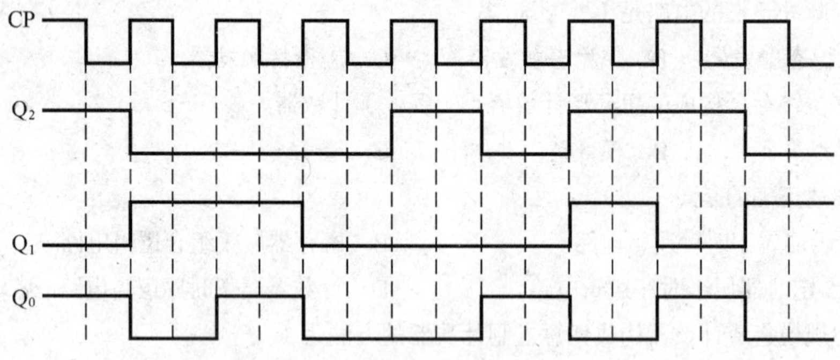

图7.42　分析题3时序波形图

第8章 存储器

存储器是用来存储数据和程序的“记忆”装置，相当于存放资料的仓库，是计算机的重要组成部分。计算机中的全部信息，包括数据、程序、指令以及运算的中间数据和最后结果都要存放在存储器中。

计算机的存储器分为内存储器和外存储器，其中内存储器和 CPU 合在一起称为主机。为满足计算机存储容量的需要，计算机往往还采用一定数量的辅助存储器，简称外存。外存不直接与 CPU 交换信息。目前计算机中广泛采用了价格较低、存储容量大、可靠性高的磁介质作为外存储器，如常用的硬磁盘、采用激光技术存储信息的光盘和闪存等。

学习目的和要求

了解存储器的分类及各类存储器的特点和应用场合，了解存储器的主要性能指标对存储器性能的影响；掌握半导体存储器的逻辑功能和使用方法，理解半导体存储器的电路结构和工作原理；熟悉可编程逻辑器件的类型、工作原理及编程方式。

8.1 存储器基本知识

学习目标

了解存储器的基本概念；熟悉存储器的分类及性能指标；了解各类存储器的特点、应用场合以及存储器主要性能指标对存储器性能的影响；了解随机存取存储器 RAM 的功能及组成结构；理解 RAM 存储单元的工作原理，掌握集成 RAM 芯片使用时的扩展方法。

存储器是计算机硬件系统的重要组成部分，有了存储器，计算机才具有“记忆”功能，才能把程序及数据的代码保存起来，才能使计算机系统脱离人的干预，自动完成信息处理的功能。

1. 存储器概述

计算机对存储器的要求是容量大、速度快、成本低。因此，存储器系统的三项主要性能指标是容量、速度和成本。

存储容量是存储器系统的首要性能指标，因为存储容量越大，系统能够保存的信息量就越多，相应计算机系统的功能就越强；存储器的存取速度直接决定了整个微机系统的运行速度，因此，存取速度也是存储器系统的重要性能指标；存储器成本也是存储器系统的重要性能指标。

实际应用中，在一个存储器中要求同时兼顾这3方面很困难。为了解决矛盾，目前在计算机系统中，通常采用主存储器、高速缓冲存储器、外存储器三者构成的统一多级存储系统。从整体看，其速度接近高速缓存的速度，其容量接近外存的容量，其成本则接近廉价慢速的外存平均价格。

2. 存储器的分类

存储器按构成的器件和存储介质主要可分为：磁芯存储器、半导体存储器、光电存储器、磁膜、磁泡和其他磁表面存储器以及光盘存储器等。按存取方式分类又可分为随机存取存储器、只读存储器两种形式。

随机存储器 RAM 又称读写存储器，是能够通过指令随机地、个别地对其中各个单元进行读/写操作的一类存储器。

只读存储器 ROM 在计算机系统的在线运行过程中，是只能对其进行读操作，而不能进行写操作的一类存储器。ROM 通常用来存放固定不变的程序、汉字字型库、字符及图形符号等。

计算机的多级存储器体系中，主存储器位于系统主机的内部，CPU 可以直接对其中的单元进行读/写操作，因此被称作系统的主存或者内存。内存一般由半导体存储器构成，通常装在计算机主板上，存取速度快，但容量有限；辅存储器位于系统主机的外部，广泛采用的是磁介质，CPU 对其进行的存/取操作时，必须通过内存才能进行，因此称作外存。由于 CPU 不能直接对外存访问，因此外存的信息必须调入内存后才能被 CPU 访问并进行处理。外存是为了弥补内存容量的不足而配置的，外存所储信息既可修改也可长期保存，但存取速度较慢；缓冲存储器位于主存与 CPU 之间，其存取速度非常快，但存储容量更小，一般用来暂时解决存取速度与存储容量之间的矛盾，缓存提高了整个系统的运行速度。内存、外存与 CPU 的关系可用图 8.1 来表示。

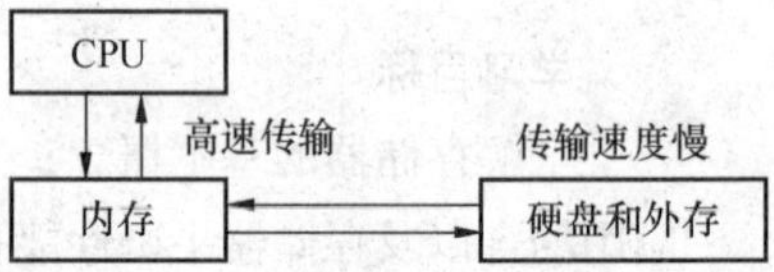

CPU
高速传输
传输速度慢
内存
硬盘和外存

图 8.1　内存、外存与 CPU 的关系

（1）内存储器

内存储器的物理实质是一组或多组具备数据输入、输出和数据存储功能的集成电路。按存储信息的功能内存储器可分为只读存储器 ROM、可改写的只读存储器 EPROM 和随机存储器 RAM。从数字系统设计的角度来看，目前计算机内存大多采用的是半导体存储器，使用类型主要是随机存取存储器和可编程逻辑器件。按其存储信息的功能可分为只读存储器 ROM 和随机存储器 RAM 两大类。

只读存储器 ROM 中的程序和数据是事先存入的，计算机与使用者只能读取和保存 ROM 中

的程序，不能变更或存入资料。ROM 被储存在一个非挥发性芯片上，即使关机之后储存的内容仍然被保存，即事先存入的信息不会因为下电而丢失。因此，ROM 常用来存放计算机系统程序、监控程序、基本输入、输出程序等特定功能的程序。

计算机的内存通常指随机存储器 RAM，RAM 的存储单元根据具体需要可以读出，也可以写入或改写。RAM 主要用来存放各种现场的输入输出数据、中间计算结果以及与外部存储器交换的信息。当操作过程中突然发生断电情况、而写入的数据等没有及时保存时，RAM 中的数据就会丢失。

RAM 帮助中央处理器 CPU 工作，从键盘或鼠标之类的来源读取指令，帮助 CPU 把资料写到一样可读可写的辅助内存中，以便日后仍可取用。RAM 还能主动把资料送到输出装置，例如打印机、显示器等。RAM 的大小直接影响计算机的速度，RAM 越大，表明机器所能容纳的资料越多，CPU 读取的速度越快。目前使用的 RAM 多为 MOS 型半导体电路，一般分为静态和动态两种。静态 RAM 是靠双稳态触发器记忆信息；动态 RAM 则靠 MOS 电路中的栅级电容记忆信息。动态 RAM 比静态 RAM 集成度高、功耗低，成本低，适于作为大容量存储器。因此，主内存通常采用动态 RAM，而高速缓冲存储器一般使用静态 RAM。

（2）外存储器

外存储器就是辅助存储器，简称外存。外存一般用来存放需要永久保存或是暂时不用的程序和数据信息。外存储器不直接与 CPU 交换信息。当需要时可以调入内存和 CPU 交换信息。目前计算机中广泛采用了价格较低、存储容量大、可靠性高的磁介质作为外存储器。外存储器设备种类很多，微型计算机常用的外存储器是磁盘存储器、光盘存储器和优盘存储器等。

磁盘存储器分为软盘和硬盘，目前软盘因存储容量太小而基本淘汰，硬盘由于具有存储容量大、存取速度快等突出特点而成为最广泛的外存储器之一。硬盘中的每个盘片可划分成若干个磁道和扇区，各个盘片中的同一个磁道称为一个柱面。一块硬盘可以被划分成几个逻辑盘，并分别用盘符 C，D，E ... 表示。

光盘直径为 12cm，中心有一个定位孔。光盘分为 3 层，最上面一层是保护层，一般涂漆并注明光盘的有关说明信息；中间一层是反射金属薄膜层；底层是聚碳酸酯透明层。记录信息时，使用激光在金属薄膜层上打出一系列的凹坑和凸起，将它们按螺旋形排列在光盘的表面上，称为光道。目前广泛应用的主要是只读型光盘 CD-ROM。读取光盘上的信息是利用激光头发射的激光束对光道上的凹坑和凸起进行扫描，并使用光学探测器接收反射信号。当激光束扫描至凹坑的边缘时，表示二进制数字“1”；当激光束扫描至凹坑内和凸起时，均表示二进制数字“0”。光盘的主要优点是结构原理简单、存储信息容量大，便于大量生产，且价格低廉。

优盘采用了 Flash Memory 存储技术，它通过二氧化硅形状的变化来记忆数据。由于二氧化硅稳定性大大强于磁存储介质，使得优盘存储数据的可靠性大大提高。同时二氧化硅还可以通过增加微小的电压改变形状，从而达到反复擦写的目的。优盘又称为快闪存储器，其工作原理和磁盘、光盘完全不同。如果使用的 Flash Memory 材质品质优良，一个优盘甚至能够达到擦写百万次的寿命。从优盘的外部来看，轻便小巧，便于携带；从内部来说，由于无机械装置，其结构坚固、抗震性极强。优盘还有一个最突出的特点，就是它不需要驱动器。使用优盘只需用一个 USB 接口，就可以十分方便地做到文件共享与交流，即插即用，热插拔也没问题。作为新一代的存储设备，优盘具有很好的发展前景。

3. 存储器的主要技术指标

（1）存储容量

存储器中可容纳的二进制信息量称为它的存储容量。二进制数的最基本单位是“位”，是存储器存储信息的最小单位，8位二进制数称为一个“字节”，存储容量的大小通常都是用字节来表示的。由于计算机的存储器容量一般都很大，因此字节的常用单位还有 KB、MB 和 GB。其中1KB=1024 字节，1MB=1024KB，1GB=1024MB。存储器容量越大，存储的信息量也越大，计算机运行的速度就越快。

计算机内存的最大容量由系统地址总线决定，例如目前计算机的地址总线大多是32根，最大寻址空间为 2^{32}=4294967296B 字节=4194304KB=4096MB=4G。内存的大小反映了计算机的实际装机容量，目前内存的实际装机容量通常是2GB或4GB。

计算机的发展非常迅速，如果地址总线是64根，最大寻址空间就是 2^{64} 字节，将支持更大的内存！

（2）存取速度

计算机内存的存取速度取决于内存的具体结构及工作机制。存取速度通常用存储器的存取时间或存取周期来描述。所谓存取时间，就是指启动一次存储器从操作到完成操作所需要的时间；存取周期是指两次存储器访问所需的最小时间间隔。存取速度是存储器的一项重要参数。一般情况下，存取速度越快，计算机运行的速度才越快。

（3）功耗

半导体存储器属于大规模集成电路，集成度高、体积小，因此散热不容易。在保证速度的前提下，应尽量减小功耗。由于MOS型存储器的功耗小于相同容量的双极型存储器，所以MOS型存储器的应用比较广泛。

（4）可靠性

可靠性是指存储器对电磁场、温度变化等因素造成干扰的抵抗能力，通常也称为电磁兼容性。半导体存储器采用大规模集成电路工艺制造，内部连线少、体积小，易于采取保护措施。与相同容量的其他类型存储器相比，半导体存储器抗干扰能力较强，兼容性较好。

（5）集成度

存储器由若干存储器芯片组成。存储器芯片的集成度越高，构成相同容量的存储器芯片数就越少。半导体存储器的集成度是指在一块数平方毫米芯片上所制作的基本存储单元数，常以“位/片”表示，也可以用“字节/片”表示。MOS型存储器的集成度高于双极型存储器，动态存储器的集成度高于静态存储器。因此，微型计算机的主存储器大多采用动态存储器。

除上述指标外，还有性能价格比、输入、输出电平及成本价格等指标。其中性能价格比是一项综合性指标，对不同用途的存储器要求不同。一般对外存的要求是存储容量越大越好，对高速缓存则要求速度越快越好。

思考与问题

1. 目前使用的半导体存储器，主要类型是什么？按其存储信息的功能又可分为哪两大类？
2. 存储器内存的最大容量是由什么来决定的？
3. 多级结构的存储器是由哪三级存储器组成的？每一级存储器使用什么类型的存储介质？

4. 何为计算机的存储容量？存储容量的大小通常用什么来表示？

8.2 随机存取存储器

学习目标

了解随机存取存储器RAM的功能及结构组成；理解RAM存储单元的工作原理以及集成RAM芯片使用时的扩展方法。

随机存储器 RAM 在工作过程中，既可以方便地读出所存信息，又能随时写入新的数据。RAM 的特点：在系统工作时，可以随机对各个存储单元进行“读”操作和“写”操作，但发生掉电时其数据易丢失。

注意　RAM 所进行的“读”指的是“取信息”；进行的“写”则指“存信息”。

1. RAM 的结构组成

从基本功能上看，RAM 与前面介绍的数码寄存器并无本质区别，只是 RAM 的存储容量要比数码寄存器的存储容量大得多，功能远强于数码寄存器。因此，可把 RAM 看作是由很多数码寄存器组合起来所构成的大规模集成电路。

RAM 主要包括地址译码器、存储矩阵和读/写控制电路等。图 8.2 是 RAM 的典型结构示意框图。

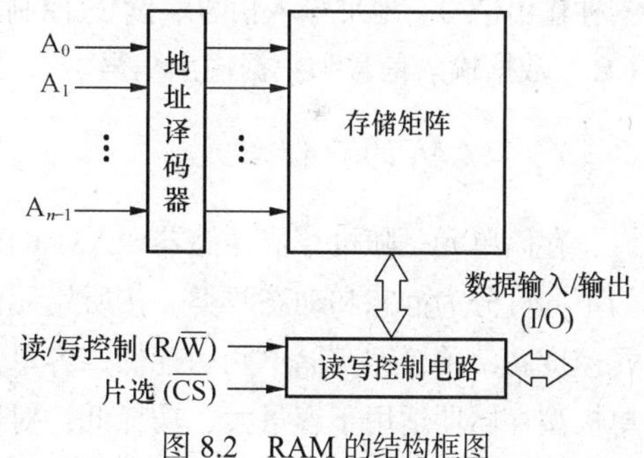

图 8.2　RAM 的结构框图

（1）存储矩阵

RAM 中的存储单元由许多基本存储电路排列成行、列矩阵，存储矩阵是存储器的主体。存储矩阵的容量由地址码的位数 N 和字长的位数 M 决定。当一个存储矩阵的地址数为 N，每个字长所包含的位数是 M 时，存储矩阵的容量=$N\times M$。存储矩阵的存储容量越大，存储的信息量就越多，RAM 的存储功能就越强。RAM 的存储矩阵与外面电路的连接由地址译码器输出信号控制。

（2）地址译码器

RAM 中的每个寄存器都有一个地址，CPU 是按地址来存取存储器中的数据。地址译码器的作用，就是用来接受 CPU 送来的地址信号并对它进行译码，选择与此地址码相对应的存储单元，以便对该单元进行读/写操作。

（3）读/写控制器

访问 RAM 时，对被选中的寄存器，究竟是读还是写，通过读/写控制线进行控制。一般 RAM 的读/写控制线高电平为读，低电平为写；也有的 RAM 读/写控制线是分开的，一根为读，另一根为写。当 R/$\overline{W}$ = “1” 时，执行读操作，被选中单元存储的数据经数据线、数据输入/输出 I/O 控制线传送给 CPU；当 R/$\overline{W}$ = “0” 时，执行写操作，CPU 将数据经过数据输入/输出 I/O 控制线将数据存入被选中单元。

（4）片选控制

由于受 RAM 集成度的限制，一台计算机的存储器系统往往由许多片 RAM 组合而成。CPU 访问存储器时，一次只能访问 RAM 中的某一片，即存储器中只有一片 RAM 中的一个地址接受 CPU 访问并交换信息，而其他片 RAM 与 CPU 不发生联系。

片选就是用来实现上述控制。通常一片 RAM 有一根或几根片选线，当某一片的片选线接入有效电平时，该片被选中，地址译码器的输出信号控制该片某个地址的寄存器与 CPU 接通；当片选线接入无效电平时，则该片与 CPU 之间处于断开状态。片选 $\overline{CS}$ 为选择芯片的控制输入端，低电平有效。当片选信号 $\overline{CS}$ =“1”时，RAM 被禁止读写，处于保持状态，I/O 接口处的三态门处于高阻状态；$\overline{CS}$ =“0”时，RAM 可在读/写控制输入 R/$\overline{W}$ 的作用下做读出或写入操作。

（5）数据输入/输出控制

为了节省器件引脚的数目，数据的输入和输出共用相同的引脚（I/O），因此数据输入/输出控制也简称为 I/O 控制。“读”操作时 I/O 端子作为输出端，“写”操作时 I/O 端子作为输入端，可一线二用。RAM 通过 I/O 端子与计算机的 CPU 交换数据，I/O 端子数据线的条数，与一个地址中所对应的寄存器位数相同。例如在 1024×1 位的 RAM 中，每个地址中只有一个存储单元（一位寄存器），因此只有一条 I/O 引线；而在 256×4 位的 RAM 中，每个地址中有 4 个存储单元（四位寄存器），所以有 4 条 I/O 引线。有的 RAM 输入线和输出线采用分开形式。RAM 的输出端一般都具有集电极开路或三态输出结构。由读/写控制线控制。通常 RAM 中寄存器有五种输入信号和一种输出信号：地址输入信号、读/写控制输入信号 R/$\overline{W}$、输入控制信号 $\overline{OE}$、片选控制输入信号 $\overline{CS}$、数据输入信号和数据输出信号。

2. RAM 的存储单元

存储单元是随机存取存储器 RAM 的核心部分，存储单元电路的形式多种多样。按工作方式的不同可分为静态和动态两类，按所用元件类型又可分为双极型和 MOS 型两种。双极型存储单元速度高，单极型存储单元功耗低、容量大。在要求存取速度快的场合常用双极型 RAM 电路，单极型存储器适用于容量大、功耗低，对速度要求不高的场合。

由于单极型存储器相对应用较多，下面以此为例介绍 RAM 的工作原理。

（1）静态 RAM 存储单元

图 8.3 所示为一个 CMOS 管构成的静态存储单元，由 6 只三极管 VT_1 ~ VT_6 组成。其中 VT_1 与 VT_2、VT_3 与 VT_4 各构成一个反相器，两个反相器的输入和输出交叉连接，构成基本的触发器，作为数据存储单元。VT_5、VT_6 是门控管，它们的导通或截止均受行选择线的控制。同时，VT_5、VT_6 门控管控制触发器输出端与位线之间的连接状态。

当行选择线为低电平时，VT_5、VT_6 截止，这时存储单元和位线断开，存储单元的状态保持不变；当行选择线为高电平时，VT_5、VT_6 导通，触发器输出端与位线接通，此时通过位选择线对存储单元操作。在读控制 R 信号的作用下，可将基本触发器存储的数据输出。如 Q=1 时，1 位线输出“1”，0 位线输出“0”。根据两条线上的电位高低就可知道该存储单元的数据。在写控制信号 $\overline{W}$ 作用下，需写入的数据被送入 1 位线和 0 位线，经过 VT_5、VT_6 门控管加在反相器的输入端，将基本触发器置于所需的状态。

静态 RAM 的特点是：在不断电情况下，信息可以长时间保存。

（2）动态 RAM 存储单元

一个 MOS 管和一个电容就可组成一个最简单的动态存储单元电路，如图 8.4 所示。动态存储单元电路是利用电容 C 上存储的电压来表示数据的状态，晶体管 VT 起一个开关的作用。

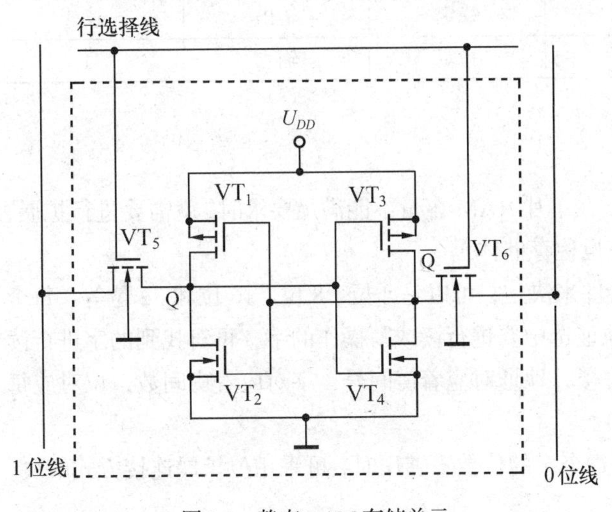

图 8.3　静态 RAM 存储单元

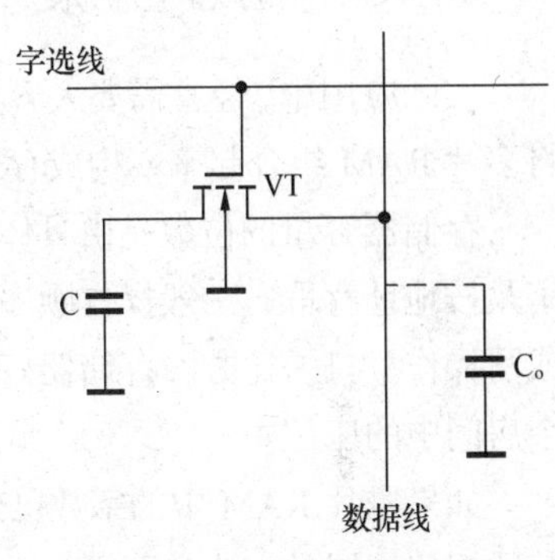

图 8.4　动态 RAM 存储单元

当存储单元未被选中时，字选线为低电平 0，VT 截止，C 和数据线之间隔离。当存储单元被选中时，字选线为高电平 1 时，VT 导通，可以对存储单元进行读/写操作。写入时，送到数据线上的二进制信号经 VT 存入 C 中；读出时，C 的电平经数据线读出，读出的数据经放大后，再送到输出端。同时由于 C 和数据线的分布电容 C_0 并联，C 要放掉部分电荷。为保持原有的信息，放大后的数据同时回送到数据线上，对 C 要进行重写（即刷新）。对长时间无读/写操作的存储单元，C 会缓慢放电，所以存储器必须定时对所有存储单元进行刷新。

动态存储器的特点是：存储的信息不能长时间保留，需要不断地刷新。

3. 集成 RAM 芯片简介

目前 4M 位集成 RAM 芯片已得到广泛应用，其功耗低、价格便宜，适宜于做大容量的存储器。其中静态 MOS 型 RAM 集成度、功耗、成本、速度等指标介于双极型 RAM 和动态 MOS 型 RAM 之间，不仅功耗低，且又不需要刷新，易于用电池作为后备电源。常见的 RAM 型号有：2114（1K×4）、6116（2K×8）、6264（8K×4）、62256（32K×8）、62010（128K×8）。

（1）集成 RAM6116 的引脚排列图

图 8.5 所示是 2K×8 位静态 CMOS RAM 集成芯片 6116 的引脚排列图。

引脚 $A_0 \sim A_{10}$ 是地址码输入端，$D_0 \sim D_7$ 是数据输出端，$\overline{CS}$ 是选片端，$\overline{OE}$ 是输出使能端，$\overline{WE}$ 是写入控制端。

（2）芯片工作方式和控制信号之间的关系

表 8.1 所示功能表是集成 RAM 芯片 6116 的工作方式与控制信号之间的关系，读出和写入线是分开的，而且写入优先。

引脚	编号	编号	引脚
A_7	1	24	V_{DD}
A_6	2	23	A_8
A_5	3	22	A_9
A_4	4	21	$\overline{WE}$
A_3	5	20	$\overline{OE}$
A_2	6	19	A_{10}
A_1	7	18	$\overline{CS}$
A_0	8	17	D_7
D_0	9	16	D_6
D_1	10	15	D_5
D_2	11	14	D_4
GND	12	13	D_3

6116

图 8.5　静态 RAM6116 引脚排列图

表 8.1　　静态 RAM6116 工作方式和控制信号状态表

$\overline{CS}$	$\overline{OE}$	$\overline{WE}$	$A_0 \sim A_{10}$	$D_0 \sim D_7$	工作状态
1	×	×	×	高 阻 态	低功耗维持
0	0	1	稳定	输出	读
0	×	0	稳定	输入	写

4. RAM 的容量扩展

实际应用中，经常需要大容量的 RAM。在单片 RAM 容量不能满足要求时，就需要进行扩展，将多片 RAM 组合起来，构成存储器系统（也称存储体）。

存储器容量的位数是由具体的 RAM 器件来决定，可以是 4 位、8 位、16 位和 32 位等。每个字是按地址存取，一般操作顺序是：先按地址选中要进行读或写操作的字，再对找到的字进行读或写操作。打一比方：存储器好比一座宿舍楼，地址对应着房间号，字对应着房间数，位对应每个房间中的床位。

如果一片 RAM 中的字数已经够用，而每个字的位数不够用时，可采用位扩展连接方式解决。其数据位扩展的方法如图 8.6 所示。

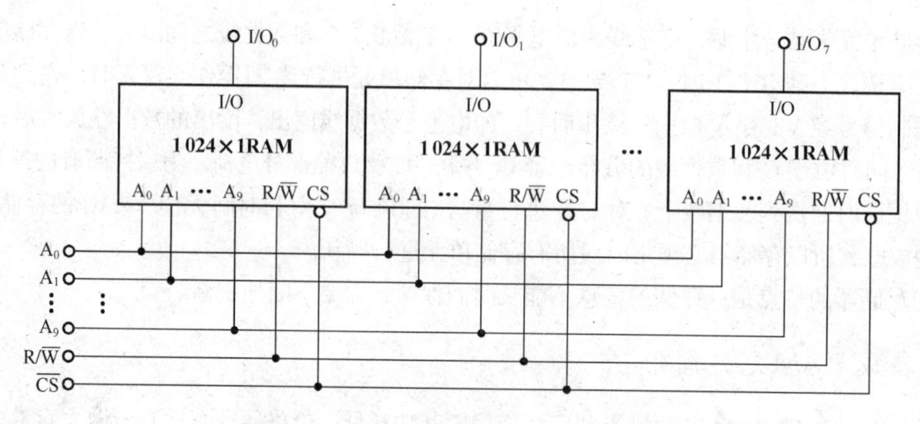

图 8.6　1K×1 位 RAM 扩展成 1K × 8 位 RAM

由图可看出，位扩展的方法是将几片 RAM 的地址输入端、读/写控制端都对应并联在一起，各位芯片的 I/O 端串联构成输出，位数即得到扩展，扩展后的总位数等于并联几片 RAM 位数之和。

如果一片 RAM 中的位数够用，但字数不够用，可采用字扩展连接方式解决。

字扩展的方法如图 8.7 所示。把 N 个地址线并联连接，R/W 控制线并联连接，片选信号分别接地址的高位或用译码器经过译码输出，分别接各位芯片的 CS 端。图中高位地址码 A_{10}、A_{11} 和 A_{12} 经 74LS138 译码器 8 个输出端分别接在 8 片 1K × 8 位 RAM 的片选端，以实现字扩展。

字、位同时扩展时，根据前述的方法连接即可，要注意片选端的连接。

思考与问题

1. 何为随机存储器？其特点是什么？

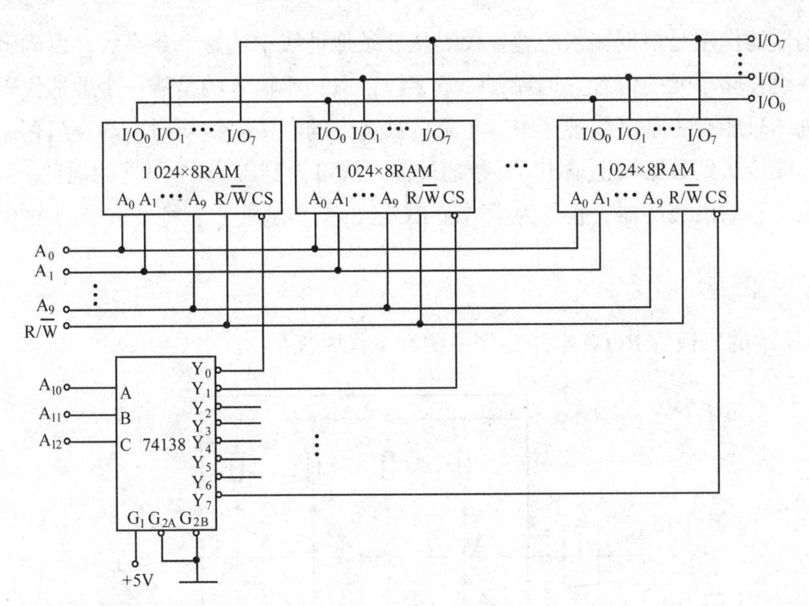

图 8.7 1K×8 位 RAM 扩展成 8K×8 位 RAM

2. 按工作方式的不同，RAM 可分为几种类型的存储单元？各具何特点？
3. 存储器的容量由什么来决定？
4. 如何扩展 RAM 的位线和字线？

8.3 可编程逻辑器件

学习目标

了解只读存储器 ROM 的结构组成及其工作原理；了解可编程逻辑器件的分类；熟悉可编程逻辑器件中逻辑图中的逻辑关系及表示方法。

只读存储器 ROM 是一种存放固定不变二进制数码的存储器，用来存储数据转换表或计算机操作系统程序等计算机中不需要改写的数据。正常工作时，ROM 可重复读取所存储的信息代码，但是不能改写存储的信息代码。ROM 中存储的数据能够永久保持，不会因断电而消失，具有非易失性。

1. ROM 的结构组成及工作原理

（1）ROM 的结构组成

ROM 通常由地址译码器、存储矩阵、读出电路（输出缓冲器）以及芯片选择逻辑等组成，如图 8.8 所示。

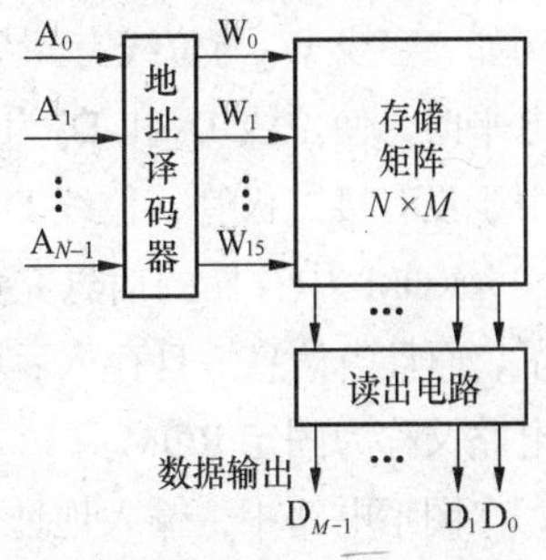

图 8.8 ROM 的结构组成

只读存储器 ROM 有 N 条地址输入线 $A_0 \sim A_{N-1}$，M 条数据输出线 $D_0 \sim D_{M-1}$。数据线上输出的是被选中的存储单元数据。

ROM 中存储矩阵是它的核心部件和主体，内部含有大量的存储单元电路。存储矩阵中的数据和指令都是用一定位数表示的二进制数。ROM 中以字为单位进行存储，每个字包含 M 位二进制数。存储矩阵的存储容量反映了 ROM 存储的信息量。当地址数为 N、每个字包含的位数为 M 时，可读存储器 ROM 的存储容量等于 $N \times M$。

地址译码器的作用是根据输入的地址代码从 n 条地址线中选择一条字线，以确定与该字线地址相对应的一组存储单元的位置。选择哪一条字线，取决于输入的是哪一个地址代码。

任何时刻，只能有一条字线被选中。于是，被选中的那条字线所对应的一组存储单元中的各位数码便经位线传送到数据线上输出。n 条地址输入线可得到 $N=2^n$ 个可能的地址。

读出电路又称输出缓冲器，它是为了增加 ROM 的带负载能力，将被选中的 M 位数据输出到位上。

（2）工作原理

以图 8.9 所示的二极管 ROM 电路为例说明其工作原理。

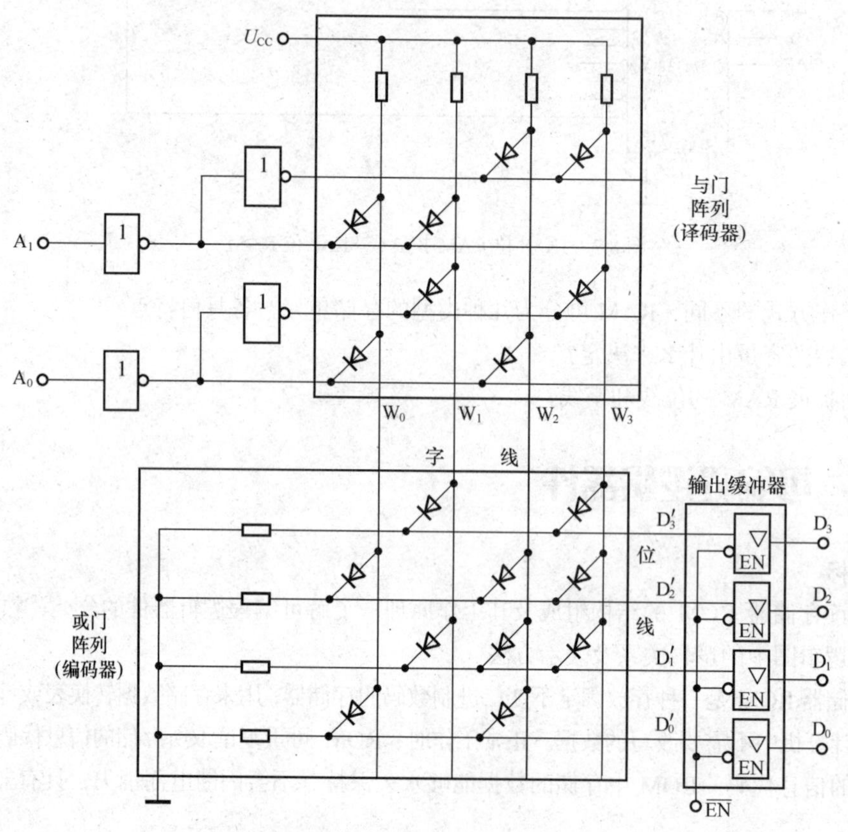

图 8.9　半导体二极管 ROM 电路

图中存储矩阵有 4 条字线 $W_0 \sim W_3$ 和 4 条位线 $D_0 \sim D_3$，共有 16 个交叉点，每个交叉点都可看作一个存储单元。交叉点处接有二极管时相当于存入“1”，没有接二极管时相当于存入“0”。例如，字线 W_0 与位线有 4 个交叉点，其中只有两处接有二极管。当 W_0 为高电平、其余字线为低电平时，使位线 D_2 和 D_0 为“1”，这相当于交叉点处的存储单元存入了“1”，另外两个交叉点由于没有接二极管，位线 D_1 和 D_3 为“0”，相当于交叉点处的存储单元存入了“0”。

ROM 中存储的信息究竟是“1”还是“0”，通常在设计和制造时根据需要已经确定和写入了，而且当信息一旦存入后就不能改变，即使断开电源，所存信息也不会丢失。因此，图示 ROM 电路又称为固定 ROM。

图示电路中，输入地址码是 A_1A_0，输出数据是 $D_3D_2D_1D_0$。输出缓冲器用的是三态门，三态门有两个作用，一是提高带负载能力；二是实现对输出端状态的控制，以便和系统总线连接。

图中与门阵列组成地址译码器，与门阵列的输出表达式如下：

$$W_0 = A_1A_0 \qquad W_1 = A_1\overline{A_0} \qquad W_2 = \overline{A}_1A_0 \qquad W_3 = \overline{A}_1\overline{A_0}$$

存储矩阵是一个或门阵列，每一列可看作一个二极管或门电路，用来构成的存放地址编号的存储单元阵列，其输出表达式为：

$$D_0 = W_0 + W_2 \qquad D_1 = W_1 + W_2 + W_3 \qquad D_2 = W_0 + W_2 + W_3 \qquad D_3 = W_1 + W_3$$

对应二极管 ROM 电路的输出信号真值表见表 8.2。

表 8.2　　ROM 输出信号真值表

A_1	A_0	D_3	D_2	D_1	D_0
0	0	1	1	1	0
0	1	0	1	1	1
1	0	1	0	1	0
1	1	0	1	0	1

从存储器角度看，A_1A_0 是地址码，$D_3D_2D_1D_0$ 是数据。表 8.2 说明：在地址编号 00 中存放的数据是 1110；地址编号 01 中存放的数据是 0111；地址编号 10 中存放的是 1010；地址编号 11 中存放的是 0101。

从函数发生器角度看，A_1、A_0 是两个输入变量，D_3、D_2、D_1、D_0 是四个输出函数。当变量 A_1、A_0 取值为 00 时，函数 $D_3 = 1$、$D_2 = 1$、$D_1 = 1$、$D_0 = 0$；当变量 A_1、A_0 取值为 01 时，函数 $D_3 = 0$、$D_2 = 1$、$D_1 = 1$、$D_0 = 1$；当变量……

从译码编码角度看，与门阵列先对输入的二进制代码 A_1A_0 进行译码，得到 4 个输出信号 W_0、W_1、W_2、W_3，再由或门阵列对 $W_0 \sim W_3$ 四个信号进行编码，得到相应地址编号存入存储单元中。表 8.2 表明：W_0 的编码是 0101；W_1 的编码是 1010；W_2 的编码是 0111；W_3 的编码是 1110。

（3）简化的 ROM 矩阵阵列图

图 8.9 所示为二极管 ROM 电路，由于元件数目众多，所以画出的电路图结构比较复杂。实际应用中，为了既说明问题，又使电路结构清晰明了，常常采用简化符号表示连接关系。画简化图时，一般把接有二极管的存储单元用“·”或“×”表示，即“·”表示固定连接，“×”表示逻辑连接，没有固定连接和逻辑连接处通常认为是逻辑断开，如图 8.10（a）所示；逻辑运算关系如图 8.10（b）所示。

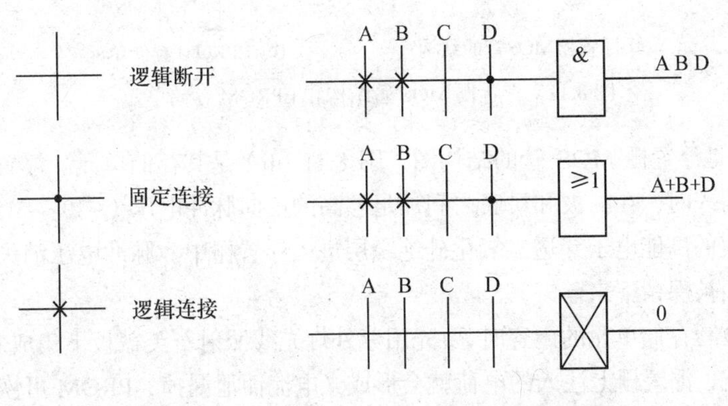

图 8.10　可编程逻辑器件的简化连接符号和逻辑运算关系符号

2. ROM的分类

只读存储器ROM按照存储信息的写入方式，一般可分为固定ROM、一次性可编程的PROM、光可擦除可编程的EPROM和电可擦除可改写的E^2PROM等。

（1）固定ROM

固定ROM中存入数据的过程称为“编程”。固定ROM也称掩膜ROM，掩膜编程是由生产厂家采用掩膜工艺专门为用户制作出的一种固定 ROM，用户无法改变内部所存储的数据，具有性能可靠、批量生产成本低等优点。但由于使用时只能读出，不能写入，所以只能存放固定数据、固定程序或函数表等。

（2）现场编程ROM

现场编程ROM也称为PROM，采用熔丝结构。由于熔丝烧断后不可恢复，故又称作一次性可编程PROM。现场编程ROM出厂时，存储内容全为1（或全为0），根据用户自己的需要，利用专用的编程器现场将某些单元改写为“0”（或“1”），需要改写为“0”时，就把该位上的熔丝烧断；改写为“1”时，则把该位的熔丝保留。现场编程ROM一旦进行了编程，就不能再修改。

3. ROM的存储单元

早期制造的 PROM 存储单元是利用其内部熔丝是否被烧断来写入数据的，因此只能写入一次，使其应用受到很大限制。目前使用的光可擦除可编程的EPROM只需将此器件置于紫外线下，即可擦除，因此可多次写入。EPROM 的存储单元是在 MOS 管中置入浮置栅的方法实现的，如图8.11所示。

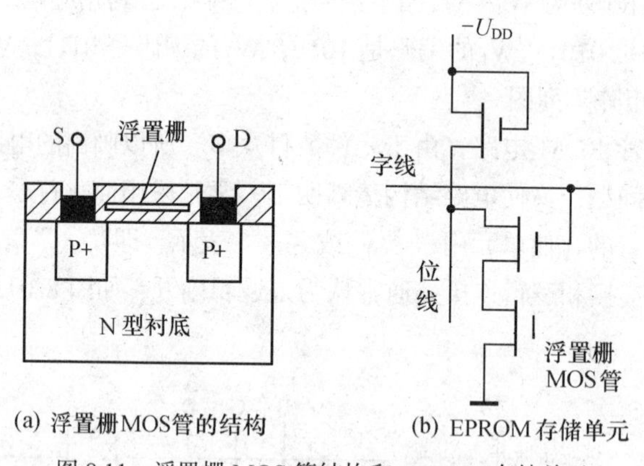

图8.11 浮置栅MOS管结构和EPROM存储单元

图 8.11（a）是浮置栅 MOS 管的结构图，图 8.11（b）是其存储单元。浮置栅被包围在绝缘的二氧化硅中。写入时，在漏极和衬底之间加足够高的反向脉冲电压（–30 ~ –45V），将PN结击穿，雪崩击穿产生的高能电子穿透二氧化硅绝缘层进入浮置栅中。脉冲电压消失后，浮置栅中的电子无放电回路而被保留下来。

当用户需要改写存储单元的内容时，要先用紫外灯光线照射石英盖板下集成芯片中的FAMOS管，在光的作用下，浮置栅上注入的电荷就会形成光电流而泄漏掉，PROM可恢复原来未写入时的状态，因此又可重新写入新信息。PROM重新写入数据后，带电荷的浮置栅使PMOS管的源极和漏极之间导通，当字线选中某一存储单元时，该单元位线即为低电平；若浮置栅中无电荷（未

写入）新信息时，浮置栅 PMOS 管截止，位线为高电平。

利用光照抹掉写入内容需要大约 30min 时间。为了缩短抹去时间，人们还研制出了电可擦除可编程方式的 E^2PROM。电可擦除可编程的 E^2PROM 速度一般为 ms 数量级，其擦除过程就是改写的过程，改写以字为单位进行。E^2PROM 不但在掉电时不丢失数据，又可随时改写写入的数据，重复擦除和改写的次数高达 1 万次以上。E^2PROM 既具有 ROM 的非易失性，又具备类似 RAM 的功能，可以随时改写。目前，大多数 E^2PROM 的可编程逻辑器件集成芯片内部都备有升压电路。因此，只需提供单电源供电，便可进行读操作、写操作和擦除操作，为数字系统的设计和在线调试提供了极大方便。

4. 可编程逻辑器件

可编程逻辑器件 PLD 是用户自行定义编程的一类通用型逻辑器件的总称。PLD 通常由输入缓冲、与阵列、或阵列、输出缓冲四个环节构成。

典型的可编程逻辑器件 PLD 由一个“与”门阵列和一个“或”门阵列组成。由于任意一个组合逻辑都可以用“与—或”表达式进行描述，因此 PLD 能够完成各种数字逻辑功能。典型可编程逻辑器件 PLD 的特点是：与阵列（即地址译码器）不可编程，或阵列（即存储矩阵）可编程。

可编程逻辑器件 PLD 根据阵列和输出结构的不同可分为 PLA、PAL 和 GAL 等。

（1）可编程逻辑阵列（PLA）

可编程逻辑阵列 PLA 是在 PLD 基础上发展起来的一种新型的可编程逻辑器件，它用较少的存储单元就能存储大量的信息，可完成各种组合逻辑和时序逻辑电路的功能。可编程逻辑阵列 PLA 的主要特点如下所述。

① PLA 有一个“与”阵列构成的地址译码器，是一个非完全译码器。

② PLA 中存储信息是经过化简、压缩后装入的。

③ PLA 中的与阵列和或阵列都可编程。

PLD 中与阵列编程产生变量最少的“与”项，或阵列编程完成相应最简“与”项之间的或运算并产生输出。由此大大提高了芯片面积的有效利用率。

构成组合逻辑电路是 PLA 的主要应用之一，下面举例说明。

【例 8.1】 用 PLA 实现四位二进制码变换成四位格雷码的码制变换器。

【解】 根据码制转换真值表 8.3，可得 G_3、G_2、G_1、G_0 的最简与或表达式如下：

$$G_3 = B_3$$

$$G_2 = B_3\overline{B_2} + \overline{B_3}B_2$$

$$G_1 = B_2\overline{B_1} + \overline{B_2}B_1$$

$$G_0 = B_1\overline{B_0} + \overline{B_1}B_0$$

根据上述逻辑关系式可画出相应的 PLA 阵列逻辑图如图 8.12 所示。

表 8.3　　用 PLA 转换成四位格雷码的码制真值表

四位二进制码 B_3 B_2 B_1 B_0	四位格雷码 G_3 G_2 G_1 G_0
0 0 0 0	0 0 0 0
0 0 0 1	0 0 0 1
0 0 1 0	0 0 1 1

续表

四位二进制码 B_3 B_2 B_1 B_0	四位格雷码 G_3 G_2 G_1 G_0
0 0 1 1	0 0 1 0
0 1 0 0	0 1 1 0
0 1 0 1	0 1 1 1
0 1 1 0	0 1 0 1
0 1 1 1	0 1 0 0
1 0 0 0	1 1 0 0
1 0 0 1	1 1 0 1
1 0 1 0	1 1 1 1
1 0 1 1	1 1 1 0
1 1 0 0	1 0 1 0
1 1 0 1	1 0 1 1
1 1 1 0	1 0 0 1
1 1 1 1	1 0 0 0

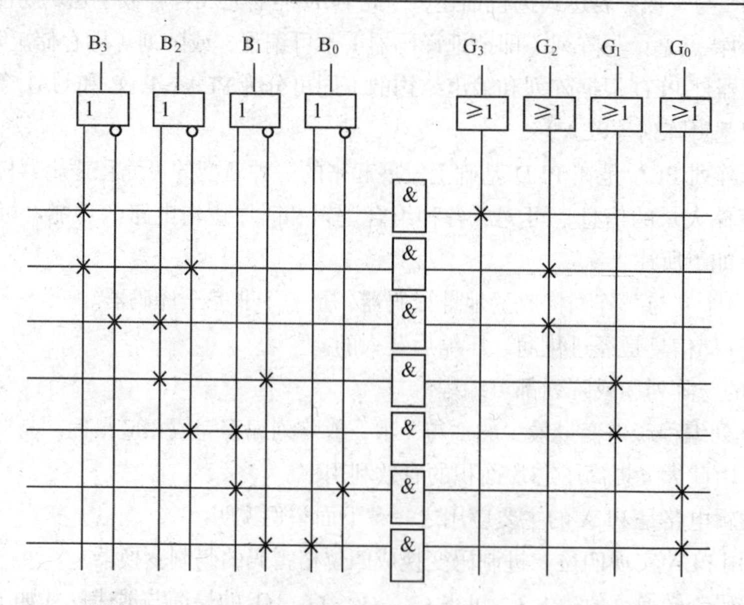

图 8.12　二进制码变换成格雷码的 PLA 阵列逻辑图

实际上，可编程逻辑阵列 PLA 是只读存储器 ROM 的变种，属于一种特殊的 ROM，它可用较少的存储单元就能存储大量的信息，并且 PLA 的存储单元体和地址译码器都是用户可编程的。

（2）可编程阵列逻辑（PAL）

可编程阵列逻辑 PAL 是 20 世纪 70 年代末由 MMI 公司率先推出的一种可编程逻辑器件。PAL 采用双极型工艺制作，熔丝编程方式。

可编程阵列逻辑 PAL 也是 ROM 的变种，由可编程的与逻辑阵列、固定的或逻辑阵列和输出电路 3 部分组成。PAL 器件的存储单元体或阵列不可编程，地址译码器与阵列是用户可编程的。PAL 运行速度较高，开发系统完善，输出电路结构形式有好几种，可以借助编程器进行现场编程，这一点很受用户欢迎。但 PAL 一般采用熔断丝双极性工艺，只能一次编程，其应用局限性较大，

因此价格偏低，目前只有较少用户使用。PAL 的结构组成如图 8.13 所示。

PAL 器件通过对与逻辑阵列编程可以获得不同形式的组合逻辑函数。另外，在有些型号的 PAL 器件中，除了设置基本的与—或形式输出结构外，为实现时序逻辑电路的功能，又设计制造了在或门和三态门之间加入 D 触发器，并且将 D 触发器的输出反馈回与阵列的 PAL 结构，从而使 PAL 的功能大大增加。

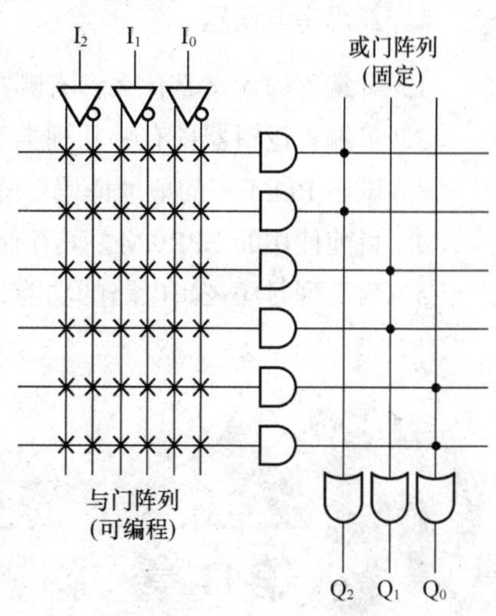

图 8.13　PAL 结构组成图

（3）通用阵列逻辑（GAL）

GAL 器件是从 PAL 发展过来的，GAL 的特点是：与阵列可编程，或阵列固定。GAL 中采用了浮栅隧道氧化层 MOS 管，实现了在很短时间完成电擦除和电改写，而且可以多次编程。为了达到通用的目的，GAL 在输出三态门之前连接一个输出逻辑宏单元（OLMC），如图 8.14 所示。由于 OLMC 提供了灵活的输出功能，因此编程后的 GAL 器件可以替代所有其他固定输出极的 PLD。

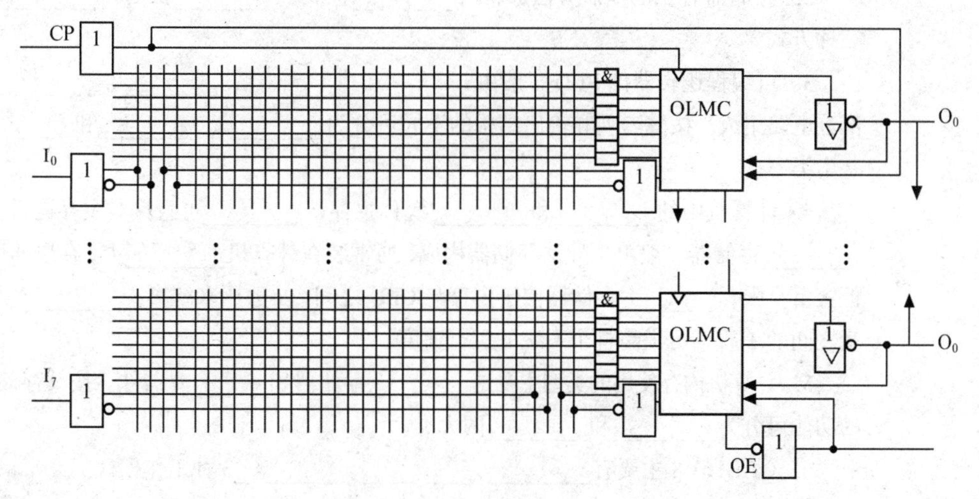

图 8.14　GAL 内部原理图（局部）

集成的 GAL16V8 芯片由 8 根输入及 8 根输出各引出两根互补的输出构成 32 列，即与项的变量个数为 16；8 根输出每个输出对应于一个 8 输入或门构成 64 行，与阵列共包括 2048 个可编程单元；GAL16V8 还有 8 个输出宏单元，每个宏单元的电路可以通过编程实现所有 PAL 输出结构实现的功能；GAL16V8 的时钟输入端与每个输出宏单元中 D 触发器时钟输入端相连，只能实现同步时序电路，而无法实现异步的时序电路；GAL16V8 有 3 种工作模式，即简单型、复杂型和寄存器型。简单型工作模式下，GAL 内无反馈通路；复杂型工作模式下，GAL 内存在反馈通路；寄存器型工作模式时，至少有一个 OLMC 工作在寄存器输出模式。

总之，可编程逻辑器件 PLD 经历了可编程逻辑阵列 PLA、可编程阵列逻辑 PAL、通用阵列逻辑 GAL 等发展过程。其趋势是集成度和速度不断提高，功能不断增强，结构趋于更合理，使用变得更加灵活和方便。

思考与问题

1. 可编程的含义是什么？有哪几种编程方式？
2. 可编程逻辑器件有哪几种类型？指出它们各自的特点。
3. 试述 ROM 中的地址译码器阵列和存储编码阵列的不同之处。
4. 目前使用的 EPROM，其存储单元是用什么方法实现的？
5. 为实现时序逻辑电路的功能，PAL 又设计制造哪些环节，使 PAL 的功能大大增加？

第 8 章　检测题（共 80 分，100 分钟）

一、填空题（每空 0.5 分，共 23 分）

1. 一个存储矩阵有 64 行、64 列，则存储容量为________个存储单元。

2. 存储器容量的扩展方法通常有________扩展、________扩展和________扩展三种方式。

3. 可编程逻辑器件 PLD 一般由________、________、________、________等四部分电路组成。按其阵列和输出结构的不同可分为________、________和________等基本类型。

4. 计算机中的________和________统称主存，________可直接对主存进行访问。________存储器一般由半导体存储器构成，通常装在计算机________上，存取速度快，但容量有限；________存储器位于内存与 CPU 之间，一般用来解决________与存储容量之间的矛盾，可提高整个系统的运行速度。

5. 计算机内存使用的类型主要是________存储器和________器件。按其存储信息的功能可分为________和________两大类。

6. GAL16V8 主要有________、________、________3 种工作模式。

7. PAL 的与阵列________，或阵列________；PLA 的与阵列________，或阵列________；GAL 的与阵列________，或阵列________。

8. 存储器的主要技术指标有________、________、________、________和集成度等。

9. RAM 主要包括________、________和________电路等部分。

10. 当 RAM 中的片选信号 $\overline{CS}$ =________时，RAM 被禁止读写，处于保持状态；当 $\overline{CS}$ =________时，RAM 可在读/写控制输入 R/$\overline{W}$ 的作用下做读出或写入操作。

11. ROM 按照存储信息写入方式的不同可分为________ROM、________PROM、________的 EPROM 和________的 E^2PROM。

12. 目前使用的________可多次写入的存储单元是在 MOS 管中置入________的方法实现的。

二、判断题（每小题1分，共7分）

1. 可编程逻辑器件的写入电压和正常工作电压相同。（　　）
2. GAL 可实现时序逻辑电路的功能，也可实现组合逻辑电路的功能。（　　）
3. RAM 的片选信号 $\overline{CS}$ = “0” 时被禁止读写。（　　）
4. EPROM 是采用浮栅技术工作的可编程存储器。（　　）
5. PLA 的与阵列和或阵列都可以根据用户的需要进行编程。（　　）
6. 存储器的容量指的是存储器所能容纳的最大字节数。（　　）
7. 1024 × 1 位的 RAM 中，每个地址中只有 1 个存储单元。（　　）

三、选择题（每小题2分，共20分）

1. 图 8.15 输出端表示的逻辑关系为（　　）。

A. ACD　　B. $\overline{ACD}$　　C. B　　D. $\overline{B}$

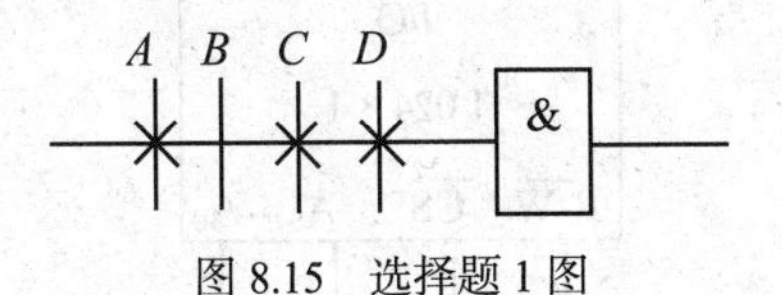

图 8.15　选择题 1 图

2. 利用电容的充电来存储数据，由于电路本身总有漏电，因此需定期不断补充充电（刷新）才能保持其存储的数据的是（　　）。

A. 静态 RAM 的存储单元　　B. 动态 RAM 的存储单元

3. 关于存储器的叙述，正确的是（　　）。

A. 存储器是随机存储器和只读存储器的总称

B. 存储器是计算机上的一种输入输出设备

C. 计算机停电时随机存储器中的数据不会丢失

4. 一片容量为 1024 字节×4 位的存储器，表示有（　　）个存储单元。

A. 1024　　B. 4　　C. 4096　　D. 8

5. 一片容量为 1024 字节×4 位的存储器，表示有（　　）个地址。

A. 1024　　B. 4　　C. 4096　　D. 8

6. 只能读出不能写入，但信息可永久保存的存储器是（　　）。

A. ROM　　B. RAM　　C. PRAM

7. ROM 中译码矩阵固定，且可将所有输入代码全部译出的是（　　）。

A. ROM　　B. RAM　　C. 完全译码器

8. 动态存储单元是靠（　　）的功能来保存和记忆信息的。

A. 自保持　　B. 栅极存储电荷

9. 利用双稳态触发器存储信息的 RAM 叫（　　）RAM。

A. 动态　　B. 静态

10. 在读写的同时还需要不断进行数据刷新的是（　　）存储单元。

A. 动态　　B. 静态

四、简答题（10分）

现有（1024B×4）RAM 集成芯片一个，该 RAM 有多少个存储单元？有多少条地址线？该 RAM

含有多少个字？其字长是多少位？访问该RAM时，每次会选中几个存储单元？

五、计算题（每小题10分，共20分）

1. 试用ROM实现下面多输出逻辑函数。

$$Y_1 = \overline{A}BC + \overline{A}\,\overline{B}C$$
$$Y_2 = A\overline{B}C\overline{D} + BC\overline{D} + \overline{A}BCD$$
$$Y_3 = ABC\overline{D} + ABCD$$
$$Y_4 = \overline{A}\,\overline{B}C\overline{D} + ABCD$$

2. 试将1KB×1位的RAM扩展成1KB×4位的存储器。说明需要几片如图8.16所示的RAM，画出接线图。

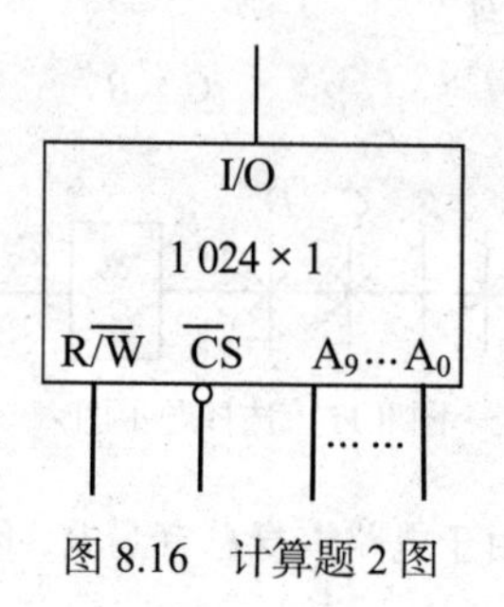

图8.16　计算题2图

第9章 数/模和模/数转换器

数/模、模/数转换器是沟通模拟、数字领域的桥梁，尤其当计算机广泛用于工业控制、测量数据分析以后，数/模和模/数转换器成为数字系统中的重要组成部分。在使用计算机进行工业控制过程中，它们是重要的接口电路；在数字测量仪器仪表中，模/数转换器是它们的核心电路；在对非电量的测量和控制系统中，它们是不可缺少的组成部分。

学习目的和要求

理解数/模和模/数转换的基本概念；熟悉数/模和模/数转换器的工作原理及特点；了解常用数/模和模/数转换器主要技术指标的意义。

9.1 数/模转换器

学习目标

理解数模转换器的基本概念；熟悉数模转换特性及其转换公式；了解权电阻求和网络和 R—$2R$ 倒 T 形电阻网络 DAC 的电路结构和工作原理；熟悉集成 DAC0832 芯片功能。

1. 数/模转换器的基本概念及转换特性

（1）DAC 的基本概念

为了能够用数字系统处理模拟信号，必须把模拟信号转换成相应的数字信号，才能送入数字系统中进行处理。能将数字量转换成模拟量的器件就是数/模转换器。电子技术中数字量用 D 表示，模拟量用 A 表示，转换器用 C 代表时，数/模转换器可简写作 DAC。

DAC的输入是离散的数字量，输出则是与输入数字量成正比且连续变化的模拟量。数字量用代码按数位组合起来表示的有权码，每位代码都有一定的位权。DAC的任务就是：将代表每一位的代码按其位权的大小转换成相应的模拟量，然后将这些模拟量相加，得到与输入数字量成正比的总模拟量，实现数字到模拟的转换。这也是构成DAC的基本指导思想。

（2）DAC的基本组成和分类

DAC通常由参考电压，译码电路和电子开关3个基本部分组成。为了将模拟电流转换成模拟电压，通常在输出端外加运算放大器。

按解码网络结构的不同，DAC可分为T形电阻网络、倒T形电阻网络、权电阻网络等。按模拟电子开关电路的不同，DAC又可分为CMOS开关型和TTL开关型。其中TTL型开关DAC又分为电流开关型和ECL电流开关型两种，在速度要求不高的情况下一般可选用CMOS开关型DAC。如转换速度要求较高时，应选用TTL型电流开关DAC或转换速度更高的ECL电流开关型DAC。

（3）DAC的功能

DAC通常由数码寄存器、模拟电子开关电路、解码电阻网络、求和放大电路及基准电压几部分组成，如图9.1所示。

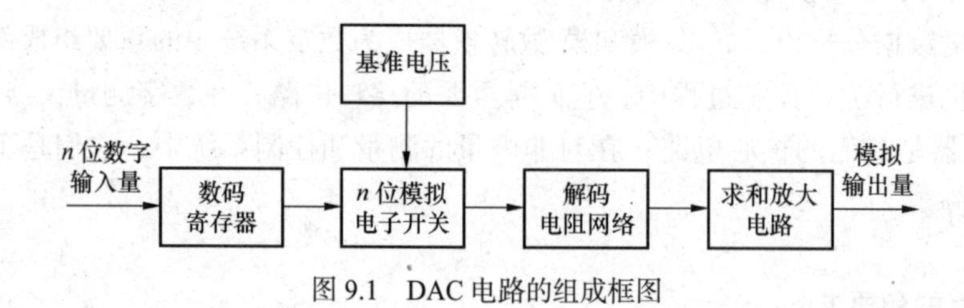

图9.1　DAC电路的组成框图

n 位数字量是以串行或并行方式输入并存储在数码寄存器中，数字寄存器输出的各位二进制代码分别控制对应各位的模拟电子开关，使数码为1的位在位权网络上产生与其权值成正比的电压（或电流）量，再由求和放大电路将各位权值所对应的模拟量相加，即可输出与输入数字量成正比的模拟量。

（4）DAC的转换特性

DAC的转换特性，是指输出模拟量和输入数字量之间的转换关系：对于有权码，先将每位代码按其权的大小转换成相应的模拟量，然后相加，即可得到与数字量成正比的总模拟量，即输出模拟量与输入数字量成正比。当输入为 n 位二进制代码 d_{n-1}，d_{n-2}，…，d_1，d_0 时，输出对应的模拟电压（或电流）为：

$$u_O(\text{或}i_O) = k_u(\text{或}k_i)(d_{n-1}\cdot 2^{n-1} + d_{n-2}\cdot 2^{n-2} + \ldots + d_1\cdot 2^1 + d_0\cdot 2^0) \quad (9.1)$$

式中 k_u 或 k_i 为电压或电流的转换比例系数，2^{n-1}，2^{n-2}，…，2^1，2^0 是由 n 位二进制代码D从高位到最低位的权。

当转换系数 k_u（或 k_i）=1、$n=3$ 时，根据式（9.1）可得DAC的转换特性曲线如图9.2所示。

由图9.2所示3位二进制数D的数模转换特性可知，DAC电路的功能就是将输入的数字量转换成与其成正比的输出模拟量。在转换过程中，将输入的二进制数字信号转换成模拟信号，以电压或电流的形式输出。

（5）DAC 的主要技术指标

① 分辨率。分辨率是指 D/A 转换器模拟输出所能产生的最小电压变化量与满刻度输出电压之比。对于一个 n 位的 DAC，最小输出电压变化量是指对应输入的数字量最低位为 1，其他位均为 0 时的输出电压；满刻度输出电压指的是对应输入的数字量各位全为 1 时的最大输出电压之比，即：

$$分辨率=\frac{U_{LSB}}{U_{FSR}}=\frac{1}{2^n-1} \quad (9.2)$$

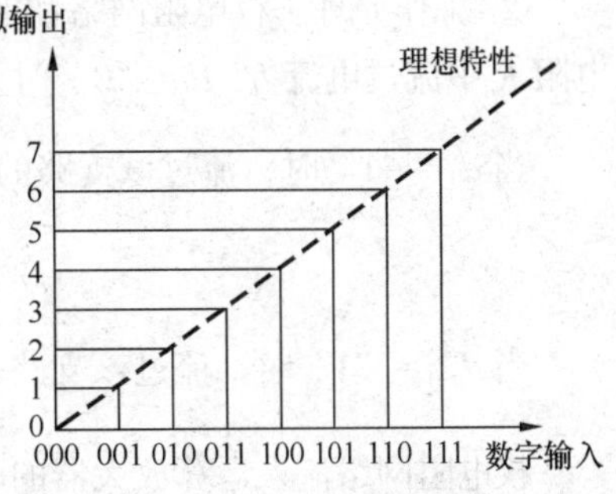

图 9.2　DAC 的转换特性曲线

分辨率与 DAC 的位数有关，例如一个 8 位和一个 10 位的 DAC，分辨率分别为：

$$8位DAC的分辨率=\frac{1}{2^8-1}=\frac{1}{255}\approx 0.004$$

$$10位DAC的分辨率=\frac{1}{2^{10}-1}=\frac{1}{1023}\approx 0.001$$

可见，位数 n 越多，分辨率的数值越小，电路的分辨能力越高。因此，有时也用输入数字量的有效位数来表示分辨率的高低。

② 绝对精度和非线性度。绝对精度（或绝对误差）是指输入端加给定数字量时，DAC 输出的实际值与理论值之差。一般来说，绝对精度应低于 $u_{LSB}/2$。

在满刻度范围内，偏离理想转换特性的最大值称为非线性误差。它与满刻度之比称为非线性度，常用百分比来表示。

③ 建立时间。在输入变化后，输出值稳定到距最终输出量 $\pm u_{LSB}$ 所需的时间，称为建立时间。建立时间反映了 DAC 电路转换的速度。

除此之外，在选用 DAC 器件时，还需要考虑其电源电压、输出方式、输出值范围及输入逻辑电平等参数。

2. DAC 的工作原理

（1）权电阻网络 DAC

① 电路结构。权电阻网络 DAC 电路如图 9.3 所示，其译码器由权电阻网络构成。

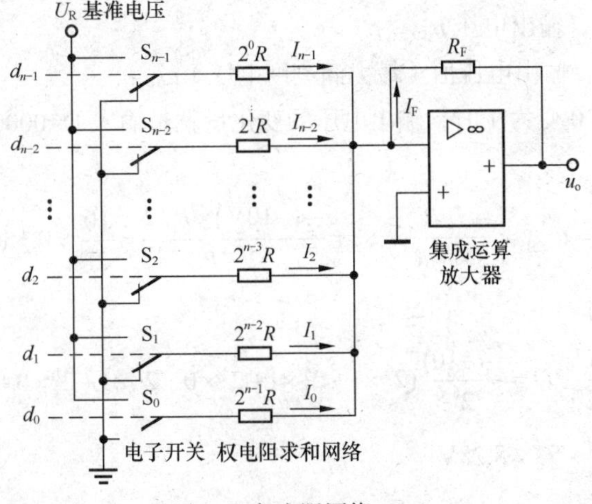

图 9.3　权电阻网络 DAC

n 位二进制数字量是以并行输入方式加到 DAC 输入端，每一位输入数码 d_i 控制一个电子开关 S_i。当 $d_i = 1$ 时，电子开关 S_i 接通基准电源 U_R；当 $d_i = 0$ 时，S_i 接地。

权电阻网络中的电阻值规律为：从最低位（LSB）到最高位（MSB），每一个位置上的电阻值都是相邻高位电阻值的 2 倍。

② 工作原理。权电阻网络和运算放大器构成了一个加法电路，当 $d_i =$"1"时，S_i 接通 U_R，电阻 R_i 中流过电流 I_i；$d_i =$"0"时，S_i 接地，电阻 R_i 两端电压为 0V，电流为 0。

当 $d_0 =$"1"时，流过该支路的电流为 $I_0 = \dfrac{U_R}{R_0} = \dfrac{U_R}{2^{n-1}R}$。

……

当 $d_{n-1} =$"1"时，流过该支路的电流为 $I_{n-1} = \dfrac{U_R}{R_{n-1}} = \dfrac{U_R}{R}$。

权电阻网络流入运算放大器的电流 I 为各支路电流之和，因此

$$\begin{aligned} i &= I_0 d_0 + I_1 d_1 + I_2 d_2 + \cdots + I_{n-2} d_{n-2} + I_{n-1} d_{n-1} \\ &= \frac{U_R}{2^{n-1}R} d_0 + \frac{U_R}{2^{n-2}R} d_1 + \cdots + \frac{U_R}{2R} d_{n-2} + \frac{U_R}{R} d_{n-1} \\ &= \frac{U_R}{2^{n-1}R}\left(d_0 2^0 + d_1 2^1 + \cdots\cdots + d_{n-2} 2^{n-2} + d_{n-1} 2^{n-1}\right) \\ &= \frac{U_R}{2^{n-1}R} \sum_{i=0}^{n-1} \left(d_i \cdot 2^i\right) \end{aligned}$$

$$i = \frac{U_R}{2^{n-1}R} D \tag{9.3}$$

式（9.3）是权电阻网络的电流转换特性，其中 $\dfrac{U_R}{2^{n-1}R}$ 为电流转换系数。

根据运算放大器的求和运算关系，当 $R_F = R/2$，则输出电压 $u_O = -\dfrac{U_R}{2^n} D$，对应电压转换系数为 $U_R/2^n$。

【例 9.1】 在图 9.3 所示的权电阻求和网络 DAC 电路中，设基准电源 $U_R = -10V$，反馈电阻 $R_F = R/2$，输入二进制数 D 的位数 $n = 6$，试求：

① 当最低位输入数码（LSB）由 0 变为 1 时，输出电压 u_o 的变化量。

② 当 D=110101 时，输出电压 u_o。

③ 当 D=111111 时，输出电压值（最大满刻度电压）u_o。

【解】 ①当 LSB 由 0 变为 1 时，输出电压的变化量就是输入 D=000001 所对应的输出电压，其数值为：

$$u_o = u_{LSB} = \frac{-U_R R_F}{2^{n-1} \cdot R} 2^0 \times 1 = \frac{-(-10V) \times R/2}{2^5 \cdot R} = \frac{10}{2^6} \approx 0.156V$$

② 当 D = 110101 时

$$\begin{aligned} u_o &= \frac{-U_R}{2^n} D = \frac{-(-10)}{2^6}(2^5 \times 1 + 2^4 \times 1 + 2^3 \times 0 + 2^2 \times 1 + 2^1 \times 0 + 2^0 \times 1) \\ &= \frac{10}{2^6} \times 53 \approx 8.28V \end{aligned}$$

③ 当 D = 111111 时

$$u_o = \frac{-U_R}{2^6}(2^6 - 1) = \frac{10}{64} \times 63 \approx 9.84\text{V}$$

通过权电阻网络 DAC，使输出的模拟电压与输入的二进制数字量成正比，从而实现了数模之间的转换。

权电阻网络 DAC 的优点是电路简单，概念清楚。缺点是权电阻的种类多，阻值范围宽，精度要求很高。因此，权电阻网络 DAC 仅应用于位数 n 较少的场合。

（2）R.2R 倒 T 形电阻网络 DAC

① 电路形式。图 9.4 所示为一个 R–$2R$ 倒 T 形电阻网络 DAC，是由电阻网络、电子开关、基准电压源 U_R 及运算放大器构成，倒 T 形电阻网络的电阻均为 R 和 $2R$，与权电阻网络不同。

② 工作原理。图 9.4 中的电阻网络有 n 个节点，由电阻构成梯形结构，从每个节点向左或向下看，每条支路的等效电阻均为 $2R$。从基准电压源 U_R 中流出的电流由节点 A→节点 B→……→节点 E→地的过程中，每经过一个节点，就产生 1/2 的电流流入电子开关，所以流入各电子开关的电流比例关系和二进制数各位的权相对应，流入运算放大器的电流和输入数码的值呈线性关系，从而实现了数/模的转换。另外，无论输入数字信号是 0 还是 1，电子开关的右边均为 0 电位，所以在电路工作过程中，流过电阻网络的电流大小始终不变。R—$2R$ 倒 T 形电阻网络 DAC 的输出电压为：

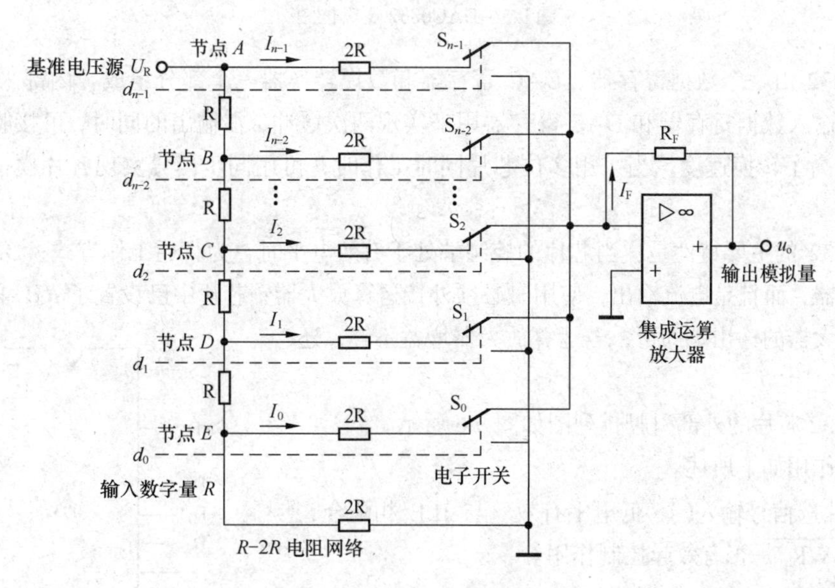

图 9.4 倒 T 形电阻网络 DAC

$$u_o = -i_F R_F = -iR_F = -\frac{U_R R_F}{2^n R} D$$

如果取 $R_F = R$，则输出电压 $u_o = -\frac{U_R}{2^n} D$，显然这时的输出电压仅与基准电压 U_R 和电阻 R_F 有关，从而降低了对 R、$2R$ 等其他参数的要求，非常有利于集成化。

由于流过 R–$2R$ 倒 T 形电阻网络各支路的电流恒定不变，故在开关状态变化时，不需要电流建立时间，而且在这种 DAC 转换器中又采用了高速电子开关，所以转换速度很高，在数模转换

器中被广泛采用。

3. 集成数/模转换器 DAC0832

DAC0832是目前国内用得较普遍的数/模转换器。它是采用CMOS工艺制成的双列直插式单片8位数模转换器，是8位的电流输出型数模转换器。当对0832输入8位数字量后，通过外接运放，即可获得相应的模拟电压。DAC0832的内部结构如图9.5所示。

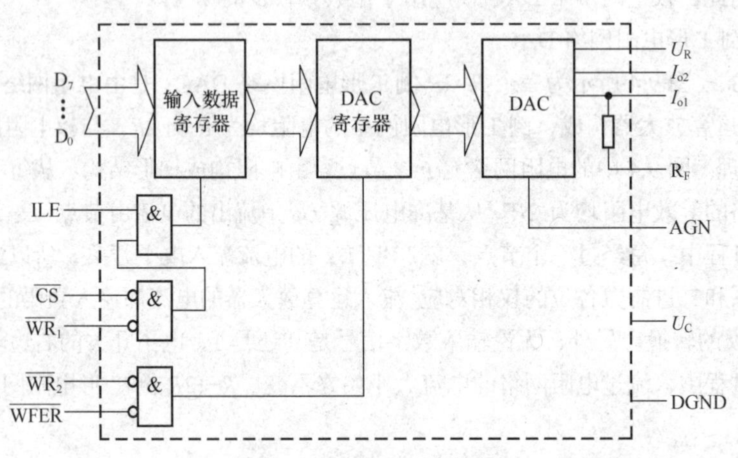

图9.5 DAC0832逻辑框图

DAC0832由一个数据寄存器、DAC寄存器和数模转换器三个部分组成，内部采用倒T形电阻网络。输入数据寄存器和DAC寄存器用来实现两次缓冲，在输出的同时，可接收下一组数据，从而提高了转换速度。当采用多位芯片同时工作时，可用同步信号实现各片模拟量的同时输出。

DAC0832的主要特性是：当芯片的控制端处于有效电平时，为直通工作方式；DAC0832中无运算放大器，而且是电流输出，使用时必须外接运算放大器；芯片中已设置了R_F，只要将9脚接到运算放大器的输出端即可；若运算放大器增益不够，还需外加反馈电阻。

DAC0832芯片的外部引脚排列图如图9.6所示。

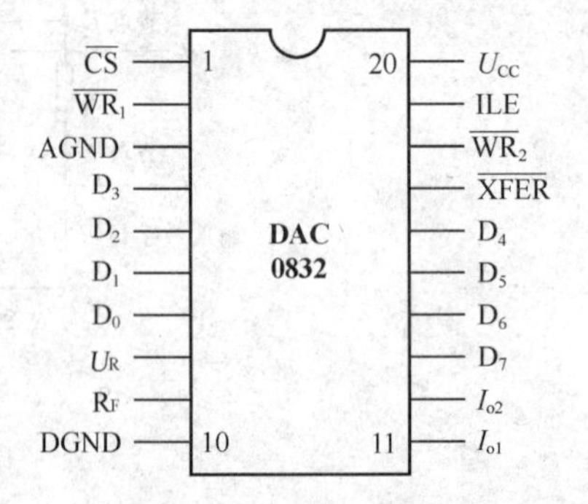

图9.6 DAC0832引脚图

各引脚作用如下所述。

$\overline{CS}$为片选信号输入端，低电平有效。与ILE相配合，可对写信号$\overline{WR_1}$是否有效起控制作用。

ILE是允许输入锁存的信号，高电平有效。当ILE为高电平，$\overline{CS}$为低电平，$\overline{WR_1}$输入低电平时，输入数据进入输入寄存器。ILE=0时，输入寄存器处于锁存状态。

$\overline{WR_1}$为写信号1，低电平有效。当$\overline{WR_1}$、$\overline{CS}$、ILE均有效时，可将数据写入8位输入寄存器。

$\overline{WR_2}$为写信号2，低电平有效。当$\overline{WR_2}$有效时，在$\overline{XFER}$传送控制信号作用下，可将锁存在输入寄存器的8位数据写入DAC寄存器。

$\overline{XFER}$是数据传送信号，低电平有效。当$\overline{WR_2}$、$\overline{XFER}$均为0时，DAC寄存器处于寄存状态，$\overline{WR_2}$、$\overline{XFER}$均为1时，DAC寄存器处于锁存状态。

U_R 是基准电源输入端，它与 DAC 内部的倒梯形网络相连，U_R 可在±10V 范围内调节。

$D_0 \sim D_7$ 是 8 位数字量输入端，D_7 为最高位，D_0 为最低位。

I_{o1} 是 DAC 的电流输出 1，当 DAC 寄存器电位全为 1 时，输出电流为最大。当 DAC 寄存器各位全为 0 时，输出电流为零。

I_{o2} 是 DAC 的电流输出 2，它使 $I_{o1}+I_{o2}$ 恒为一常数。一般在单极性输出时 I_{OWT2} 接地，在双极性输出时接运算放大器。

R_F 是反馈电阻。在 DAC0832 芯片内有一反馈电阻，可用作外部运放的反馈电阻。

U_{CC} 是电源输入线（+5 ~ +15V）；DGND 为数字“地”；AGND 为模拟“地”。

当 DAC0832 的控制端恒处于有效电平时，芯片为直通工作方式。

集成 DAC 芯片在实际电路中应用很广，它不仅可用来作为计算机系统的接口电路，还可利用其电路结构特征和输入、输出电量之间的关系构成数控电流源、电压源、数字式可编程增益控制电路和波形产生电路等。

思考与问题

1. 试述 DAC 电路转换特性的概念，并写出其转换表达式。

2. 已知某 DAC 电路的最小分辩电压 $U_{LSB} = 40mV$，最大满刻度输出电压 $U_{FSR} = 0.28V$，该电路输入二进制数字量的位数 n 应是多少？

3. 什么是 DAC 电路的绝对精度、非线性及转换速度？

4. DAC0832 采用了什么制造工艺？内部主要由哪几部分组成？

5. R-2R 倒 T 形电阻网络具有哪些特点？

9.2 模/数转换器

学习目标

了解 ADC 的基本概念，理解 ADC 的转换原理；熟悉逐次比较型 ADC 和双积分型 ADC 的电路结构、工作原理及特点；了解集成 ADC0809 芯片的功能。

1. ADC 的基本概念和转换原理

模/数转换器是将模拟电压（或电流）转换为数字量的电路。模/数转换广泛应用于计算机实时控制系统中。利用计算机及时搜集检测数据，按最佳值对控制对象进行自动调节或自动控制。例如，热水器温度计算机实时控制系统，通过控制蒸汽流入热水器的速度使热水器的水保持一定的温度。用一个测温器测定热水器的水温，通过模/数转换器将所测温度的信号转换为数字信号，送到计算机中，和所测温度值比较，产生误差信号。控制器按一定的规则，根据误差信号的大小，决定蒸汽阀门开闭程度的大小，并产生相应的信号，经过数/模转换装置，变成电流或电压信号，驱动蒸汽阀门的控制设备，开大或关小蒸汽阀门。这一整套过程不需要人干预，响应速度快，效果很好。计算机实时控制系统主要由传感器、计算机、执行机构及模/数转换器和数/模转换器构成。传感器相当于人的眼睛，计算机相当于大脑，控制系统通过传感器获得关于被控制对象的信息，如温度、速度等，经过计算机分析、比较、判断后，指挥执行机构采取相应动作，保证被控制对象能及时达到某种状态。模/数转换器用来将所测得的被控制对象的某种连续物理量转换成

为离散的数字量，数/模转换器用来将离散的数字量转换成为连续的物理量，达到控制被控制对象的目的。

ADC 转换电路的作用是将时间连续、幅值也连续的模拟量转换为时间离散、幅值也离散的数字信号，因此，在模/数转换过程中，只能在一系列选定的瞬间对输入模拟量采样后再转换为输出的数字量，通过采样、保持、量化和编码 4 个步骤完成。在实际电路中，这些过程有的是合并进行的，例如，取样和保持，量化和编码往往都是在转换过程中同时实现的。

（1）采样保持电路

所谓采样就是采集模拟信号的样本。

采样是将时间上、幅值上都连续的模拟信号，通过采样脉冲的作用，转换成时间上离散、但幅值上仍连续的离散模拟信号。所以采样又称为波形的离散化过程。

采样过程是通过模拟电子开关 S 实现的。模拟电子开关每隔一定的时间间隔（周期 T）闭合一次，当一个连续的模拟信号通过这个电子开关时，就会转换成若干个离散的脉冲信号。

采样保持电路如图 9.7 所示。其中电子开关 S 受时钟脉冲 CP 控制，C 是存储电容，输入的模拟量为 $u_i(t)$。

当 CP = 1 时，采样电子开关 S 接通，$u_i(t)$ 信号被采样，并送到电容 C 中暂存。当 CP = 0 时，采样电子开关 S 断开，前面采样得到的电压信号在电容 C 上保持。

随着一个一个固定时间间隔的 CP = 1 信号的到来，电路不断对模拟电压信号进行一个个采样，输出电压就转换成在时间上离散的模拟量 $u_i'(t)$。

采样保持电路中输入模拟电压采样保持前后的波形如图 9.8 所示。

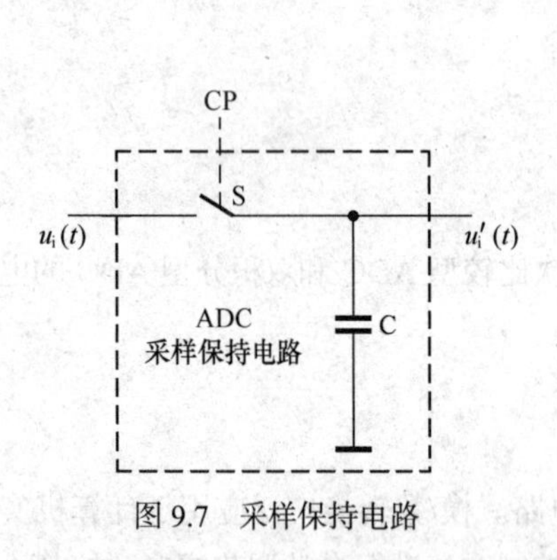

图 9.7　采样保持电路

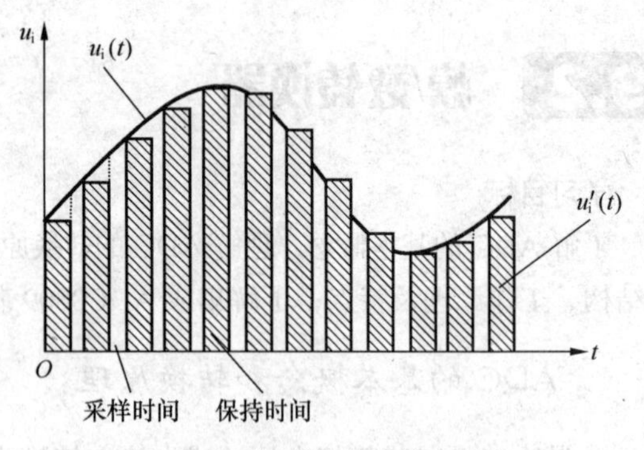

图 9.8　采样保持前后的波形图

为了保证采样后的模拟信号 $u_i'(t)$ 能够基本上真实地保留原始模拟信号 $u_i(t)$ 的信息，采样信号的频率必须至少为原信号中最高频率成分 f_{imax} 的 2 倍。这是采样电路的基本法则，称为采样定理。

同时要求采样电路的电子开关特性尽量趋于理想化，以保证最大限度不失真地恢复输入电压 $u_i(t)$。

（2）量化编码电路

① 量化编码的概念。量化的概念：数字信号不仅在时间上是离散的，而且数值大小的变化也是不连续的。因此，任何一个数字量的大小只能是某个规定的最小数量单位的整数倍。在 A/D 转换过程中，必须把采样后离散的模拟输出电压，按某种近似方式归化到相应的离散电平上，离散

电平为最小数量单位的一个个整数倍，这一转化过程称为数值量化，简称量化。量化后的数值还要通过编码过程用一个二进制代码表示出来，这个经编码后得到的二进制代码就是 A/D 转换器的数字输出量。

显然，量化编码电路的作用是先将幅值连续可变的采样信号量转化成幅值有限的离散信号，再将量化后的信号用对应量化电平的一组二进制代码表示。量化过程中所取的最小数量单位称为量化当量，用 δ 表示。δ 是数字量最低位为 1 时所对应的模拟量，即 U_{LSB}。量化的方法常采用两种近似量化方式：舍尾取整法和四舍五入法。

② 舍尾取整法。以 3 位 ADC 为例，设输入信号 $u_i(t)$的变化范围为 0～8V，采用舍尾取整法量化方式时，若取 δ=1V，则量化中不足量化单位部分统统舍弃，如 0～1V 之间的小数部分的模拟电压都当作 0δ，用二进制数 000 表示；数值在 1～2V 之间的小数部分也舍弃，对应的模拟电压当作 1δ，用二进制数 001 表示……这种量化方式的最大误差为 δ。

③ 四舍五入法。采用四舍五入量化方式时，若取量化单位 δ=8/15V，量化过程将不足半个量化单位的部分舍弃，对于等于或大于半个量化单位的部分按一个量化单位处理。即将数值在 0～8/15V 之间的模拟电压都当作 0δ 对待，用二进制 000 表示，而数值在 8/15～24/15V 之间的模拟电压均当作 1δ，用二进制数 001 表示……

例如，已知 δ= 1V，若采样电压＝2.5V 时，用舍尾取整法得到的量化电压是 2V；若采用四舍五入法，得到的量化电压是 3V。

从上述分析可得，δ 的数值越小，量化的等级越细，A/D 转换器的位数就越多。

在量化过程中，由于取样电压不一定能被 δ 整除，所以量化前后不可避免地存在误差，此误差称为量化误差，用 ε 表示。量化误差属原理误差，无法消除。但是，各离散电平之间的差值越小，量化误差就越小。

采用舍尾取整法时，最大量化误差：

$$|\varepsilon_{max}| = \delta = 1U_{LSB}$$

采用四舍五入法最大量化误差为：

$$|\varepsilon_{max}| = \frac{1}{2}\delta 。$$

显然四舍五入法量化误差比舍尾取整法量化误差小，故为多数 ADC 所采用。

若要减小量化误差，则需要在测量范围内减小量化最小数量单位 δ，增加数字量 D 的位数和模拟电压的最大值 U_{imax}。四舍五入量化方式的 δ 值应按下式选取：

$$\delta = \frac{2U_{imax}}{2^{n+1}-1}$$

如 u_i=0～10V，U_{imax}= 1V，若用 ADC 电路将它转换成 n= 3 的二进制数，采用四舍五入量化法，其量化当量

$$\delta = \frac{2U_{imax}}{2^{n+1}-1} = \frac{2}{2^4-1} = \frac{2}{15}\text{V}$$

根据量化当量，取 $\frac{1}{2}\delta$ 为最小比较电平之后，相邻比较电平之间相差 δ，得到各级的比较电平为：$\frac{1}{15}$V、$\frac{3}{15}$V、$\frac{5}{15}$V、$\frac{7}{15}$V、$\frac{9}{15}$V、$\frac{11}{15}$V、$\frac{13}{15}$V。

2. ADC的主要技术指标

（1）相对精度

相对精度是指ADC转换器实际输出数字量与理论输出数字量之间的最大差值。通常用最低有效位U_{LSB}的倍数来衡量。如相对精度不大于$U_{LSB}/2$时，说明实际输出数字量与理论输出数字量的最大误差不超过$U_{LSB}/2$。

在满刻度范围内，偏离理想转换特性的最大值称为非线性误差。非线性误差与满刻度时最大值之比称为非线性度，常用百分比表示。

（2）分辨率

分辨率是指A/D转换器输出数字量的最低位变化一个数码时，对应输入模拟量的变化量。通常用ADC输出的二进制位数来表示。位数越多，误差越小，转换精度越高。

（3）转换速度

ADC完成一次转换所需要的时间，即从转换开始到输出端出现稳定的数字信号所需要的时间。转换速度反映了ADC转换的快慢程度。

此外，ADC还有输入电压范围等参数。选用ADC转换器时，必须根据参数合理选择，否则就可能达不到技术要求，或者不经济。

3. 逐次比较型ADC电路组成及工作原理

（1）逐次比较型ADC电路组成

逐次比较型ADC是集成ADC芯片中使用较多的一种，其结构框图如图9.9所示。

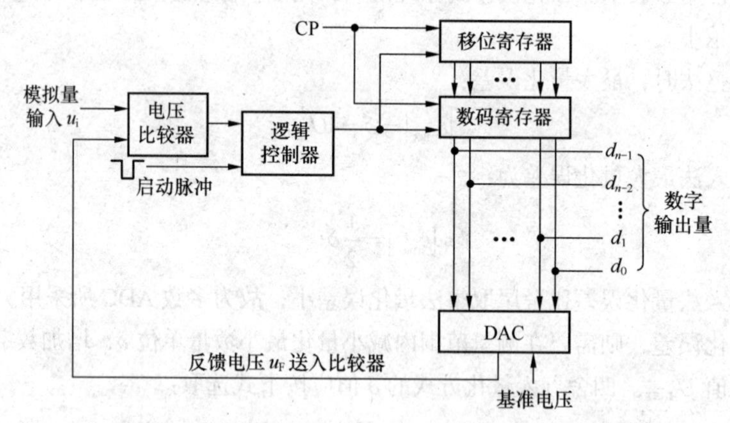

图9.9 逐次比较ADC组成框图

逐次比较型ADC电路内部包括电压比较器、逻辑控制器、移位寄存器、数码寄存器、D/A转换器等。由于内部有数模转换器，因此可使用在输出接有数据总线的场合。逐次比较型ADC通过对输入量的多次比较，最终得到输入模拟电压量化编码输出。

（2）工作原理

模数转换开始前，各寄存器首先清0。转换开始后，在时钟脉冲CP作用下，逻辑控制器首先使数码寄存器最高有效位置1，使输出数字为100，…，0。

这个数码经DAC转换后产生相应的模拟电压u_F，回送到电压比较器中与输入信号u_i进行比较，当$u_i \geqslant u_F$时，比较器输出0，逻辑控制器控制寄存器保留最高位1，次高位置1；当$u_i \leqslant u_F$时，

比较器输出 1，逻辑控制器控制寄存器最高位置 0，次高位置 1。数码寄存器内数据经 DAC 电路转换后输出反馈信号再到比较器，进行第二次比较，并将比较结果送入逻辑控制器，送入 0 时保留寄存器中高两位的值，并将第三位置 1，若送入 1 保留最高位，次高位置 0，第三位置 1，寄存器内数据经 DAC 电路后输出反馈信号到比较器……经过逐次比较，直至得到寄存器中最低位的比较结果。比较完毕，数码寄存器中的状态就是所要求的 ADC 输出的数字量。

逐次比较型 ADC 在逐次比较过程中，将与输出数字量对应的离散模拟电压 $u_i'(t)$和不同的参考电压做多次比较，使转换所得的数字量在数值上逐次逼近输入模拟量对应值，因此也称为逐次逼近型模/数比较器。

逐次逼近型 ADC 具有转换速度快的特点，因此得到了广泛应用。

4. 双积分型 ADC 的结构组成及工作原理

双积分型 ADC 的基本原理是对输入模拟电压 U_I 和参考电压各进行一次积分，先将模拟电压 u_i 转换成与其大小相对应的时间间隔 T，再在此时间间隔内用计数率不变的计数器进行计数，计数器所计下的数字量正比于输入的模拟电压 u_i。

（1）结构组成

图 9.10 所示为双积分型 ADC 的结构组成框图。由图可知，它由电子开关、积分器、零比较器、逻辑控制器、计数器等组成。

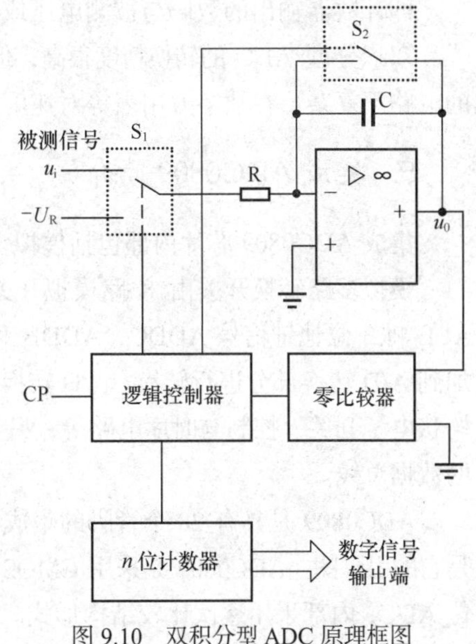

图 9.10　双积分型 ADC 原理框图

由电容和运放构成的积分器是双积分型 ADC 的核心部分，其输入端所接开关 S_1 由定时信号控制。当定时信号为不同电平时，极性相反的输入电压 u_i 和参考电压 U_R 将分别加到积分器的输入端，进行两次方向相反的积分，积分时间常数 $\tau=RC$。

过零比较器用来确定积分器的输出电压过零时刻。当积分器输出电压大于 0 时，比较器输出为低电平；当积分器输出电压小于 0 时，比较器输出为高电平。比较器的输出信号接至时钟控制逻辑门作为关门和开门信号。

计数器由接成计数器的 n+1 个触发器 $FF_0 \sim FF_{n-1}$ 串联组成。触发器 $FF_0 \sim FF_{n-1}$ 组成 n 级计数器，对输入时钟脉冲 CP 计数，以便把与输入电压平均值成正比的时间间隔转变成数字信号输出。当计数到 2^n 个时钟脉冲时，$FF_0 \sim FF_{n-1}$ 均回到 0 态，而 FF_n 翻转到 1 态，Q_n=1 后开关 S_1 位置发生转换。

时钟脉冲源采用标准周期，作为测量时间间隔的标准时间。当 U_0=1 时，门打开，时钟脉冲通过门加到触发器 FF_0 的输入端。

（2）工作原理

双积分型 ADC 在积分前，计数器应先清零，然后闭合电子开关 S_2，随后再把 S_2 打开，把电容 C 上储存的电荷电压释放掉。

在采样阶段，开关 S_1 与被测电压接通，S_2 打开。被测电压被送入积分器进行积分，积分器输出电压小于 0，比较器输出高电平 1，逻辑控制器控制计数器开始计数，对被测电压的积分持续到

计数器由全1变为全0的瞬间。当计数器为 n 位时，计数时间 $T_1=2^nT_C$（T_C 是时钟脉冲的周期）。这时积分器的输出电压为

$$u_{o1}=-\frac{1}{C}\int_0^{T_1}\frac{u_i}{R}\mathrm{d}t=-\frac{T_1}{RC}u_i$$

当计数器由全1变为全0时，进入比较阶段，控制器使 S_1 与参考电压 $-U_R$ 相接，这时积分器对 $-U_R$ 反向积分，电压 u_o 逐渐上升，计数器又从0开始计数。当积分器积分至 $u_o=0$ 时，比较器输出低电平0，控制器封锁CP脉冲，使计数器停止计数，若计数器的输出数码为 D，此时积分器的输出电压与计数器的输出数码之间的关系为

$$-\frac{T_1}{RC}u_i+\frac{1}{C}\int_0^{T_2}\frac{U_R}{R}\mathrm{d}t=\frac{1}{RC}(T_2U_R-T_1u_i)=0$$

而 $T_2=D\cdot T_C$，所以

$$D=\frac{T_1u_i}{T_CU_R}=\frac{2^n}{U_R}u_i$$

即计数器输出的数码与被测电压成正比，可以用来表示模拟量的采样值。

双积分型 ADC 的转换精度很高，但转换速度较慢，不适合高速应用场合。但是双积分型 ADC 的电路不复杂，在数字万用表等对速度要求不高的场合下，仍然得到了较为广泛的使用。

5. 集成 ADC0809 简介

集成 ADC0809 芯片内部包括模拟多路转换开关和A/D转换两大部分。

模拟多路转换开关由 8 路模拟开关和 3 位地址锁存器和译码器组成，地址锁存器允许信号 ALE 将3位地址信号 ADDC、ADDB 和 ADDA 进行锁存，然后由译码电路选通其中一路摸信号加到A/D转换部分进行转换。A/D转换部分包括比较器、逐次逼近寄存器 SAR、256R 电阻网络、树状电子开关、控制与时序电路等，另外具有三态输出锁存缓冲器，其输出数据线可直接连 CPU 的数据总线。

ADC0809 是具有 28 个管脚的集成芯片，图 9.11 是它的引脚图。ADC0809 是采用 CMOS 工艺制成的 8 位 ADC，内部采用逐次比较结构形式。各引脚的作用如下。

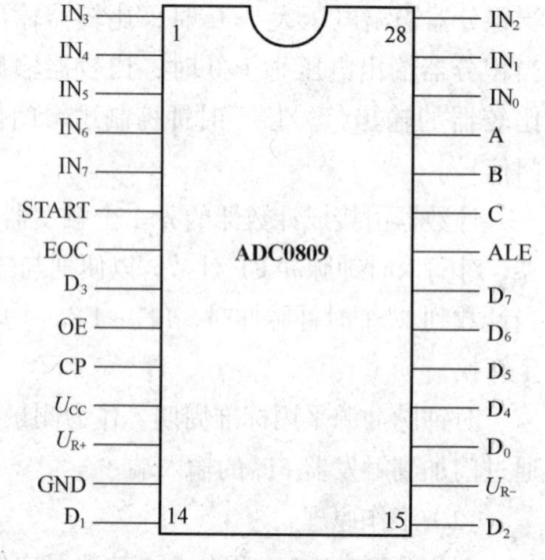

图 9.11　ADC0809 管脚排列图

$IN_0\sim IN_7$：8 个模拟信号输入端。由地址译码器控制将其中一路送入转换器进行转换。

A、B、C：模拟信道的地址选择。

ALE：地址锁存允许信号，高电平时可进行模拟信道的地址选择。

START：启动信号。上升沿将寄存器清零，下降沿开始进行转换。

EOC：模数转换结束，高电平有效。

CP：时钟脉冲输入。

OE：输出允许。高电平时将转换结果送到数字量输出端口。

$D_0\sim D_7$：数字量输出端口。

U_{R+}：正参考电压输出。

U_{R-}：负参考电压输出。

U_{CC}：电源。

GND：地。

ADC0809 内部由树状开关和 256*R* 电阻网络构成 8 位 D/A 转换器，其输入为逐次逼近寄存器 SAR 的 8 位二进制数据，输出为 U_{ST}，变换器的参考电压为 $U_{R(+)}$ 和 $U_{R(-)}$。

比较前，SAR 为全 0，变换开始，先使 SAR 的最高位为 1，其余仍为 0，此数字控制树状开关输出 U_{ST}，U_{ST} 和模拟输入 *U*IN 送入比较器进行比较。若 $U_{ST} > U_{IN}$，则比较器输出逻辑 0，SAR 的最高位由 1 变为 0；若 $U_{ST} \leq U_{IN}$，则比较器输出逻辑 1，SAR 的最高位保持 1。此后，SAR 的次高位置 1，其余较低位仍为 0，而以前比较过的高位保持原来值。再将 U_{ST} 和 U_{IN} 进行比较。此后的过程与上述类似，直到最低位比较完为止。

转换结束后，SAR 的数字送三态输出锁存器，以供读出。

思考与问题

1. 何为采样定理？采样保持电路的作用是什么？
2. ADC 的量化分别采用哪两种方式？它们的量化当量 δ 各按什么公式选取？
3. 两种量化方式的量化误差各在什么范围内？哪种量化方式精度高一些？

第 9 章　检测题（共 80 分，100 分钟）

一、填空题（每空 0.5 分，共 21 分）

1. DAC 电路的作用是将________量转换成________量。ADC 电路的作用是将________量转换成________量。

2. DAC 电路的主要技术指标为________、________和________及________；ADC 电路的主要技术指标为________、________和________。

3. DAC 通常由________，________和________3 个基本部分组成。为了将模拟电流转换成模拟电压，通常在输出端外加________。

4. 按解码网络结构的不同，DAC 可分为________网络、________网络和________网络 DAC 等。按模拟电子开关电路的不同，DAC 又可分为________开关型和________开关型。

5. 模数转换的量化方式有________法和________两种。

6. 在模/数转换过程中，只能在一系列选定的瞬间对输入模拟量________后再转换为输出的数字量，通过________、________、________和________4 个步骤完成。

7. ________型 ADC 换速度较慢，________型 ADC 转换速度高。

8. ________型 ADC 内部有数模转换器，因此________快。

9. ________型电阻网络 DAC 中的电阻只有________和________两种，与________

网络完全不同。而且在这种DAC转换器中又采用了________，所以________很高。

10. ADC0809采用________工艺制成的________位ADC，内部采用________结构形式。DAC0832采用的是________工艺制成的双列直插式单片________位数模转换器。

二、判断题（每小题1分，共9分）

1. DAC的输入数字量的位数越多，分辨能力越低。（ ）

2. 原则上说，*R*-2*R*倒T形电阻网络DAC输入和二进制位数不受限制。（ ）

3. 若要减小量化误差ε，就应在测量范围内增大量化当量δ。（ ）

4. 量化的两种方法中舍尾取整法较好些。（ ）

5. ADC0809二进制数据输出是三态的，允许直接连CPU的数据总线。（ ）

6. 逐次比较型模数转换器转换速度较慢。（ ）

7. 双积分型ADC中包括数/模转换器，因此转换速度较快。（ ）

8. δ的数值越小，量化的等级越细，A/D转换器的位数就越多。（ ）

9. 在满刻度范围内，偏离理想转换特性的最大值称为相对精度。（ ）

三、选择题（每小题2分，共20分）

1. ADC的转换精度取决于（ ）。

A. 分辨率　　B. 转换速度　　C. 分辨率和转换速度

2. 对于*n*位DAC的分辨率来说，可表示为（ ）。

A. $\frac{1}{2^n}$　　B. $\frac{1}{2^{n-1}}$　　C. $\frac{1}{2^n-1}$

3. *R*-2*R*梯形电阻网络DAC中，基准电压源U_R和输出电压u_0的极性关系为（ ）。

A. 同相　　B. 反相　　C. 无关

4. 采样保持电路中，采样信号的频率f_S和原信号中最高频率成分f_{imax}之间的关系必须满足（ ）。

A. $f_S \geqslant 2f_{imax}$　　B. $f_S < f_{imax}$　　C. $f_S = f_{imax}$

5. 如果$u_i = 0 \sim 10V$，U_{imax}=1V，若用ADC电路将它转换成$n = 3$的二进制数，采用四舍五入量化法，其量化当量为（ ）。

A. 1/8（V）　　B. 2/15（V）　　C. 1/4（V）

6. DAC0832是属于（ ）网络的DAC。

A. R-2R倒T形电阻　　B. T形电阻　　C. 权电阻

7. 和其他ADC相比，双积分型ADC转换速度（ ）。

A. 较慢　　B. 很快　　C. 极慢

8. 如果$u_i = 0 \sim 10V$，U_{imax}=1V，若用ADC电路将它转换成$n = 3$的二进制数，采用四舍五入量化法的最大量化误差为（ ）。

A. 1/15（V）　　B. 1/8（V）　　C. 1/4（V）

9. ADC0809输出的是（ ）。

A. 8位二进制数码　B. 10位二进制数码　　C. 4位二进制数码

10. ADC0809是属于（ ）的ADC。

A. 双积分型　　B. 逐次比较型

四、计算题（共35分）

1. 如图9.12所示电路中$R = 8k\Omega$，$R_F = 1k\Omega$，$U_R = -10V$。

（1）在输入 4 位二进制数 D= 1001 时，网络输出 u_o=?

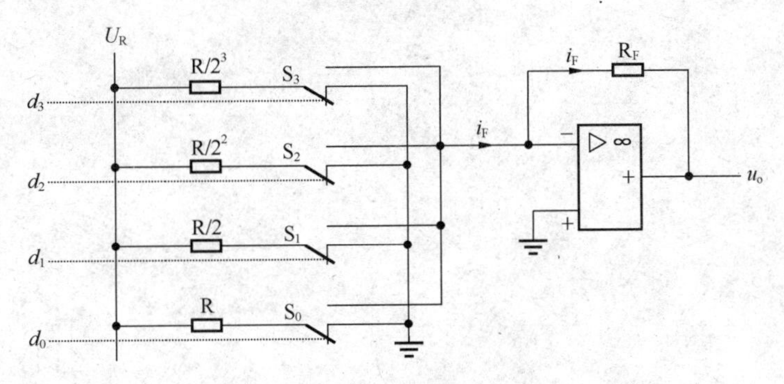

图 9.12　计算题 1 图

（2）若 u_o= 1.25V，则可以判断输入的 4 位二进制数 D=?（10 分）

2. 在倒 T 形电阻网络 DAC 中，若 U_R= 10V，输入 10 位二进制数字量为（1011010101），其输出模拟电压为何值？（已知 R_F= R= 10kΩ）（6 分）

3. 已知某一 DAC 电路的最小分辨电压 U_{LSB}= 40mV，最大满刻度输出电压 U_{FSR}= 0.28V，该电路输入二进制数字量的位数 n 应是多少？（6 分）

4. 如图 9.13 所示的权电阻网络 DAC 电路中，若 n= 4，U_R= 5V，R= 100Ω，R_F= 50Ω，试求此电路的电压转换特性。若输入四位二进制数 D= 1001，则它的输出电压 u_o=?（8 分）

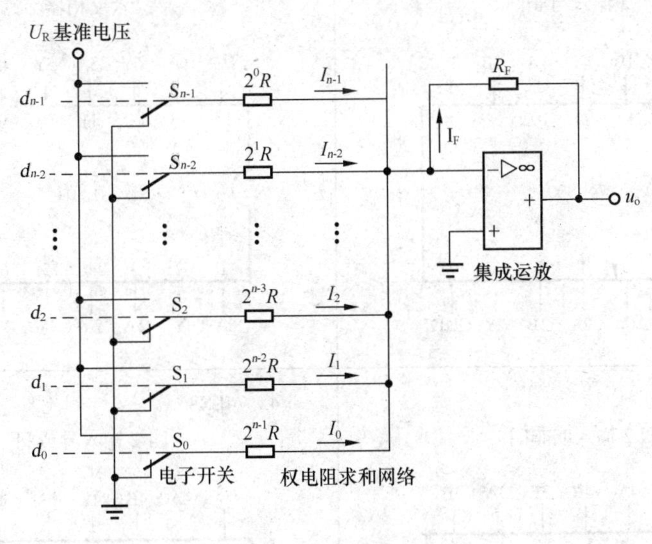

图 9.13　计算题 4 图

附录

一、常用 74LS 系列部分集成电路管脚排列图（俯视）

1. 74LS00

四 2 输入与非门

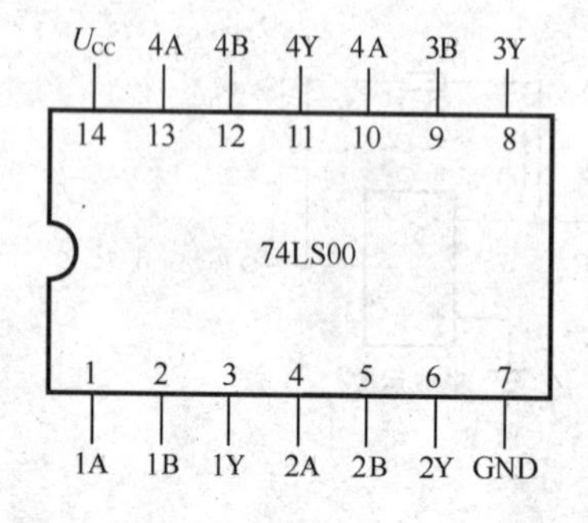

2. 74LS04

六反相器

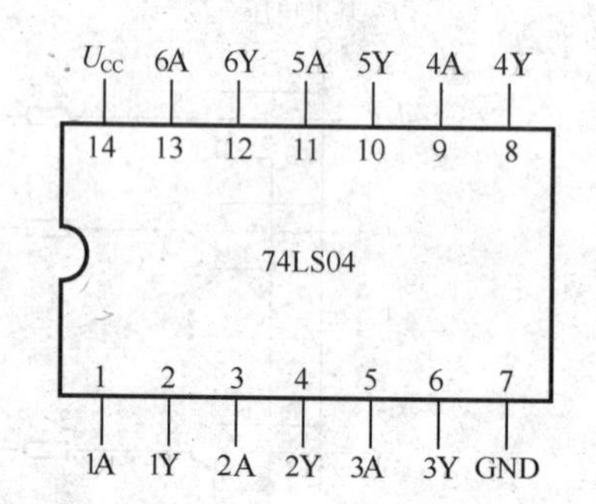

3. 74LS02

四 2 输入或非门

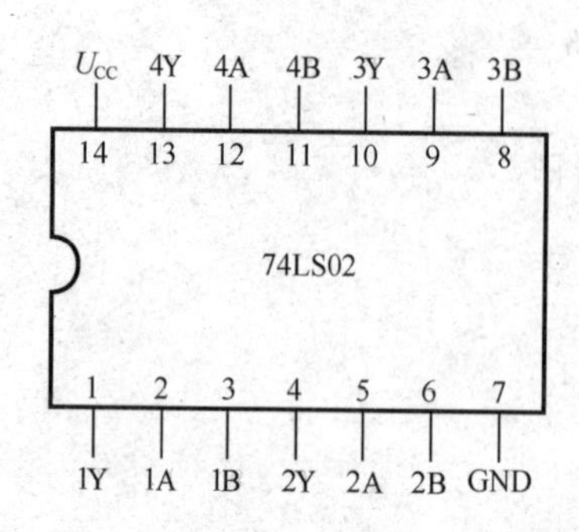

4. 74LS86

四 2 输入异或门

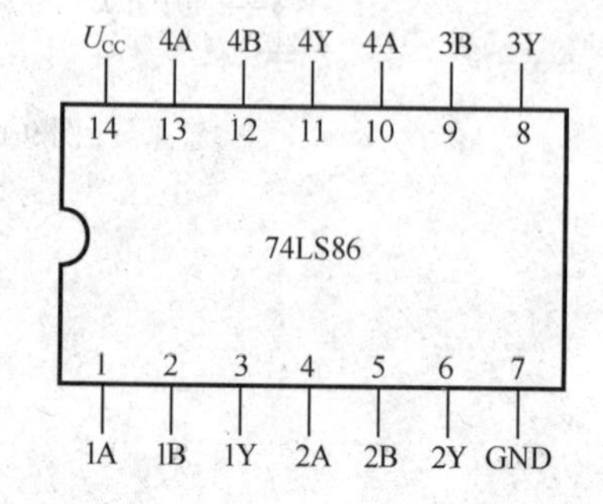

续表

5. 74LS32

四2输入或门

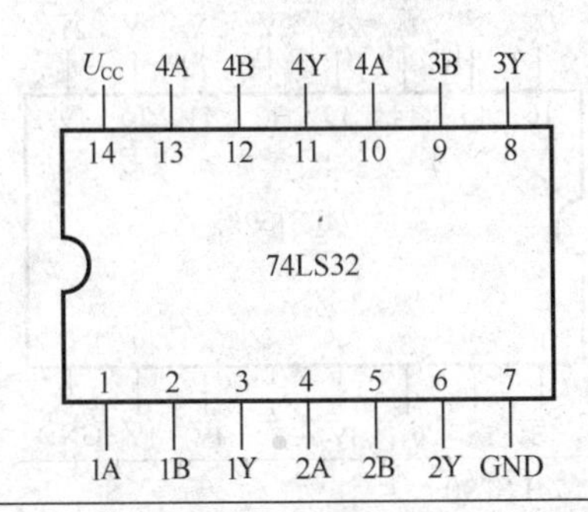

6. 74LS08

四2输入与门

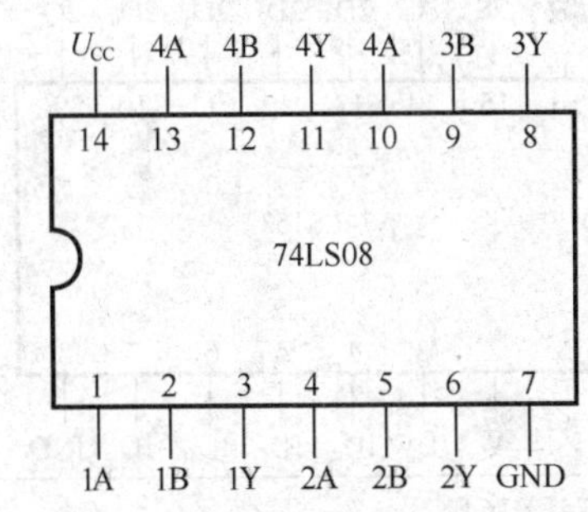

7. 74LS125

三态门

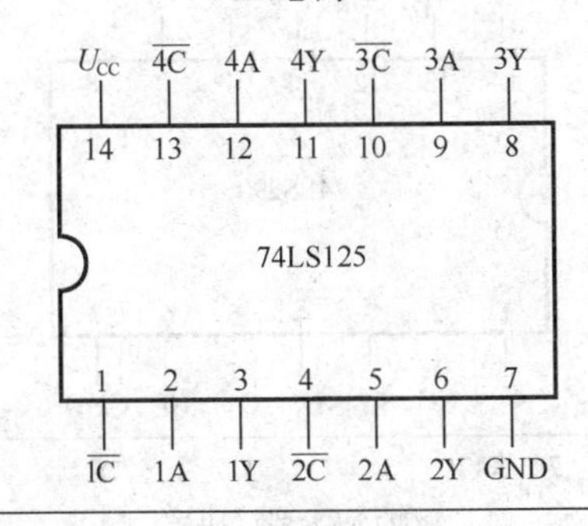

8. 74LS20

双4输入与非门

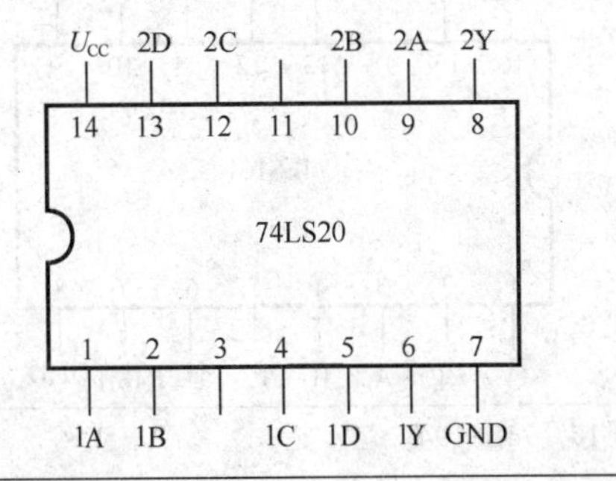

9. 74LS74

双D触发器

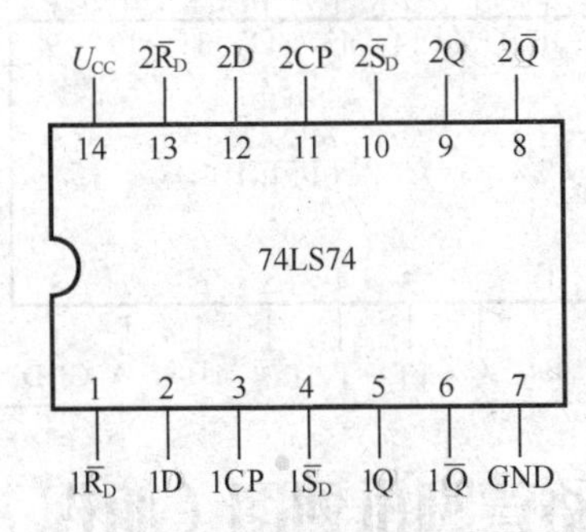

10. 74LS112

双JK触发器

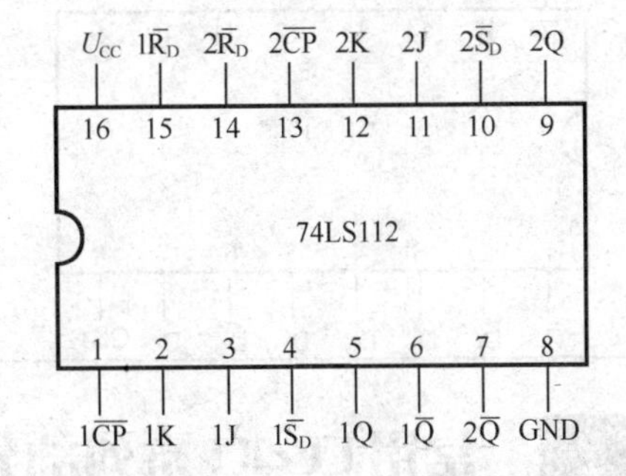

11. 74LS138

3线－8线译码器

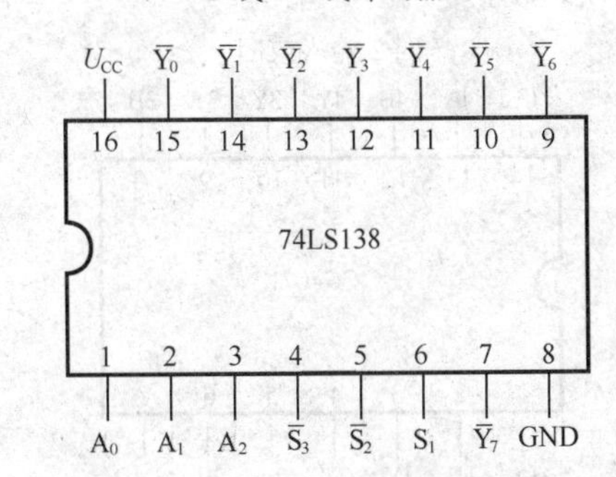

12. 74LS151

八选一数据选择器

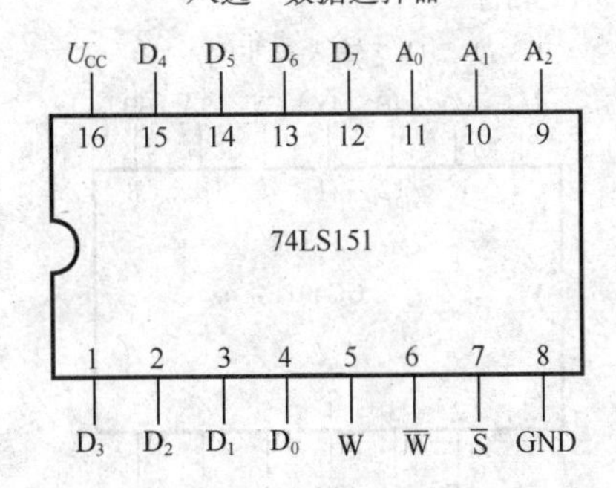

续表

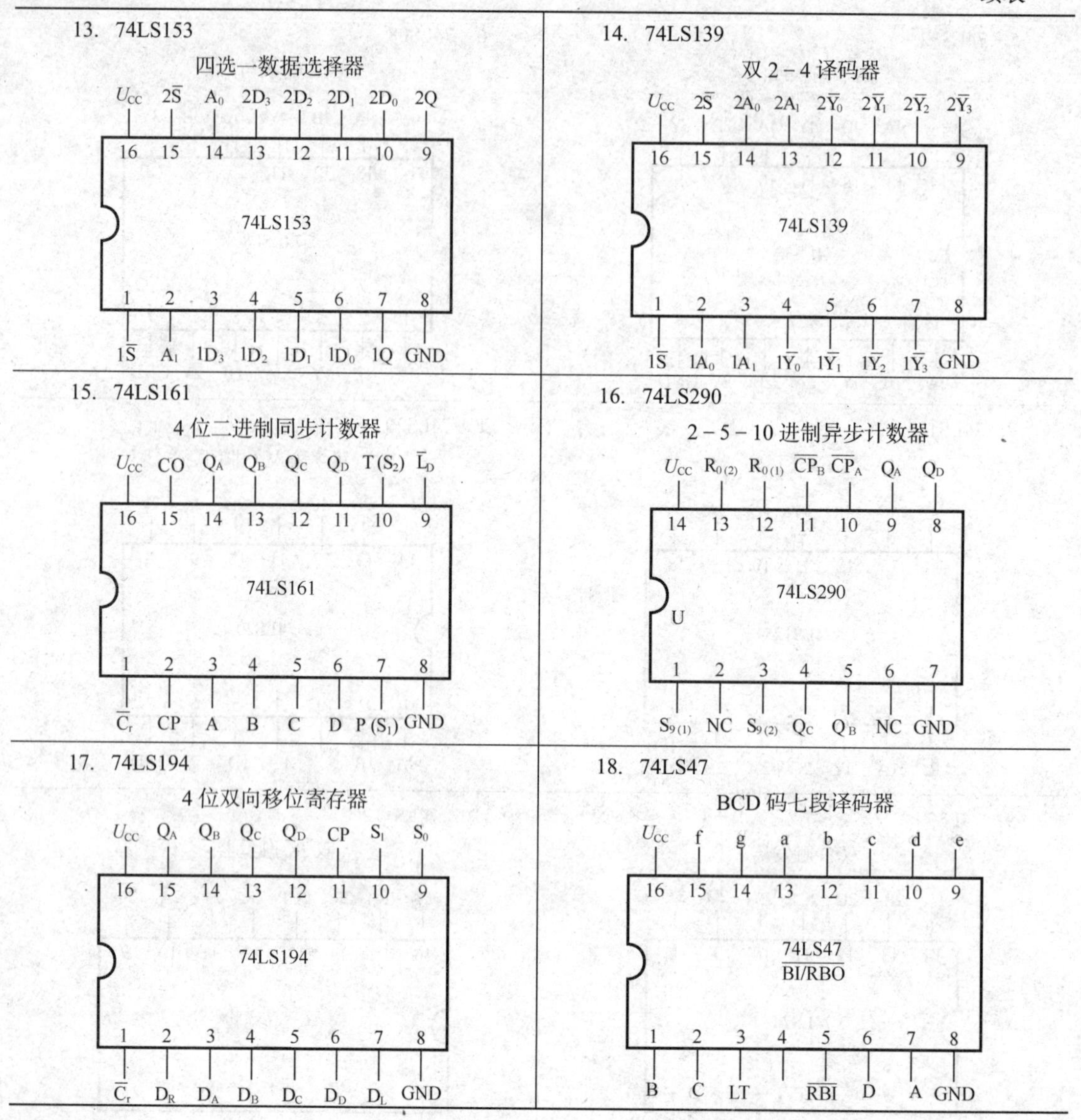

二、常用CC40系列部分集成电路管脚排列图（俯视）

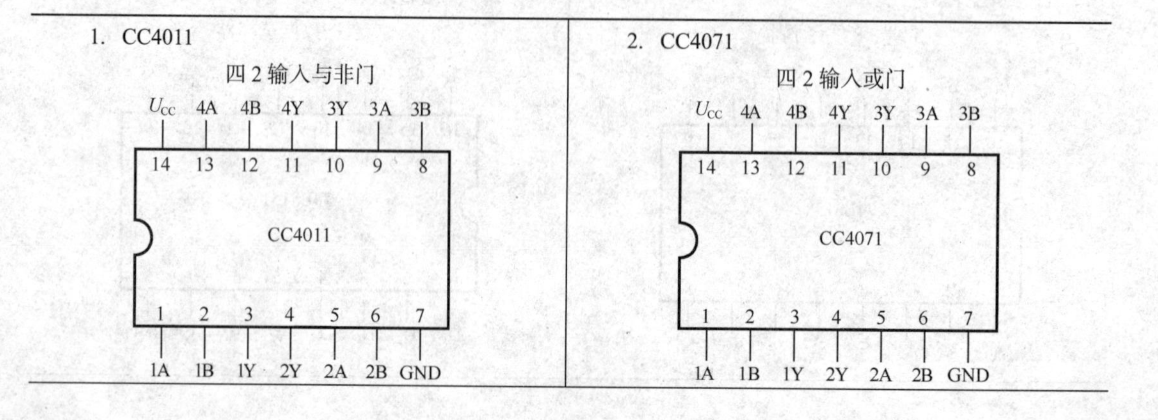

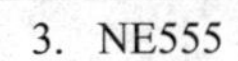

续表

3. NE555

555 定时器

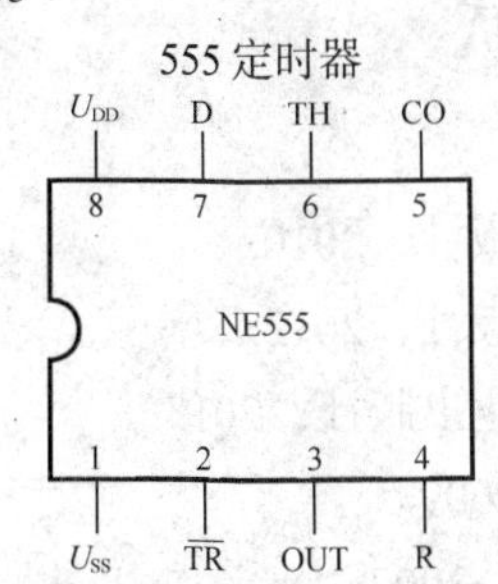

4. CC4001

四 2 输入或非门

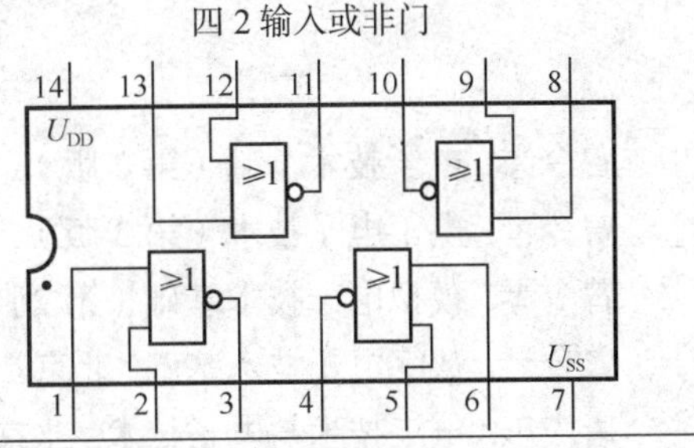

5. CC4030

四 2 输入异或门

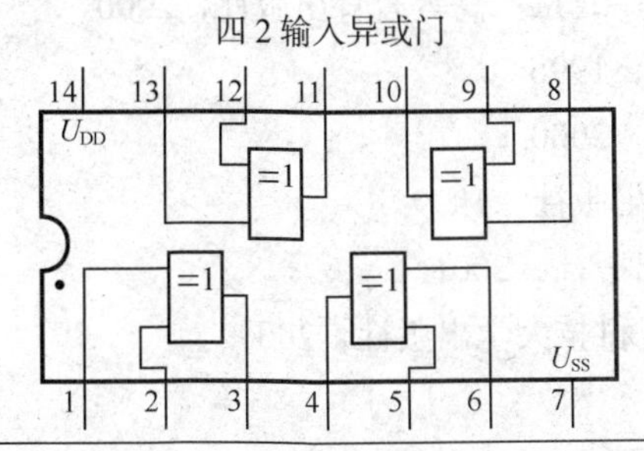

6. CC4044

RS 触发器

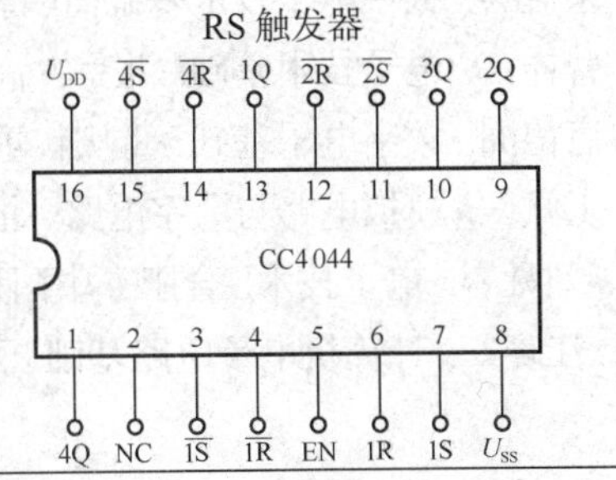

7. CC4027

双 JK 触发器

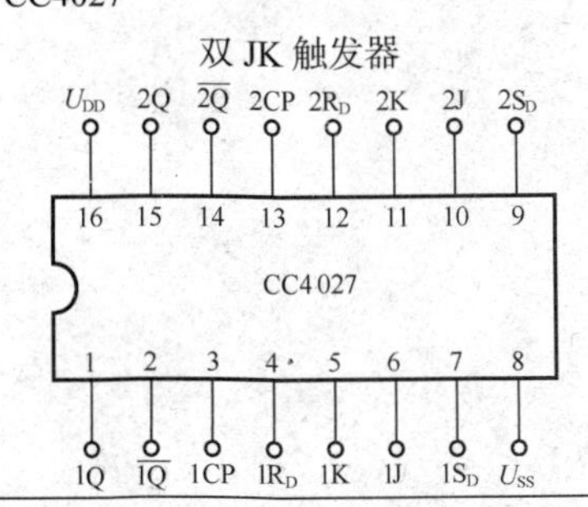

8. CC40192

十进制计数器

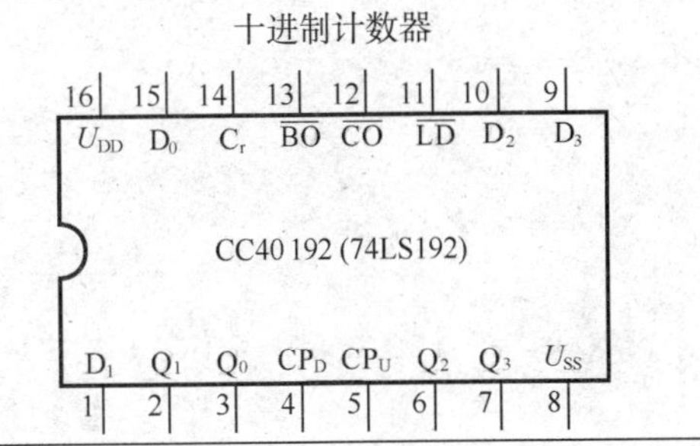

9. CC40194

双向移位寄存器

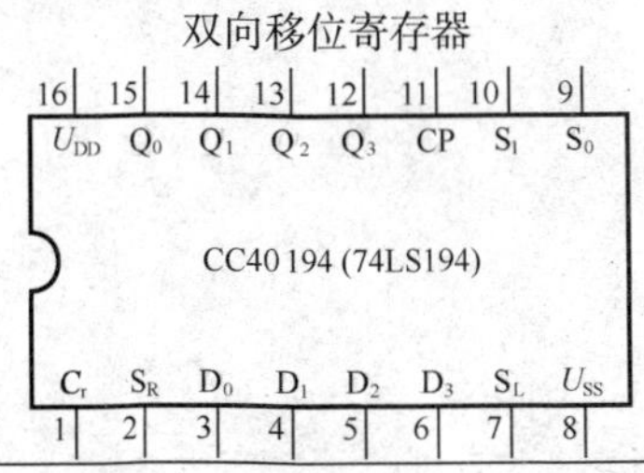

10. CC7555

555 定时器

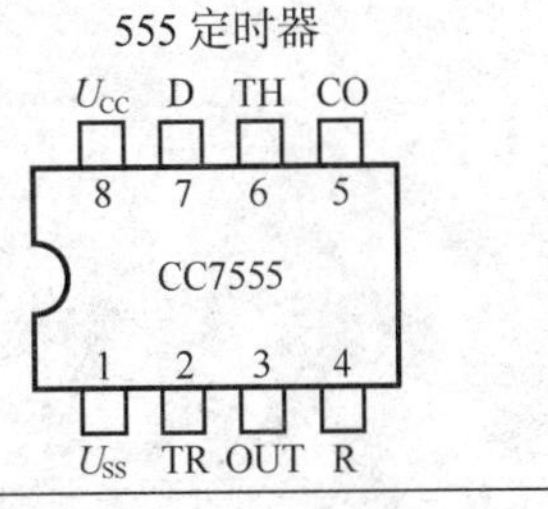

11. CC4081

四 2 输入与门

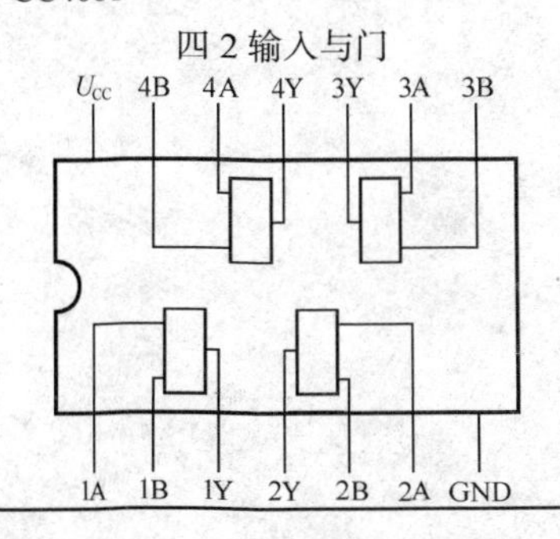

12. CC4012

双 4 输入与非门

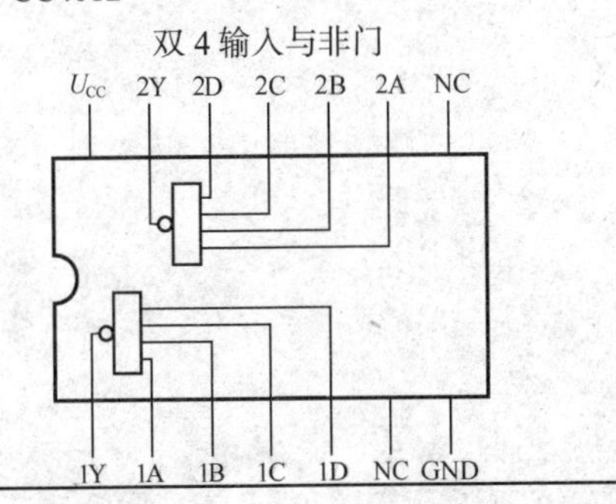

参考文献

[1] 曾令琴. 电子技术基础（第 2 版）. 北京：人民邮电出版社，2010.

[2] 曾令琴. 电工电子技术（第 3 版）. 北京：人民邮电出版社，2012.

[3] 曾令琴. 模拟电子技术基础（第 2 版）. 北京：电子工业出版社，2013.

[4] 曾令琴. 数字电子技术基础. 北京：电子工业出版社，2009.

[5] 唐庆玉. 电工技术与电子技术. 北京：清华大学出版社，2007.

[6] 余孟尝. 数字电子技术基础简明教程（第 2 版）. 北京：高等教育出版社，2000.

[7] 曾祥富. 电子技术基础. 北京：高等教育出版社，1996.

[8] 唐德洲. 数字电子基础. 重庆：重庆大学出版社，2000.

[9] 王佩珠. 模拟电路与数字电路. 北京：经济科学出版社，1999.

[10] 刘舜睿. 电子技术. 合肥：中国科学技术大学出版社，2001.

[11] 江晓安. 计算机电子电路基础. 西安：西安电子科技大学出版社，2000.